常见鸟类的拉丁名

超过3000种鸟类学名的解释和考究

[英]罗杰·莱德勒 | 卡罗尔·伯尔 著

梁丹 译
刘阳 审订

重庆大学出版社

献给那些帮助我们欣赏鸟类，
以及了解鸟类对这个世界的独特贡献的个人和组织。

推荐序一

刘阳先生邀请我为《常见鸟类的拉丁名》作序，我毫不犹豫地就答应了下来。我虽不是研究现生鸟类的，但作为一名古鸟类研究者，一直保持了对现生鸟类知识的浓厚兴趣；其次，在我的职业生涯中，曾有幸参与了几十种灭绝鸟类物种的命名，我们为化石鸟类命名所遵循的规范，与现生鸟类的命名并无二样；当然，最重要的一个原因是我十分钦佩梁丹（译者）与刘阳（审订）承担了这样一件重要但又十分费时费力的工作。

其实，最早知道拉丁名与生物命名的关系，还可以追溯到在南京大学上学的时候。那时候，我的班主任张永辂教授就是一名专门研究拉丁语与古生物命名的学者，他出版的《古生物命名拉丁语》很长世间内都是国内古生物研究者人手一册的"圣经"。古生物学家命名新物种的时候每每遇到问题和争议，一般都会搬出这本书来裁决。

生物的命名从一开始就与生物的分类联系到一起。18世纪的瑞典植物学界卡尔·林奈（Carolus Linnaeus，1707—1778）是这两个方面的奠基人。有趣的是，林奈生活的时代，进化论尚未问世，人们普遍相信所有生物物种都是上帝创造的，林奈本人相信自己是上帝派来为自然界制定秩序的。到了19世纪中叶，因为另一位伟大的生物学家（达尔文）的工作，物种不变的认识才发生了根本的改变，而且发源于20世纪的分支系统学对传统的分类学形成了不小的冲击，然而林奈的双名命名法以及许多分类的准则延续至今，并一直深刻地影响着我们的生活，这本身就发人深思。

本书在双名法简史部分，介绍了鸟类学术名字的由来。每一个名称背后几乎都包含了一个故事，当然还有很多有趣的知识点。鸟类的学名许多来自拉丁语和希腊语，但偶尔也有其他的语言。鸟类学名的来源多种多样，常见的一种是用人名，譬如一般用鸟类学家或博物学家的名字来命名，以示纪念；另一种较常见的是用地名，常常代表新发现种鸟类的发现地或者分布地区；还有用当地的俗名，指示意义与地名相近；还有一种比较常见的做法，是根据鸟类的特征，譬如颜色、外形或行为的某一特征。由此可见，鸟类新物种的命名是有一定描述性的。换言之，仅仅读懂鸟类学名的来历，你就能获得有关这一鸟类的部分知识。

本书提供了超过3000种常见鸟类学名的解释，并配有大量精美的插图。可以想象，作者很难对每一个物种给予比较详细的解释。但为了避免读者读来枯燥，作者还是费了一番心思，在书中按照主题（如适应、颜色、迁徙等）介绍了一些鸟类的基本知识，同时也挑选了一些重要的人物加以介绍，穿插在书中。此外，书中还有大量的小贴士，专门介绍一些特定鸟类的特征。

本书的英文原名 *Latin for Birdwatchers*，顾名思义，是为专门为观鸟爱好者们而写的。事实上，在我看来，对鸟类研究者、一般的鸟类爱好者而言，都不失为一本重要而且实用的工具书。

周忠和

中国科学院院士

中国科普作家协会理事长

推荐序二

2020年春节之前，中山大学刘阳副教授给我发来一封电子邮件，告诉我说，他的学生梁丹翻译了一本有关常见鸟类名称拉丁名的书，将由重庆大学出版社出版，希望我在百忙之中帮助写个序。随后不久，我就收到了这本《常见鸟类的拉丁名》的样书。

这是一本很实用的工具书。本书在对生物命名的双名法发展史和鸟类的拉丁名介绍的基础上，对分布在世界上的3000多种鸟类的拉丁学名进行了考究和解释。目前全世界已定名的鸟类有10000多种，其中在我国有分布的超过1450种。在世界的各个不同地区，同一种鸟类可以有不同的名字，不同的鸟类也可能有一个共同的地方俗名。为此，著名的瑞典生物学家林奈于1753年建立了生物命名的双名法，也就是采用拉丁文，对每个物种分别给出属名和种加词，组成其拉丁学名，例如红腹锦鸡的拉丁学名为 *Chrysolophus pictus*。这种命名方法一直沿用至今，而拉丁学名也成了物种在世界上唯一通用的科学名称。从鸟类的拉丁学名，我们可以了解有关物种的形态特征、生态习性、演化关系，了解人们是如何为鸟类命名的、为什么这样命名以及与这种鸟类有关的科学家的一些重要信息。所以从这个意义上说，《常见鸟类的拉丁名》为我们认识鸟类提供了一个新的视角。

这书的作者罗杰·莱德勒（Roger Lederer）、卡罗尔·伯尔（Carol Burr）是一对热爱鸟类的夫妻，均在美国加利福尼亚州立大学任教。其中罗杰·莱德勒是一位资深的生物学教授，专业是生态学和鸟类学，迄今已经发表了30多篇研究论文、出版了10多部鸟类学著作。工作之余，他喜爱观鸟，足迹遍及100多个国家。卡罗尔·伯尔是位语言学教授，也是一位鸟类爱好者，不仅观鸟，还喜欢画鸟。本书中的鸟类插图色彩丰富、姿态逼真，其中不少都是由她精心绘制的。

本书的译者梁丹是一位优秀的青年鸟类学工作者，博士毕业于中山大学生命科学学院。他长期在云南高黎贡山从事鸟类生活史进化和鸟类分布格局的研究，曾多次在西藏、云南和湖南开展鸟类野外调查工作。《常见鸟类的拉丁名》是他继《神奇的鸟类》之后的另外一部译著。

目前，我国的鸟类学研究蓬勃发展，业余观鸟人数也在快速增长。本书集科学性和趣味性为一体，可以成为鸟类学工作者的重要参考资料，也是一本可以让观鸟者获得启发的绝佳科普书。我相信，本书的出版，一定会对我们的鸟类学研究和观鸟活动的发展起到积极的促进作用。

张正旺

北京师范大学教授

中国动物学会副理事长

目录

前言 8
如何使用本书 9
双名法简史 10
鸟类学名拉丁文入门 12
A—Z词汇表简介 15

多氏鹟鹛 *Horizorhinus dohrni*
（107 页）

夏威夷鵟 *Buteo solitarius*
（163 页）

红胸蚁䴕 *Jynx ruficollis*
（117 页）

鸟类拉丁名A—Z词汇表

A	Aalge ~ Aythya	16
B	Bacchus ~ Buthraupis	29
C	Cabanisi ~ Cyrtonyx	39
D	Dactylatra ~ Dumetia	56
E	Eatoni ~ Exustus	63
F	Fabalis ~ Fuscus	71
G	Gabela ~ Gyps	83
H	Haastii ~ Hypoxantha	96
I	Ianthinogaster ~ Ixos	109
J	Jabiru ~ Jynx	116
K	Kaempferi ~ Kupeornis	118
L	Labradorius ~ Lyrurus	122
M	Macgillivrayi ~ Myzornis	134
N	Naevius ~ Nystalus	148
O	Oatesi ~ Oxyura	156
P	Pachycare ~ Pyrrhura	164
Q	Quadragintus ~ Quoyi	177
R	Rabori ~ Rynchops	180
S	Sabini ~ Syrmaticus	187
T	Tabuensis ~ Tyto	200
U	Ultima ~ Ustulatus	207
V	Validirostris ~ Vultur	210
W	Wagleri ~ Woodfordi	213
X	Xanthocephalus ~ Xiphorhynchus	214
Y	Yarrellii ~ Yunnanensis	215
Z	Zambesiae ~ Zosterops	218

鸟类各属档案 GENUS PROFILES

亚马孙鹦鹉属	23
鸭属	24
无翼鸟属	27
太阳鸟属	51
鸽属	52
鸦属	54
欧亚鸲属	67
隼属	72
潜鸟属	85
翠鸟属	97
海雕属	98
伯劳属	123
啄木鸟属	139
吐绶鸡属	140
角鸮属	161
麻雀属	166
红鹳属	170
鸫属	206
麦鸡属	211
绣眼鸟属	219

安氏蜂鸟 *Calypte anna*
（25 页）

约翰·古尔德（John Gould）
1804—1881（20 页）

著名鸟人 FAMOUS BIRDERS

约翰·古尔德	20
大卫·兰伯特·拉克	46
克里斯蒂安·朱林	76
菲比·斯奈辛格	94
菲利普·克兰西	104
詹姆斯·邦德	114
路易斯·艾嘉西·福尔提斯	132
康纳德·洛伦茨	154
亚历山大·F. 斯凯奇	178
玛格丽特·莫尔斯·尼斯	198
亚历山大·威尔逊	216

鸟类主题 BIRD THEMES

鸟类的适应	34
鸟类的喙	58
鸟类的颜色	88
鸟类的羽毛	120
鸟类的鸣唱与鸣叫	146
俗名	162
迁徙	190
取食	208

词汇表	220
参考文献	222
图片来源及致谢	223

前言

对大部分观鸟爱好者来说，一本好的野外指南有助于在野外有效识别鸟类，如《北美西部的鸟类》(The Birds of Western North America)、《欧洲鸟类》(The Birds of Europe)、《澳洲鸟类》(The Birds of Australia)等地方鸟类图鉴。所有这些图鉴的体例都相似：在物种插图后面是鸟类的俗名，一般用大号粗体标识（例如：Desert Lark），而斜体的学名（例如：*Ammonmanes deserti*）字体稍小且较细。观鸟者们大多对鸟类分类或演化关系不感兴趣，因此学名对他们来说似乎用处不大。

大多数潜水鸭类的属名为 *Aythya*，而涉水鸭类的属名为 *Anas*，鸟类爱好者倾向于将后者看成涉水者和游泳者。虽然观鸟者把所有大型的捕食性鸟类称为猛禽，但是"猛禽"作为雕、鹰和鸮（猫头鹰，译者注）等类群的总称只是为了方便。许多难以区分的鹟类常被称为"empees"，这个俗名（英文名）是由霸鹟属(*Empidonax*)学名的简写衍生而来的。

学名是科学家使用双名法命名的，用来定义鸟类确切的演化关系。这些名字的命名使用的是希腊-拉丁术语，不仅世界通用，且大多数名字具有描述性。如果观鸟者愿意花时间来关注这些名字，他们就会注意到鸟类之间存在一些原本被忽略的但又十分有趣的关系。例如，新大陆的麻雀有许多个属（genera 是 genus 的复数），比如雀鹀属(*Spizella*)。从美国树雀鹀（英文名为 American Tree Sparrow）的学名 *Spizella arborea* 可以发现，它和棕顶雀鹀（*Spizella passerina*，英文名为 Chipping Sparrow）的亲缘关系较近，而与鹨雀鹀（*Chondestes grammacus*，英文名为 Lark Sparrow）的亲缘关系更远，虽然所有这些种类都被称为雀鹀。

大多数学名至少具有部分描述性，比如短嘴鸦（*Corvus brachyrhynchos*，俗名为 American Crow），是一种喙较短的乌鸦（短-*brachy*、喙-*rhynchos*、乌鸦-*corvus*）。又如头部带有向后冠羽的鸳鸯（俗名为 Mandarin Duck），其学名 *Aix galericulata* 源于鸭-*aix*、帽子-*galer* 和小-*cul*。有一些名字的命名是为了纪念某位有影响力的人，比如纪念一位鸟类学家、博物学家、政治家或者皇室成员，例如坎氏梅华雀（*Estrilda kandti*，俗名为 Kandt's Waxbill，源自德语 *Wellenastrild*）是为了纪念医师、探险家理查德·坎特（Richard Kandt）。此外，还有一些名字可能是描述这种鸟类首次被发现时的产地或者其颜色或特有的某种行为。鸟类的名字偶尔也会包括神话中的神、女神或生物的名字。花一点时间研究一下鸟类的学名，你会得到一个看待和理解鸟类的全新视角。

《常见鸟类的拉丁名》这本书不仅仅描述学名的起源，还解释了鸟类如何命名、为什么这样命名，加入了一些鸟类本身的趣事。你可以把它当作一本传统的字典或百科全书，也可以把它当作一本有趣的科普书来看，任意翻开一页都将令你受益匪浅。

真正的鸟人（即那些曾经被称为观鸟者的人）和热爱自然热爱博物学的人应该拥有这本书。与其说这是关于鸟类观察的书，还不如说是关于鸟类命名的书。名字越多，区别就越细，对鸟类的了解就越多。

詹姆斯·戈尔曼（James Gorman），纽约《时代》周刊，2002年10月22日

如何使用本书

按字母顺序排列的词汇表
(ALPHABETICAL LISTING)

通过字母显示科学术语以供简易参考。更多的详细说明请参见第 15 页 A–Z 词汇表简介。

鸟类各属档案
(GENUS PROFILE PAGES)

概况页介绍了鸟类的一些特定属的有趣特征。

Aalge 为拉丁学名

提供发音指南,大写字母表示的是重音。

Aalge AL-jee

指海雀的一种,来自丹麦语,如崖海鸦(*Uria aalge*),俗名为 Commom Murre 或 Common Guillemot

这里列举了拉丁名的例子。

拉丁学名小贴士
(LATIN IN ACTION)

专题框将鸟类个体或鸟类类群与学名的历史相连接。

著名鸟人(FAMOUS BIRDERS)
这一部分是关于那些因对鸟类有浓厚兴趣而周游世界的科学家们的故事,他们为帮助大众了解这些带羽毛的朋友作出了巨大贡献。

鸟类主题(BIRD THEMES)
在这里,我们深度探究了鸟类迷人的属性和行为,阐释了这些属性和行为与它们学名之间的关联。

双名法简史

顾名思义,"双名"即为两个名字,每个物种的学名都由两个部分构成:属名和种加词。瑞典医生、植物学家、动物学家卡尔·林奈(Carl Linnaeus)被认为是分类学和双名法命名系统之父,根据这种命名法,他自己的名字用 *Carolus linnaeus* 表示。

所有现生生物都可以根据其演化关系,通过一个由属名和种加词组成的双名或学名的分类主题进行分类。比如人类的科学名为 *Homo sapiens*,意思就是人类属于人属 *Homo*,和其他现在已经灭绝的物种如能人(*Homo habilis*)和直立人(*Homo erectus*)共同组成一个类群,但是人类是一个特定的科学类群: *sapiens*。在使用时,这个例子中的属名 *Homo* 通常是首字母大写,加下划线或用斜体表示。而种加词或特定符号 *sapiens*,也是加下划线或用斜体表示,但是首字母不大写。在生物学中,"species"(物种)这个词可以用于单数和复数。(但当"specie"的意思和"coin"一样时,这种用法是错误的。)种名和学名常常交换使用。随着新信息的发展,

分类常随时间而改变,但这是一个缓慢的过程,因此总的说来分类体系是非常稳定的。

物种一般定义为相互之间可以繁殖且可以产生可育后代的生物个体的集合。绿头鸭(*Anas platyrhynchos*)不能和白额啄木鸟(*Melanerpes cactorum*)相互繁殖,甚至也不能和亲缘关系更近的赤膀鸭(*Anas strepera*)进行繁殖。物种概念随新兴遗传方法的应用而不断发展,虽然存在不同物种可以杂交的少数特例,但是分类系统仍然是有用的。

当林奈创立双名法命名系统时,"新"拉丁语是欧洲西部常用的科学语言,因此学名使用拉丁语或希腊语。学名受限于国际代码,如动物系统命名法的国际代码 [International Code of Zoological Nomenclature (ICZN)],藻类、真菌和植物的系统命名法的国际代码 [International Code of Nomenclature (ICN)]。

你可能会看到三个名字,即三名法,比如赤肩鵟(*Buteo lineatus*)有五个亚种:分别是 *B. l. lineatus*、*B. l. elegans*、*B. l. alleni*、*B. l. extimis* 和 *B. l. texanus*。在分类的层次结构中,根据双名法,物种仅有一个名字,而"亚种"可以将某一物种以不同的颜色或地理范围来表示。即使所有亚种之间都可以相互杂交,但是如果它们的分布区不重叠则不会发生杂交。所以亚种其实是一个含糊的概念,但它在以明显特征划定种群时是有用的。

因此,双名法提供了一个识别全球鸟类以及定义和其他鸟类之间关系的分类系统。过去几十年的分子系统学研究的结果将澄清这些关系,物种的名字也还会继续发生改变。

卡尔·林奈(1707—1778)

林奈分类系统对生物的命名有巨大的影响,国际命名规则对该系统有着严格规定。

名字从何而来？

- 学名一般是拉丁语和希腊语，偶尔也有其他的语言，比如绿头鸭的学名 *Anas platyrhynchos* 中，*Anas* 意为鸭子，来自拉丁语，在希腊语中，*platy* 表示扁平，*rhynchos* 则表示喙。*Gavia immer* 是普通潜鸟的学名，其中 *Gavia* 源于拉丁语，表示饥饿的海鸟，*immer* 在瑞典语中的意思 "embergoose"，指鸟类深色的羽毛。

- 用人名来命名，一般来说是鸟类学家或博物学家的名字。事实上，以人名命名并不一定表示命名的人。比如铜翅金鹃的学名 *Chrysococcyx meyerii* 是为了纪念 19 世纪末 20 世纪初的德国人类学家、鸟类学家阿道夫·迈尔（Adolf Meyer）。

- 用地名命名，比如翠绿唐加拉雀的学名 *Tangara florida* 中的种加词是美国的一个州（佛罗里达）。

- 用当地俗名命名，比如 *Hoopoe*，源自这种鸟类的鸣声，是一个拟声词，这类俗名成为学名的一部分，如戴胜的学名 *Hoopoe epops*。

- 用鸟类的颜色、形状和行为的描述来命名，比如橙胸绿鸠的学名 *Treron bicinctus* 中的 *Bicinctus* 表示环绕两次或呈双带状。红头摄蜜鸟的学名 *Myzomela erythrocephala* 源于希腊语，*muzao* 表示吸吮，*meli* 意为蜂蜜；在拉丁语中 *erythro* 表示红色，*cephala* 意为头部。

- 用奇怪的称呼来命名，比如爪哇金丝燕的学名 *Aerodramus fuciphagus* 中，*fuci* 表示海藻，*phagus* 则表示食者。然而这种鸟类的巢几乎完全由唾液筑成，而非海藻。

总体而言，鸟类的科学双名法的名字是具有描述性的。更重要的是，这些名字可以用一

翠绿唐加拉雀 *Tangara florida*
（78 页）

种世界各地认可的官方语言来明确指定每一个特定物种。

如果鸟类仅仅用其俗名来进行鉴定，你也许能想象到场面会有多么混乱。绿头鸭的学名为 *Anas platyrhynchos*，但在北半球这种鸟还有多种俗名（比如：Mallard、Canard Colver、Anade Real、Stokente、Wilder End、Germano Reale、Stokkand、Ma-gamo、Pato-real 和其他俗名）。这显然不可行。因此学名非常重要，虽然大多数观鸟者通常所熟悉的都是俗名。

鸟类的英文名曾经引起过许多混乱，因此美国鸟类学家联盟（American Ornithologists' Union）和英国鸟类学家联盟（British Ornithologists' Union）一起为美国和英国的鸟类制定了很多统一的英文名。

和所有科学一样，人们不断收集到新信息，鸟类学中的分类关系也会发生改变，物种的学名和英文名也会随之而改变。在本书中，我们采用的是国际鸟类学家联盟的 IOC 世界鸟类名录最新版所确定的学名，但是由于学名可能一直在变，因此我们也不能保证这些名字在将来仍是准确的。

鸟类学名拉丁文入门

在每一门科学学科中,虽然源于希腊语的派生词和印欧语系都很常见,但每个学科的核心语言都源自拉丁语。鸟类学和观鸟就是一个很好的例子。鸟类的学名定义了一万多种鸟类之间的关系且通常都是描述性的。属名和种加词可能描述鸟类的颜色、花纹、尺寸或身体的部位;鸟类学家或其他人的名字;发现地;鸟类的行为;或是一些现在看起来没有意义,但是在命名人的眼里却是有意义的特征。不管怎么说,学名都是非常有趣的。例如草原隼的学名是 Falco mexicanus,从其种加词可以看出,这是一种来自墨西哥的隼。再比如,针尾鸭的学名为 Anas acuta,其种加词的意思是"尖的鸭子",指的是雄性尾巴为尖尾。

观鸟爱好者不太关注学名,但是鸟羽形态学比如"眉纹"(supersiliary)和"耳羽"(auricular)对鸟类鉴定是极其重要的,就像"叉骨"(furcula)对那些环志鸟类和估计鸟类脂肪储存量来说也是十分关键的。"远洋"(Pelagic)是很多人不知道的一个术语,但是对于专注于海洋的观鸟者来说,富含信息。

我们希望这本书可以开阔你的思路,让你了解一些源于拉丁语的科学术语和日常用语,这样你的观鸟活动会变得更加迷人。

生物的分类是以卡尔·林奈的工作为基础的,他根据共有特征将物种进行分组。达尔文的分类是基于演化祖先增加分类的一致性。而现在人们开始使用由分类和 DNA 数据以及形态学相结合的系统进行分类。有趣的是,这些新方法已经证实了许多解剖和形态分类。

主要的分类阶元有纲、目、科、属和种。鸟类属于鸟纲,分为 27 个目,所有这些目的名字皆以 -iformes 结尾,比如雀形目 Passeriformes 和潜鸟目 Gaviiformes。每个目都包含了至少一个科,这些科的名字以 -idea 结尾,比如山雀科 Paridae。这本书的重点在于介绍属和种,也是最为具体的分组。属名一般为首字母大写和斜体,而种加词一般为首字母小写和斜体,比如家麻雀的学名写作 Passer domesticus。所有生物领域的分类学家一般都会在某种程度上不同意分类方案,而这些在鸟类学中分类学家一般是同意的。

这本书中名字的读音基础是新拉丁语,这是在文艺复兴(大约 1500 年)以后发展的一种为科学命名的形式,尤其是一种生物的希腊-拉丁语分类的命名法。

不同于传统的拉丁语,新拉丁语

针尾鸭 Anas acuta
(17 页)

LATIN FOR BIRDWATCHERS

普通潜鸟 *Gavia immer*
（85 页）

因为这种潜鸟拥有怪异的叫声，所以这个名字被用来形容疯狂，并被错误地与我们的月球卫星联系起来了。

芦苇，*manes* 意为非常喜欢的），描述了这种鸟类喜欢的生境。贝维克的名字变成了 *bewickii*，-ii 是为了展示所属权，这个单词的发音为 be-WIK-ee-eye。重音一般放在人名上，但拉丁语所有格形式的重音位置有时会发生变化，在不同的国家和地区，发音有所不同。

因地区和国家的不同而异，而且在关于学名拉丁语的发音上没有统一的国际协定。因为这本书的语言为英文，我们用语言来塑造我们的发音。我们的目标是给你一个可行的、真正来源于希腊语和拉丁语术语词源的发音。此外，我们使用英语发音来确保元音、辅音和重音能得到最好的展现。

除了学名发音的地区差异外，新拉丁语和传统的拉丁语的区别在于它在元音、辅音和重音上处理的不同。比如，在传统拉丁语中 th- 是不发音的，然而在新拉丁语中 th- 仅用于它的不发音的形式，比如 theatre。这一规则唯一的例外是专有名词，比如人名（托马斯 Thomas）或地名（泰晤士河 River Thames）。许多鸟类的名字源自人名，通常不是命名人本身，这些名字就被拉丁化来创造双命名。

例如，奥杜邦（Audubon）曾以英国鸟类学家托马斯·贝维克（Thomas Bewick）的名字来命名一种鹪鹩，这种鸟的英文俗为 Bewick's Wren（比氏苇鹪鹩），但是拉丁名字是 *Thryomanes bewickii*（在希腊语中，*thruon* 意为

黑顶麻雀 *Passer ammodendri*
（166 页）

鸣禽属于雀形目（Passeriformes），这是鸟类中最大的一个类群，占所有鸟类的 52%。

13

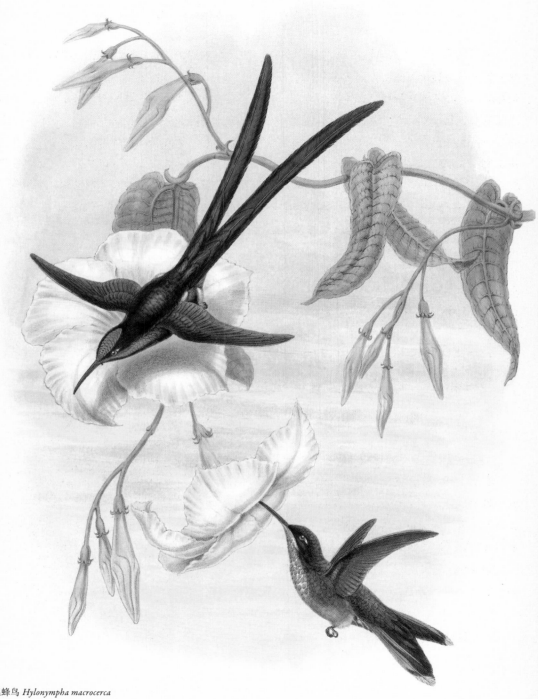

剪尾蜂鸟 *Hylonympha macrocerca*
（108 页）

A—Z词汇表简介

本书的目标是让读者轻松愉快地浏览世界上常见鸟类的拉丁学名。当然这个目标并不是绝对的。因为要达到这个目标，还需要一本更全的书，还需要读者们对拉丁名有更浓厚的兴趣——比如詹姆斯·罗布林（James Jobling）编写的《鸟类学名字典》（Helm Dictionary of Scientific Bird Names），这是一本鸟类学名的权威工具书（共 432 页约 20 000 个名字）。本书中的鸟类学名和英文俗名以国际鸟类学家联盟 IOC 世界鸟类名录作为最终参考。本书收录了超过 3 000 种鸟类（属或种）的拉丁名，按字母顺序排列。首先是词汇及其读音，接下来是拉丁词的释义，同时还列出了带有这一词汇的鸟类学名的例子，例如：

> Caeruleirostris *see-roo-lee-eye-ROSS-tris*
> Caerul 表示蓝色，rostris 指喙或嘴，如考岛管舌雀（Loxops caeruleiostris），俗名为 Akekee，这是一种蓝色喙的旋蜜雀。

在这个例子中，这个单词是由拉丁语派生的，且给出了组成 *caeruleirostris* 的两部分的词义。大多数学名都有很清楚的含义，但有时我们不太清楚它们被选为某鸟类学名的原因。

如果学名的派生语言和拉丁语不同，我们会对其进行注释。如果语言没有进行注释，那么它就来源于拉丁语（包括古典拉丁语、现代拉丁语、科学拉丁语、后拉丁语、中世纪拉丁语和文艺复兴拉丁语）和由共享亚欧语系词根变异而来的希腊语，这在词源学上产生了显著的重叠。因此，我们尽可能经常用拉丁拼写和发音，因为它们是新（科学）拉丁语的主要基础。同时，我们选择最合适的解释来阐释鸟类的学名。

考岛管舌雀 *Loxops caeruleiostris*
一种旋蜜雀（39 页）

A

Aalge AL-jee
指海雀的一种，来自丹麦语，如崖海鸦（*Uria aalge*），俗名为 Common Murre 或 Common Guillemot

Abbotti AB-bot-tye
以美国医生、博物学家威廉·路易斯·阿博特（William Louis Abbott）命名的，如粉嘴鲣鸟（*Papasula abbotti*），俗名为 Abbott's Booby

Abeillei a-BEL-eye
以法国采集家和博物学家 M. 阿贝耶（M. Abeille）命名的，如黑背拟鹂（*Icterus abeillei*），俗名为 Black-backed Oriole

Aberrans AB-ber-ranz
不寻常的、不同的，如懒扇尾莺（*Cisticola aberrans*），俗名为 Lazy Cisticola；表示这个类群的鸟类会利用不寻常的生境

Aberti AL-bert-eye
以美国鸟类学家詹姆斯·威廉·阿贝特（James William Abert）命名的，如红腹唧鹀（*Melozone aberti*），俗名为 Abert's Towhee

Abnormis ab-NOR-mis
Ab 指远离；*normis* 表示平常的，所以该词表示不寻常，如棕啄木鸟（*Sasia abnormis*），俗名为 Rufous Piculet，这是一种体型非常小的啄木鸟

棕啄木鸟
Sasia abnormis

Abroscopus a-bro-SKO-pus
希腊语，*abro* 表示精致的、娇美的，*skopus* 指卫兵、保卫或目标，如黄腹鹟莺（*Abroscopus superciliaris*），俗名为 Yellow-bellied Warbler

Aburria a-BUR-ree-a
源自 *abhorrere*，表示厌恶、烦闷的，如肉垂冠雉（*Aburria aburri*），俗名为 Wattled Guan，指鸟类为了拥有美好一天而休息的习性

Abyssinicus, -a a-bis-SINK-us/a
以东非（East Africa），确切地说是阿比西尼亚（Abyssinia），现在的埃塞俄比亚命名的，如埃塞长耳鸮（*Asio abyssinicus*），俗名为 Abyssinian Owl 或 African Long-eared Owl

Acadicus a-KAD-ih-kus
以阿卡迪亚（Acadia，加拿大地名）命名的，如棕榈鬼鸮（*Aegolius acadicus*），俗名为 Northern Saw-whet Owl

Acanthagenys a-kan-tha-JEN-is
希腊语，*akanthos* 源自 *ake*，表示点、荆棘，*genys* 表示颌部，如刺颊垂蜜鸟（*Acanthagenys rufogularis*），俗名为 Spiny-cheeked Honeyeater

Acanthis a-KAN-this
希腊语，*akanthos* 源自 *ake*，表示点、荆棘，Acanthus 被其父亲的马杀害后，宙斯和阿波罗将其变成了一只雀，如白腰朱顶雀（*Acanthis flammea*），俗名为 Common Redpoll

Acanthiza a-kan-THY-za
希腊语，*akanthos* 源自 *ake*，表示点、荆棘，*zo* 表示或者，如西刺嘴莺（*Acanthiza inornata*），俗名为 Western Thornbill

Acanthorhynchus a-kan-tho-RINK-us
希腊语，*akanthos* 源自 *ake*，表示点、荆棘，拉丁语 *rhynchus* 指喙，如西尖嘴吸蜜鸟（*Acanthorhynchus superciliosus*），俗名为 Western Spinebill

Acanthornis a-kan-THOR-nis
希腊语，*akanthos* 源自 *ake*，表示点、荆棘，*ornis* 指鸟类，如灌丛丝刺莺（*Acanthornis magna*），俗名为 Scrubtit

Accipiter ak-SIP-ih-ter
表示取、拿、收，指一类森林栖息和昼行性的捕食鸟类，比如苍鹰（*Accipiter gentilis*），俗名为 Northern Goshawk

Aceros a-SER-os
希腊语，*a* 表示没有，*ceros* 指角，比如皱盔犀鸟（*Aceros corrugatus*），俗名为 Wrinkled Hornbill

Acridotheres a-kri-do-THER-eez
希腊语，*akridis* 表示蝗虫，*therao* 表示猎取，如家八哥（*Acridotheres tristis*），俗名为 Common Myna

Acrobatornis a-kro-ba-TOR-nis
希腊语，acrobat 表示体操表演者，ornis 指鸟类，如粉腿针尾雀（*Acrobatornis fonsecai*），俗名为 Pink-legged Graveteiro，这是一种会杂耍的鸟类，它们取食时会倒挂在树上

Acrocephalus a-kro-se-FAL-us
Acro 表示杂耍，cephala 指头部，如稻田苇莺（*Acrocephalus agricola*），俗名为 Paddyfield Warbler

Actenoides ak-ten-OY-deez
希腊语，aktis 表示射线或光线，oides 表示类似，如栗领翡翠（*Actenoides concretus*），俗名为 Rufous-collared Kingfisher

Actinodura ak-tin-o-DOO-ra
希腊语，aktis 表示射线或光线，oura 指尾巴，如锈额斑翅鹛（*Actinodura egertoni*），俗名为 Rusty-fronted Barwing，这种鸟类的尾巴为尖尾

Actitis ak-TY-tis
希腊语，表示海岸栖息者，如斑腹矶鹬（*Actitis macularius*），俗名为 Spotted Sandpiper

Actophilornis ak-to-fil-OR-nis
希腊语，aktis 表示射线或光线，philos 表示喜欢或爱，ornis 指鸟类，如非洲雉鸻（*Actophilornis africanus*），俗名为 African Jacana，意思是喜欢太阳的鸟类

Acuminata a-koo-min-AH-ta
尖形或锥形的，如尖尾滨鹬（*Calidris acuminata*），俗名为 Sharp-tailed Sandpiper

Acuta A-KOO-ta
尖形的，如针尾鸭（*Anas acuta*），俗名为 Northern Pintail，描述的是其尖尾

Acutipennis a-koo-tih-PEN-nis
Acuta 表示尖形，penna 指羽毛，如小灰眉夜鹰（*Chordeiles acutipennis*），俗名为 Lesser Nighthawk

Adelberti a-DEL-bert-eye
以著名的内科医生、昆虫学家、鸟类学家阿德尔贝特·费涅什·德·恰考利（Adelbert Fenyes de Csakaly）命名的，如黄喉花蜜鸟（*Chalcomitra adelberti*），俗名为 Buff-throated Sunbird

Adorabilis a-do-RA-bil-is
Adoro 表示敬畏、尊敬、崇拜、喜欢，如白冠蜂鸟（*Lophornis adorabilis*），俗名为 White-crested Coquette

Adscitus ad-SHE-tus
通过、批准，如淡头玫瑰鹦鹉（*Platycercus adscitus*），俗名为 Pale-headed Rosella，这种鸟类在 18 世纪末被命名，后来又被重新命名，种加词的词源不清楚

栗领翡翠
Actenoides concretus

Adsimilis ad-SIM-il-is
表示类似、相近，如叉尾卷尾（*Dicrurus adsimilis*），俗名为 Fork-tailed Drongo，命名者认为这种卷尾看起来像英国的一种常见鸟类

Aechmophorus ek-mo-FOR-us
希腊语，aikhme 指矛，phero 表示忍受，如北美䴙䴘（*Aechmophorus occidentalis*），俗名为 Western Grebe，这种鸟类以其矛状喙而命名

Aedon EE-don
以在希腊的神话里被宙斯变成一只鸟的托斯（Zethus）的妻子艾顿（Aedon）命名的，如莺鹪鹩（*Troglodytes aedon*），俗名为 House Wren

Aegithalos ee-ji-THAL-os
希腊语，表示小型鸟类山雀，如银脸长尾山雀（*Aegithalos fuliginosus*），俗名为 Sooty Bushtit，山雀（tit）源自挪威语 titr，表示小型鸟类

Aegotheles ee-go-THEL-eez
希腊语，aego 指山羊，theles 表示吮吸、吸奶，如大裸鼻鸱（*Aegotheles insignis*），俗名为 Feline Owlet-nightjar，这个科的鸟类被称为"山羊吸吮者"

Aegypius ee-JIP-pee-us
希腊语，aigupios 指兀鹫，如秃鹫（*Aegypius monachus*），俗名为 Cinereous Vulture 或 Black Vulture

Aeneus ee-NEE-us
黄铜色或金色的，如古铜色卷尾（*Dicrurus aeneus*），俗名为 Bronzed Drongo

Aenigma ee-NIG-ma
神秘的，如阔嘴霸鹟（*Sapayoa aenigma*），俗名为 Sapayoa

Aepypodius ee-pi-PO-dee-us
希腊语，*aipus* 表示高，*pous* 表示足，如冠塚雉（*Aepypodius bruijnii*），俗名为 Waigeo Brushturkey

Aequatorialis ee-kwa-tor-ee-AL-is
赤道的，如高原翠鴗（*Momotus aequatorialis*），俗名为 Andean Motmot

Aerodramus eh-ro-DRA-mus
希腊语，*aer* 表示天空，*dram* 表示奔跑，如塞舌尔金丝燕（*Aerodramus elaphrus*），俗名为 Seychelles Swiftlet

Aestiva, -alis es-TEE-va/es-tee-VAL-is
指夏天，如巴氏猛雀鹀（*Peucaea aestivalis*），俗名为 Bachman's Sparrow）和蓝顶鹦哥（*Amazona aestiva*），俗名为 Turquoise-fronted Amazon

Aethereus ee-THER-ee-us
希腊语，*aiterios* 表示优雅的，如红嘴鹲（*Phaethon aethereus*），俗名为 Red-billed Tropicbird

Afer AH-fer
古罗马人用来表现在的突尼斯（Tunisia），如黄顶巧织雀（*Euplectes afer*），俗名为 Yellow-crowned Bishop

Affinis af-FIN-is
表示类似、相似，如小潜鸭（*Aythya affinis*），俗名为 Lesser Scaup，它和斑背潜鸭（*Aythya marila*，俗名为 Greater Scaup）亲缘关系非常近，几乎一样。*Affinis* 是许多鸟类的种加词

Agapornis a-ga-POR-nis
希腊语，*agape* 表示爱或爱情，*ornis* 指鸟类，如费沙氏情侣鹦鹉（*Agapornis fischeri*），俗名为 Fischer's Lovebird

Agelaioides a-jel-eye-OY-deez
希腊语，*agelaius* 指群居的，*oides* 指类似，如栗翅牛鹂（*Agelaioides badius*），俗名为 Baywing

Agelaius a-je-LE-us
希腊语，指群居的，如三色黑鹂（*Agelaius tricolor*），俗名为 Tricoloured Blackbird，这是一种在冬天也一大群聚集、繁殖的鸟类

Agilis a-JIL-is
表示敏捷地、灵活地、快，如灰喉地莺（*Oporornis agilis*），俗名为 Connecticut Warbler

Aglaiae a-GLAY-ee
Agali 指才华横溢的、华丽的，如红喉厚嘴霸鹟（*Pachyramphus aglaiae*），俗名为 Rose-throated Becard

Agricola a-GRI-ko-la
Ager 表示野外，*cola* 指栖息动物，如稻田苇莺（*Acrocephalus agricola*），俗名为 Paddyfield Warbler

Agriornis ah-gree-OR-nis
Agri 表示农业的，希腊语 *ornis* 指鸟类，如灰腹鹀霸鹟（*Agriornis micropterus*），俗名为 Grey-bellied Shrike-Tyrant

Ailuroedus eye-loo-ROY-dus
希腊语，*ailur* 指猫，*oidos* 表示歌唱，如斑园丁鸟（*Ailuroedus melanotis*），俗名为 Spotted Catbird

Aimophila eye-mo-FIL-a
希腊语，*aimos* 表示灌木丛，*philos* 表示喜欢，如棕顶猛雀鹀（*Aimophila ruficeps*），俗名为 Rufous-crowned Sparrow

Aix EYKS
希腊语，指水禽，如林鸳鸯（*Aix sponsa*），俗名为 Wood Duck

Ajaja a-JA-ja
法语，表示驾车、骑车或者追逐，如粉红琵鹭（*Platalea ajaja*），俗名为 Roseate Spoonbill

林鸳鸯
Aix sponsa

Alauda a-LAW-da
凯尔特语，表示伟大的歌曲，如云雀（*Alauda arvensis*），俗名为 Eurasian Skylark，这种鸟类以它飞行时持续鸣唱的特性而著称

Alba, -i, -o AL-ba/beye/bo
表示白色，如白鹡鸰（*Motacilla alba*），俗名为 White Wagtail 或 Pied Wagtail

Albatrus al-BAT-rus
可能源自葡萄牙语，alcatraz 指鹈鹕，gha 指一种海鹰，如短尾信天翁（*Phoebastria albatrus*），俗名为 Short-tailed Albatross

Albellus al-BEL-lus
alba 表示极小的，如白秋沙鸭（*Mergellus albellus*），俗名为 Smew，是一种和秋沙鸭亲缘关系较近的小型鸭类

Alberti AL-bert-eye
以维多利亚女王（Queen Victoria）的丈夫阿尔伯特亲王（Prince Albert）命名的，如蓝嘴凤冠雉（*Crax alberti*），俗名为 Blue-billed Curassow

Albescens AL-bes-sens
Albus 指白色，-escens 是"成为"的意思，如红背歌百灵（*Calendulauda albescens*），俗名为 Karoo Lark

Albicapillus, -a al-bi-ka-PIL-lus/a
Albus 指白色，capillus 指头发，如白冠丽椋鸟（*Lamprotornis albicapillus*），俗名为 White-crowned Starling

Albicaudatus, -a al-bi-kaw-DA-tus/ta
Albus 指白色，cauda 指动物的尾巴，如白尾鵟（*Geranoaetus albicaudatus*），俗名为 White-tailed Hawk

Albiceps AL-bi-seps
Albus 指白色，ceps 指头部，如白头麦鸡（*Vanellus albiceps*），俗名为 White-crowned Lapwing

Albicilla al-bi-SIL-la
Albus 指白色，cilla 指尾巴，如白尾海雕（*Haliaeetus albicilla*），俗名为 White-tailed Eagle

Albicollis al-bi-KOL-lis
Albus 指白色，collis 指喉部或领，如非洲渡鸦（*Corvus albicollis*），俗名为 White-necked Raven

Albidinucha al-bi-di-NOO-ka
Albus 指白色，idus 表示具有，nucha 指颈部，如白枕鹦鹉（*Lorius albidinucha*），俗名为 White-naped Lory

Albifacies al-bi-FACE-eez
Albus 指白色，facies 指脸部，如灰头白脸鹑鸠（*Geotrygon albifacies*），俗名为 White-faced Quail-Dove

拉丁学名小贴士

粉红琵鹭的拉丁学名 *Platalea ajaja* 源于它的取食习惯。人们发现生活在美国东南部的粉红琵鹭会吞下海水，它们在水里、泥里行走，用勺状的喙抓住青蛙、螃蟹、鱼类、蠕虫、龙虾和其他类似的生物。它们在吞食食物的同时会摄取食物中的红萝卜素，这使得它们的身体变成粉红色。这种行为及其形成的颜色和火烈鸟极其相似。粉红琵鹭的雏鸟由亲鸟通过反刍来喂食，它们的喙在几个月后由扁平状变为勺状。

粉红琵鹭
Platalea ajaja

Albifrons AL-bi-fronz
Albus 指白色，frons 指前额，如白额绿鹦哥（*Amazona albifrons*），俗名为 White-fronted Amazon

Albigula al-bi-GOO-la
Albus 指白色，gula 指食管，如白喉鵟（*Buteo albigula*），俗名为 White-throated Hawk

Albilatera al-bi-la-TER-ra
Albus 指白色，latera 表示侧面，如白胁刺花鸟（*Diglossa albilatera*），俗名为 White-sided Flowerpiercer

Albipectus al-bi-PEK-tus
Albus 指白色，pectus 指胸部，如白颈鹦哥（*Pyrrhura albipectus*），俗名为 White-breasted Parakeet

约翰·古尔德
(1804—1881)

约翰·古尔德（John Gould）出生于英格兰多塞特郡。他的父亲是温莎城堡的一名园丁，教会他许多贸易技巧。长大后的古尔德获得的第一个工作职位是约克郡雷普利城堡的园丁。他没有接受过正规教育，但最终被公认为"澳大利亚鸟类学之父"，在欧洲鸟类学界的知名度就如奥杜邦在美国一样高。

古尔德曾学习制作动物标本，他在伦敦时开始做动物标本剥制的生意，这些经历为他的鸟类学职业生涯打下了基础。他和多位科学家、博物学家的接触让他后来成为伦敦动物学会博物馆的第一任馆长。

作为博物馆馆长，古尔德能够接触到伦敦动物学会的所有标本。1830年，他收到许多来自喜马拉雅山脉的鸟类标本，其中相当一部分物种对欧洲人来说是全新的，于是古尔德将其整理编写成一本书：《喜马拉雅山百年鸟类集》（*A Century of Birds from the Himalaya Mountains*），他的新婚妻子伊丽莎白（Elizabeth）为这本书画了许多插画。在后来的几年时间里，古尔德撰写了4本关于鸟类的书籍，其中一本是《欧洲鸟类》（*Birds of Europe*）。该书共5卷，爱德华·李尔（Edward Lear）为它制作了非常漂亮的石版画。在20—26岁期间，李尔为古尔德制作了80幅鸟类插画。许多人认为这些插画是当时世界上最优秀的鸟类学插图。遗憾的是，这些画作在古尔德的书籍中和其他艺术家的作品混在了一起。

1837年，古尔德遇到了查尔斯·达尔文（Charles Darwin）。此时达尔文正好从加拉帕戈斯群岛回来，他将鸟类标本送去给古尔德鉴定。古尔德发现，被达尔文认为是不同物种的鸟类实际上是同种鸟类，只是它们为适应不同岛屿条件而发生了变化。古尔德的分析为达尔文的自然选择和进化论学奠定了基础。古尔德的鸟类学著作还包括《贝格尔号航海的动物学》（*Zoology of the Voyage of the H.M.S. Beagle*）中的《鸟类》卷，该书出版于1838—1842年，由达尔文担任编辑。

1838年，古尔德和妻子航行到澳大利亚，他想编著一本关于这个国家鸟类区系的专著。1840年回到英国后，古尔德出版了《澳大利亚的鸟

棕腹树鹊
Dendrocitta vagabunda

棕腹树鹊和鸦科（Corvidae）的其他鸟类一样是杂食性鸟类，且能适应多种环境。

类》(The Birds of Australia)，该书由 600 幅插画组成，全书共 7 卷，描述了超过 300 种鸟类新物种。他的妻子在 1841 年死于分娩，后来古尔德着手出版《蜂鸟志》(A Monograph of the Trochiidae or Humming Birds, 1849—1861)、《澳大利亚哺乳动物》(The Mammals of Australia, 1845—1863)、《澳大利亚鸟类手册》(Handbook of the Birds of Australia, 1865)、《亚洲鸟类》(The Birds of Asia, 1850—1883)、《大不列颠鸟类》(The Birds of Great Britain, 1873) 和《新几内亚和临近的巴布亚岛的鸟类》(The Birds of New Guinea and the Adjacent Papuan Islands, 1875—1888)。毫无疑问，他是那个时代最高产的鸟类学作家，共出版了 41 部鸟类学著作，这些著作中包含由他妻子和其他艺术家制作的三千多幅插画。古尔德本人也是一位出色的画师，他的画作供不应求。

一些研究者认为古尔德自己为所有的图版绘制了原始草图，而伊丽莎白·古尔德、爱德华·李尔和其他人则进行手工上色和雕刻。虽然古尔德不曾为自己编著的书籍绘制插画，但是他很擅长在野外迅速绘制已死亡的鸟类草图，然后将其交给其他艺术家完善。正是因为如此，我们才能在他编著的精美书籍中看到这些栩栩如生、细节丰富的艺术作品。比如，他将黄金叶放在水彩的下面，描

灰胸刀翅蜂鸟
Campylopterus largipennis

绘出蜂鸟羽毛的彩虹色。

在古尔德的职业生涯中，他对蜂鸟最为着迷，拥有 320 种蜂鸟的收藏标本。1851 年，在伦敦的大型展会上展出了这些藏品，该展会是世界博览会的前身。尽管直到 1857 年前往美国费城巴特拉姆花园时，古尔德才第一次看到一只红喉北蜂鸟，在此之前他并没有观察过活的蜂鸟。他捕捉了一些蜂鸟，试图将它们活着带回英国，但是并没有成功。因为需要特殊照顾，蜂鸟只活了几个星期。

1909 年，为了促进环境教育，古尔德鸟类爱好者联盟在澳大利亚的维多利亚成立。现在该组织在澳大利亚还十分活跃。在 1976 年，澳大利亚为了纪念古尔德，将他的肖像印在邮票上。2009 年，一系列从他的《澳大利亚鸟类》中选出的鸟类插画被印在了另一套邮票上。如今至少有 24 种鸟类是以古尔德的名字来命名的：比如 Gould's Petrel（白翅圆尾鹱）、Gould's Bronze Cuckoo（棕胸金鹃）、Gould's Frogmouth（鳞腹蟆口鸱）、Gould's Parrotbill（斑胸鸦雀）、Gould's Sunbird（蓝喉太阳鸟）和 Gouldian Finch（七彩文鸟）等。

鸟类是每个户外爱好者的忠实伙伴，人人都为它们的存在和歌声而喝彩，它们也是人们户外生存的主要手段。从精神到物质都满足了人们的需求，难怪人们那么喜爱鸟类。

约翰·古尔德，《大不列颠鸟类》(1873)

Albipennis al-bi-PEN-nis
Albus 指白色，pennis 指尾巴或翎，如白翅岩鸠（*Petrophassa albipennis*），俗名为 White-quilled Rock Pigeon

Albogularis al-bo-goo-LAR-is
Albus 指白色，gula 指喉部，如白喉巨隼（*Phalcoboenus albogularis*），俗名为 White-throated Caracara

Albolarvatus al-bo-lar-VA-tus
Albus 指白色，larvare 表示蛊惑或者着迷，如白头啄木鸟（*Picoides albolarvatus*），俗名为 White-headed Woodpecker，北美的 22 种啄木鸟中，它是唯一一种头部是白色的，这使得它很特别而且很吸引人

Albonotatus al-bo-no-TA-tus
Albus 指白色，notatus 表示明显的，如斑尾鵟（*Buteo albonotatus*），俗名为 Zone-tailed Hawk

Albus AL-bus
表示白色，如白鞘嘴鸥（*Chionis albus*），俗名为 Snowy Sheathbill

Alca AL-ka
表示来自冰岛或挪威的海雀，如刀嘴海雀（*Alca torda*），俗名为 Razorbill

Alcedo al-SEE-doe
指翠鸟，如普通翠鸟（*Alcedo atthis*），俗名为 Common Kingfisher，指生活在河岸边有卓越捕鱼技巧的鸟类

Aleadryas al-ee-a-DRY-as
Alea 表示游戏，dryas 表示森林仙女，如棕颈啸鹟（*Aleadryas rufinucha*），俗名为 Rufous-naped Whistler

Alectoris a-lek-TOR-is
希腊语，alektoris 表示公鸡，如欧石鸡（*Alectoris graeca*），俗名为 Rock Partridge

Aleuticus a-LOY-ti-kus
以阿留申群岛（Aleutian Islands）命名的，如白腰燕鸥（*Onychoprion aleuticus*），俗名为 Aleutian Tern

角百灵
Eremophila alpestris

Alexandrae a-lex-AN-dree
以英国的皇后、国王爱德华七世的妻子亚历山德拉王后（Alexandra）命名的，如公主鹦鹉（*Polytelis alexandrae*），俗名为 Princess Parrot

Alexandrinus a-lek-zan-DRY-nu
以埃及的亚历山大（Alexandria）命名的，如环颈鸻（*Charadrius alexandrinus*），俗名为 Kentish Plover

Alle AL-le
诺尔斯语，表示小的，如侏海雀（*Alle alle*），俗名为 Little Auk

Allenia AL-len-ee-a
以美国鸟类学家乔尔·阿伦（Joel Allen）命名的，如鳞胸嘲鸫（*Allenia fusca*），俗名为 Scaly-breasted Thrasher

Alopex AL-o-pecks
希腊语，指狐狸或狡猾的人，如大黄眼隼（*Falco alopex*），俗名为 Fox Kestrel

Alopochen al-o-PO-ken
希腊语，alopex 表示狐狸，chen 指天鹅，如埃及雁（*Alopochen aegyptiaca*），俗名为 Egyptian Goose

Alpestris al-PES-tris
表示高山，如角百灵（*Eremophila alpestris*），俗名为 Horned Lark 或 Shore Lark，表示"来自高山孤独之地的爱"

Alphonsionis al-fon-see-OWN-is
以法国内科医生和鸟类学家阿尔方索·米尔恩 - 爱德华（Alphonse Milne-Edwards）命名的，如灰喉鸦雀（*Sinosuthora alphonsiana*），俗名为 Ashy-throated Parrotbill

Alpina al-PINE-a
指高山，如黑腹滨鹬（*Calidris alpina*），俗名为 Dunlin

Altiloquus al-ti-LOW-kwus
Altus 表示高的，loquus 指声音，如黑髭莺雀（*Vireo altiloquus*），俗名为 Black-whiskered Vireo

Altirostris al-ti-ROSS-tris
Altus 为高的、深的，rostris 为嘴或喙，如伊拉克鸫鹛（*Turdoides altirostris*），俗名为 Iraq Babbler

Amazilia, -zonia a-ma-ZIL-ee-a/a-ma-ZON-ee-a
以亚马孙河（Amazon）命名的，如蓝喉蜂鸟（*Amazilia lactea*），俗名为 Sapphire-spangled Emerald（或 Sapphire-spangled Emerald hummingbird）

Amblyornis am-blee-OR-nis
希腊语，amblus 表示迟钝的，ornis 指鸟类如黄额园丁鸟（*Amblyornis flavifrons*），俗名为 Golden-fronted Bowerbird，和其他属的园丁鸟相比，这种园丁鸟比较迟钝

亚马孙鹦鹉属

亚马孙鹦鹉属（*Amazona*，am-a-ZONE-a）鸟类原产于新大陆，分布于加勒比至南美等地区，该属鸟类大约有 30 种。这种鸟类以模仿人类说话而闻名，它们可以用爪子操纵物体，适应笼养生活，是一种常见笼养宠物。在美国大概有 1 100 万只笼养鸟类，其中的 75% 为各种鹦鹉，因此合法或非法的贸易使得这些鸟类的种群数量显著下降。在野外捕捉到的、作为宠物贸易的鹦鹉，有 60% 在到达市场之前就已经死掉了。

它们的性格和颜色都非常吸引人，但是这些野生鹦鹉的生活习性鲜有人知。它们生活在高大树木的林冠层，因此很难被抓住。如果它们被抓后被锁起来，它们会用强壮的喙撬开脚环。

鹦鹉通常吃坚果、水果和花蜜，偶尔也会吃昆虫或其他节肢动物。它们拥有灵活的对趾足（第二和第三趾向前，第一和第四趾向后），因此易于抓取物品，它们的颌常常被用来打开坚硬的坚果和水果。鹦鹉的上颌与头骨相连且向下弯曲，能让它向扁平下颌的坚硬边缘施加足够大的压力。喙上的触觉感受器可以帮助鸟类将物体放到合适的位置打开。要打开一个巴西坚果，鸟喙需要施加 9 653 千帕——这远比啄破人的手指的力大。

亚马孙鹦鹉属鸟类有许多有趣的名字。比如学名为 *A. farinosa*（取自于拉丁语 *farina*，意为面粉）的斑点鹦哥（俗名为

喜庆鹦哥
Amazona festiva

Mealy Amazon 或 Mealy Parrot），得名于像被覆盖了一层面粉的背部和颈部。而喜庆鹦哥（*A. festiva*）是该属鸟类中颜色最鲜艳的鸟类之一，不过这一头衔还有许多的竞争者。

瓜德罗普岛鹦哥
Amazona violacea

瓜德罗普岛鹦哥于 18 世纪晚期灭绝，根据以往的记录，它的头部、颈部和上胸部为紫罗兰色。

鸭属

鸭属的拉丁名为 *Anas*（AN-as）。这个属的水禽由 Anatinae 亚科的 45 个物种组成，它们在水中取食时常将头深入水下而尾部向上，因此被称为涉水鸭。这些鸭子有绿头鸭、水鸭、针尾鸭和琵嘴鸭。该属鸟类中最著名的鸟类当属绿头鸭（*A. platyrhynchos*，希腊语，宽 -*platys*，喙 -*rhynchos*），它具有宽而扁平的喙。绿头鸭分布于北半球的温带和亚热带，而且被引进到其他地区。涉水鸭类的喙较长、呈圆筒状且相对扁平，在其末端还有个小钩，因此它们可以很好地浮在水面上，深入潜水区域的底部寻找食物。它们喙边缘的内部是片状、梳子状的结构，就像是一个食物过滤器。琵嘴鸭（俗名为 Northern Shoveler）的学名 *A. clypeata*（拉丁语 *clypeata* 意为挡板状）源于它较宽的喙，这上面可能有超过 200 个片层。

"Duck"（鸭子）源于古英语中的词"ducan"，而后变成"duck"或"dive"，鸭属鸟类可能是鸟类中最容易认出的类群。鸭类与鹅类以及天鹅均属于水禽，但是和这些类群不一样的是它们存在性二型现象，雄鸟的颜色比雌鸟更加鲜艳。在越冬地，雄鸟用其耀眼的羽毛来炫耀求偶，以吸引颜色单调的雌鸟。它们配对后迁到繁殖地，雌鸟在地上挖一个洼地，用旁边的草排成一条线，之后雌鸟会产下 1～12 枚卵，但只有在产满卵后才会开始孵化，所以这些卵同时被孵化出来，跟在母鸟的后面学习生存技能。雌性亲鸟单调的羽毛颜色在这一过程中起到很好的伪装作用。

有一个关于鸭类有趣的传闻认为，它们的嘎嘎声不会产生回音。这种说法听起来很荒唐，实际上也并没有被证明。

绿头鸭
Anas platyrhynchos

Americana a-mer-i-KAN-a
美国的，如褐胸反嘴鹬（*Recurvirostra americana*），俗名为 American Avocet

Ammodramus am-mo-DRA-mus
希腊语，*ammos* 表示沙滩，*dramos* 表示奔跑，如黄胸草鹀（*Ammodramus savannarum*），俗名为 Grasshopper Sparrow

Amoena, -us a-MOY-na/nus
可爱的、漂亮的，如白腹蓝彩鹀（*Passerina amoena*），俗名为 Lazuli Bunting

Ampeliceps am-PEL-ih-seps
Ampelos 表示像卷起来的藤蔓，*ceps* 指头部的，如金冠树八哥（*Ampeliceps coronatus*），俗名为 Golden-crested Myna

Amphispiza am-fi-SPY-za
希腊语，*amphi* 表示有两个候选（alternates），*spiza* 指雀，如黑喉漠鹀（*Amphispiza bilineata*），俗名为 Black-throated Sparrow，最初被认为是一种雀

Anas AN-as
希腊语，鸭子，如绿头鸭（*Anas platyrhynchos*），俗名为 Mallard

Anhinga an-HIN-ga
来自南美印第安图皮语（巴西），如美洲蛇鹈（*Anhinga anhinga*），俗名为 Anhinga

Anisognathus an-ih-sog-NA-thus
希腊语，*aniso* 表示不均衡的，*gnathos* 指颌部，如黑颏岭裸鼻雀（*Anisognathus notabilis*），俗名为 Black-chinned Mountain Tanager

Anna AN-na
以瑞福利公爵的夫人安娜（Anna d' Essling）命名的，如安氏蜂鸟（*Calypte anna*），俗名为 Anna's Hummingbird

Anomalospiza an-om-o-lo-SPY-za
希腊语，*anomalos* 表示奇怪的，*spiza* 指雀，如寄生织雀（*Anomalospiza imberbis*），俗名为 Cuckoo-finch

安氏蜂鸟
Calypte anna

Anous AH-noos
希腊语，表示糊涂的、愚蠢的，如白顶玄燕鸥（*Anous stolidus*），俗名为 Brown Noddy，它对人类几乎没有恐惧感

Anser AN-ser
大雁，如灰雁（*Anser anser*），俗名为 Greylag Goose

Anthobaphes an-tho-BAF-eez
希腊语，*anthos* 表示花朵，*baph* 表示浸泡、染色，如橙胸花蜜鸟（*Anthobaphes violacea*），俗名为 Orange-breasted Sunbird

Anthocephala an-tho-se-FAL-a
希腊语，*anthos* 表示花朵，拉丁语 *cephala* 指头部，如花顶蜂鸟（*Anthocephala floriceps*），俗名为 Santa Marta Blossom-crown，是蜂鸟的一种

Anthonyi an-THONE-ee-eye
以美国鸟类采集家、鸟类学家阿尔弗雷德·W. 安东尼（Alfred W. Anthony）命名的，如灌丛夜鹰（*Nyctidromus anthonyi*），俗名为 Anthony's Nightjar

Anthornis an-THOR-nis
希腊语，*anthos* 表示花朵，*ornis* 指鸟类，如新西兰吸蜜鸟（*Anthornis melanura*），俗名为 New Zealand Bellbird

Anthoscopus an-tho-SKO-pus
希腊语，*anthos* 表示花朵，*skopos* 指探索者，如非洲攀雀（*Anthoscopus caroli*），俗名为 Grey Penduline Tit

Anthracinus An-thra-SYE-nus
漆黑色的，如黑鸡鵟（*Buteogallus anthracinus*），俗名为 Common Black Hawk

褐胸反嘴鹬
Recurvirostra americana

Anthus AN-thus
希腊语，表示花朵，如黄腹鹨（Anthus rubescens），俗名为 Buff-bellied Pipit，鹨（pipit）表示叽喳叫。这种鸟类的命名可能源于同一个科的另外一种鸟类——西黄鹡鸰（Motacilla flava），俗名为 Western Yellow Wagtail——这种鸟类的颜色很鲜艳

Antiquus an-TI-kwuss
老的，如扁嘴海雀（Synthliboramphus antiquus），俗名为 Ancient Murrelet

Aphelocoma a-fe-lo-KO-ma
希腊语，apheles 表示平顺，kome 指头发，如丛鸦（Aphelocoma coerulescens），俗名为 Florida Scrub Jay

Apicalis a-pi-KA-lis
倾斜，指尾巴，如欧胡吸蜜鸟（Moho apicalis），俗名为 Oahu Oo，该物种已经灭绝

Aquaticus a-KWAT-ih-kus
水生的，如西方秧鸡（Rallus aquaticus），俗名为 Water Rail

Aquila a-KWIL-a
鹰，如草原雕（Aquila nipalensis），俗名为 Steppe Eagle

Arachnothera a-rak-no-THER-a
希腊语，arachno 指蜘蛛，thera 表示捕食，如小黄耳捕蛛鸟（Arachnothera chrysogenys），俗名为 Yellow-eared Spiderhunter

Arborea ar-BOR-ee-a
树，如小黄耳捕蛛鸟（Arachnothera chrysogenys），俗名为 Yellow-eared Spiderhunter

Archaeopteryx ar-kee-OP-ter-iks
希腊语，archeo 意为古老的，pteryx 指翅膀，如始祖鸟（Archaeopteryx lithographica），它被认为是"演化史上出现的第一种真正的鸟类"

Archboldia arch-BOLD-ee-a
以美国自然博物馆的动物学家理查德·阿奇博尔德（Richard Archbold）命名的，如阿氏园丁鸟（Archboldia papuensis），俗名为 Archbold's Bowerbird

Archilochus ar-kee-LO-kus
希腊语，archi 表示首领，lochus 是埋伏，如红喉北蜂鸟（Archilochus colubris），俗名为 Ruby-throated Hummingbird，它的名字可能源于这种鸟类的领域行为

Arctica ARK-ti-ka
北方的，如黑喉潜鸟（Gavia arctica），俗名为 Black-throated Loon 或 Black-throated Diver

Arenaria a-ren-AR-ee-a
沙坑，如翻石鹬（Arenaria interpres），俗名为 Ruddy Turnstone

银鸥
Larus argentatus

Argentatus ar-jen-TA-tus
用银子装饰，如银鸥（Larus argentatus），俗名为 European Herring Gull

Argus AR-gus
希腊语，argos 表示明亮的东西，如大眼斑雉（Argusianus argus），俗名为 Great Argus (Great pheasant)

Arquata ar-KWA-ta
弯曲的、弓形的，如白腰杓鹬（Numenius arquata），俗名为 Eurasian Curlew

Asio AH-see-o
小角猫头鹰，如长耳鸮（Asio otus），俗名为 Long-eared Owl

Assimilis as-SIM-il-is
像、类似，如斑鹞（Circus assimilis），俗名为 Spotted Harrier，和沼泽鹞（Swamp Harrier）或白尾鹞（Marsh Harrier）比较类似

Ater AH-ter
黑色，如黑巨隼（Daptrius ater），俗名为 Black Caracara；褐头牛鹂（Molothrus ater），俗名为 Brown-headed Cowbird

Athene ah-THEE-nee
以希腊神话中的智慧之神雅典娜（Athena）命名的，如纵纹腹小鸮（Athene noctua），俗名为 Little Owl

Attila ah-TIL-la
伏尔加河（Volga River）的意思，如灰头阿蒂霸鹟（Attila rufus），俗名为 Grey-hooded Attila。霸鹟（Attila flycatchers）也是这样命名的，它们的侵略性很强

Atra AT-ra
黑色的，如比岛阔嘴鹟（Myiagra atra），俗名为 Biak Black Flycatcher

Atratus ah-TRA-tus
Atra 表示黑色的，如黑头美洲鹫（Coragyps atratus），俗名为 American Black Vulture

无翼鸟属

无翼鸟的属名 *Apteryx*（AP-ter-iks）来自希腊语。*a-* 没有和缺乏，*pteryx-* 翅膀，但事实上这个属的 5 种鸟类是有翅膀的，尽管其翅膀小到几乎无法察觉。这些鸟类就是几维鸟，其俗名源于毛利人对它们的称呼。这个属的物种包括：大斑几维（*A. haastii*）、小斑几维（*A. owenii*）、奥卡里托的欧加里托几维鸟（*A. rowi*）、褐几维（*A. australis*）和北岛褐几维鸟（*A. mantelli*）。这些鸟类仅分布于新西兰，新西兰人常将这些鸟类统称为几维鸟（Kiwis）。

几维鸟属于平胸总目，大型无飞行能力的鸟类都属于这一目，包括鸵鸟、美洲鸵鸟、鸸鹋和两种鹤鸵等。世界上大约有 40 种不能飞行的鸟类，但是平胸鸟类是一类特殊的类群，因为在它们的胸骨上不具备龙骨突起这样的特性。鸟类的龙骨突上附着了大量的飞行肌肉，但是平胸鸟类并没有龙骨突，且胸肌不发达。"Ratite"（平胸）一词源于拉丁文 *ratis*（船），指的是没有龙骨突起的胸骨就像一艘小船。平胸鸟类没有尾巴，且羽毛比较原始，在羽支上没有羽小钩，也没有可以润滑羽毛的尾脂腺。

几维鸟还有许多不同寻常的特点。比如它们在夜间活动；它们的嘴裂刚毛很长且有触觉的功能；它们用很长的喙在地上寻找蠕虫；它们的卵是鸟类中最大的。几维鸟卵大约是一只鸡的大小，为 1.5～3.3 公斤，重量大约是其自身体重的四分之一，在三十多天的孵卵期里，雌鸟要吃得比平常多很多。

像新西兰的几维鸟一样，许多不能

大斑几维鸟
Apteryx haastii

飞的鸟类在陆地上演化，很少甚至没有陆地的天敌。但是随着猫、鼬和负鼠的引入，几维鸟的生境遭到破坏，种群数量呈大幅度下降。仅有大约 5% 的几维鸟幼鸟可在野外存活，而且目前仅分布在一些捕食者数量被控制的区域。

褐几维
Apteryx australis

Atricapilla ah-tri-ka-PIL-la
Atra 表示黑色的，capill 指头发，如黑顶林莺（*Sylvia atricapilla*），俗名为 Eurasian Blackcap

Atricilla a-tri-SIL-la
Atra 表示黑色的，cilla 指尾巴，如笑鸥（*Leucophaeus atricilla*），俗名为 Laughing Gull

Atricristatus a-tri-kris-TA-tus
Atra 表示黑色的，cristatus 指冠，如黑冠凤头山雀（*Baeolophus atricristatus*），俗名为 Black-crested Titmouse

Atrogularis aa-tro-goo-LAR-is
Atra 表示黑色的，gula 指喉部，如黑颏雀鹀（*Spizella atrogularis*），俗名为 Black-chinned Sparrow

Audouinii aw-DWIN-nee-eye
以法国博物学家吉恩·维克图瓦·奥杜安（Jean Victoire Audouin）命名的，如地中海鸥（*Ichthyaetus audouinii*），俗名为 Audouin's Gull

Augur AW-ger
预知未来的，如棕鵟（*Buteo augur*），俗名为 Augur Buzzard，可能是为了纪念占卜官。占卜官通过研究鸟类的飞行来了解神的愿望

Aura AW-ra
微风、空气，如红头美洲鹫（*Cathartes aura*），俗名为 Turkey Vulture

Auratus aw-RA-tus
Aurata 表示金黄或镀金，如橙拟鹂（*Icterus auratus*），俗名为 Orange Oriole

Auriceps AW-ri-seps
Aurum 表示金色，ceps 指头部，如金头绿咬鹃（*Pharomachrus auriceps*），俗名为 Golden-headed Quetzal

Auricularis aw-ri-koo-LA-ris
和耳朵有关的，如角侏霸鹟（*Myiornis auricularis*），俗名为 Eared Pygmy Tyrant

Aurifrons AW-ri-fronz
Aurum 表示金黄色，frons 表示前面、前额，如黄眉蝇鹀（*Ammodramus aurifrons*），俗名为 Yellow-browed Sparrow

Auritus aw-RYE-tus
Auris 指耳朵或有耳朵的，如角鸬鹚（*Phalacrocorax auritus*），俗名为 Double-crested Cormorant

Aurocapilla aw-ro-ka-PIL-a
Aurum 表示金黄色，capillus 指头发，如橙顶灶莺（*Seiurus aurocapilla*），俗名为 Ovenbird，这种鸟的头顶部有一簇可以竖起来的橙色羽毛

Auroreus aw-ROR-ee-us
黎明、太阳升起，如北红尾鸲（*Phoenicurus auroreus*），俗名为 Daurian Redstart

Australis AUS-tra-lis
以一个假想的南部大陆（Terra australis incognita）命名的，如澳洲苇莺 *Acrocephalus australis*，俗名为 Australian Reed Warbler

Axillaris ak-sil-LAR-is
Axil 表示腋下，aris 表示指向，如白胁蚁鹩（*Myrmotherula axillaris*），俗名为 White-flanked Antwren

Ayresii AIRS-ee-eye
以英国采集家、博物学家托马斯·艾尔（Thomas Ayres）命名的，如艾氏扇尾莺（*Cisticola ayresii*），俗名为 Wing-snapping Cisticola

Aythya eye-THEE-a
希腊语，aithuia 表示一种水鸟，如小潜鸭（*Aythya affinis*），俗名为 Lesser Scaup

拉丁学名小贴士

角鸬鹚有两簇羽毛或"冠"，但是曾用来描述这种鸟类的拉丁化形容词 auritus 意为长耳朵。Auritus 也可以表示专心的、多管闲事的，这里的意思和兽类（如狗）朝前的耳朵一样。除了繁殖季节外，这些羽毛簇并不明显。有趣的是，在北美更南边的地方，鸟类的羽毛簇更黑，而越往北则越白。阿拉斯加的种群的羽毛簇是白色的。这种羽毛簇颜色逐渐、持续的梯度变化叫"渐变群"（cline），这个词源于希腊语，意为倾斜。这种颜色的渐变是鸟类在种群中识别其他鸟类的一种方式。

角鸬鹚
Phalacrocorax auritus

B

Bacchus *BAK-kus*
罗马酒神，如池鹭（*Ardeola bacchus*），俗名为 Chinese Pond Heron，它们的头部和颈部是红酒的颜色

Bachmani *BAK-man-eye*
以博物学家约翰·巴赫曼（John Bachman）命名的，他和 J.J. 奥杜邦（J. J. Audubon）一起合著《北美四足动物》（*Quadrupeds of North America*），如北美蛎鹬（*Haematopus bachmani*），俗名为 Black Oystercatcher

Badia *ba-DEE-a*
栗色的，如棕腹燕（*Cecropis badia*），俗名为 Rufous-bellied Swallow

Badius *BA-dee-us*
栗色和深棕色的，如桂红织雀（*Ploceus badius*），俗名为 Cinnamon Weaver

Baeolophus *bee-o-LO-fus*
希腊语，*baio* 表示小的，拉丁语 *lophus* 指冠，如美洲凤头山雀（*Baeolophus bicolor*），俗名为 Tufted Titmouse

Baeopogon *bee-o-PO-gon*
希腊语，*baio* 表示小的，*pogon* 表示须，如白尾鹎（*Baeopogon indicator*），俗名为 Honeyguide Greenbul

Bahamensis *ba-ha-MEN-sis*
巴拉玛群岛的，如白脸针尾鸭（*Anas bahamensis*），俗名为 White-cheeked Pintail 或 Bahama Pintail

Baileyi *BAY-lee-eye*
以丹佛自然博物馆馆长阿尔弗雷德·马歇尔·拜莱（Alfred Marshall Bailey）命名的，比如异雀鹀（*Xenospiza baileyi*），俗名为 Sierra Madre Sparrow

Bailloni, -ius *by-LON-eye/ee-us*
以法国博物学家，采集家路易斯·安托万·弗朗索瓦·巴永（Louis Antoine Francois Baillon）命名的，如橘黄巨嘴鸟（*Baillonius bailloni*，其现在的学名为 *Pteroglossus bailloni*），俗名为 Saffron Toucanet

Bairdii *BEAR-dee-eye*
以史密森学会的第二任秘书、博物学家斯彭切尔·富勒顿·贝尔德（Spencer Fullerton Baird）命名的，比如黑腰滨鹬（*Calidris bairdii*），俗名为 Baird's Sandpiper

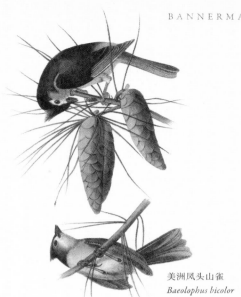

美洲凤头山雀
Baeolophus bicolor

Bakeri *BAY-ker-eye*
以牛津大学教授约翰·兰德尔·贝克（John Randal Baker）命名的，如贝氏皇鸠（*Ducula bakeri*），俗名为 Vanuatu Imperial Pigeon；或以银行家、美国自然博物馆理事乔治·费舍尔·贝克（George Fisher Baker）命名的，如贝氏辉亭鸟（*Sericulus bakeri*），俗名为 Fire-maned Bowerbird

Balaeniceps *bay-LEEN-ih-seps*
Balaena 表示鲸鱼，*ceps* 指头部，如鲸头鹳（*Balaeniceps rex*），俗名为 Shoebill

Bambusicola *bam-bus-ih-KO-la*
源自 *Bambuseae*，表示竹子的一个科，*cola* 指定居者，如灰胸竹鸡（*Bambusicola thoracicus*），俗名为 Chinese Bamboo Partridge

Bangsia *BANG-see-a*
以哈佛大学比较动物学博物馆哺乳动物馆馆长乌特勒姆·班斯（Outram Bangs）命名的，如蓝黄唐纳雀（*Bangsia arcaei*），俗名为 Blue-and-gold Tanager

Banksiana *bank-see-AN-a*
以英国植物学家、探险家约瑟夫·班克斯（Joseph Banks）命名的，如棕腹鹟（*Neolalage banksiana*），俗名为 Buff-bellied Monarch

Banksii *BANK-see-eye*
以英国植物学家、探险家约瑟夫·班克斯命名的，如红尾凤头鹦鹉（*Calyptorhynchus banksii*），俗名为 Red-tailed Black Cockatoo

Bannermani *BAN-ner-man-eye*
以英国鸟类学家俱乐部前主席大卫·阿米蒂奇·班纳曼（David Armitage Bannerman）命名的，如班氏蕉鹃（*Tauraco bannermani*），俗名为 Bannerman's Turaco

Barbarus *bar-BAR-us*
Barba 指胸部，如须角鸮（*Megascops barbarus*），俗名为 Bearded Screech Owl

Barbatus *bar-BA-tus*
Barba 指胸部，如胡兀鹫（*Gypaetus barbatus*），俗名为 Bearded Vulture

Barbirostris *bar-bi-ROSS-tris*
Barba 指胸部，*rostris* 指嘴，如牙买加蝇霸鹟（*Myiarchus barbirostris*），俗名为 Sad Flycatcher，其学名指嘴上露出的刚毛

Barlowi *BAR-lo-eye*
以南美商人查尔斯·巴洛（Charles Barlow）命名的，如巴氏歌百灵（*Calendulauda barlowi*），俗名为 Barlow's Lark

Barnardius *bar-NAR-dee-us*
以动物学家、植物学家、园艺学家爱德华·巴纳德（Edward Barnard）命名的，如黑头环颈鹦鹉（*Barnardius zonarius*），俗名为 Australian Ringneck

Baroni *BA-ron-eye*
以德国工程师、业余鸟类学家O.T.巴伦（O.T. Baron）命名的，如巴氏针尾雀（*Cranioleuca baroni*），俗名为 Baron's Spinetail

Bartletti *BART-let-tye*
以伦敦动物学会的标本制作家、动物学家亚伯拉罕·巴特利特（Abraham Bartlett）命名的，如巴氏穴鴂（*Crypturellus bartletti*），俗名为 Bartlett's Tinamou

Bartramia *bar-TRAM-ee-a*
以博物学家、植物学家、探险家威廉·巴特拉姆（William Bartram）命名的，他的父亲被称为美国植物学之父，如高原鹬（*Bartramia longicauda*），俗名为 Upland Sandpiper

Baryphthengus *bar-if-THEN-gus*
希腊语，*bary* 表示重，*phthengis* 指声音，如棕翠鴗（*Baryphthengus martii*），俗名为 Rufous Motmot

Basileuterus *bas-ih-LOY-ter-us*
希腊语，*basil-* 表示皇室的、王国的，*euter* 表示音乐，如灰黄王森莺（*Basileuterus fraseri*，它现在的学名是 *Myiothlypis fraseri*），俗名为 Grey-and-gold Warbler

Basilornis *bas-ih-LORN-is*
希腊语，*basil-* 表示皇室的，*ornis* 指鸟类，如苏拉王椋鸟（*Basilornis celebensis*），俗名为 Sulawesi Myna

Batesi *BATES-eye*
以《西非鸟类手册》（*Handbook of the Birds of West Africa*）的作者乔治·贝茨（George Bates）命名的，如贝氏雨燕（*Apus batesi*），俗名为 Bates's Swift

Bathmocercus *bath-mo-SIR-kus*
希腊语，*bathmo* 表示台阶或等级，拉丁语 *cerco* 指尾巴，如黑头棕莺（*Bathmocercus cerviniventris*），俗名为 Black-headed Rufous Warbler

Batis *BA-tis*
波里尼西亚语，表示植物，如黑头蓬背鹟（*Batis minor*），俗名为 Eastern Black-headed Batis，这种鸟类在荆棘上取食

Batrachostomus *ba-tra-ko-STO-mus*
希腊语，*batracho* 表示青蛙的，*stoma* 指口，如领蟆口鸱（*Batrachostomus moniliger*），俗名为 Sri Lanka Frogmouth

Baumanni *BOW-man-nye*
以澳大利亚探险家、地理学家奥斯卡·鲍曼（Oscar Baumann）命名的，如包氏旋木鹎（*Phyllastrephus baumanni*），俗名为 Baumann's Olive Greenbul

Becki *BECK-eye*
以美国鸟类采集家罗洛·贝克（Rollo Beck）命名的，如贝氏圆尾鹱（*Pseudobulweria becki*），俗名为 Beck's Petrel

Belcheri *BEL-cher-eye*
以英国海军军官和探险家海军上将爱德华·贝尔彻（Edward Belcher）命名的，如斑尾鸥（*Larus belcheri*），俗名为 Belcher's Gull

Beldingi *BEL-ding-eye*
以美国专业的鸟类采集家莱曼·贝尔丁（Lyman Belding）命名的，如贝氏黄喉地莺（*Geothlypis beldingi*），俗名为 Belding's Yellowthroat

Bella *BEL-la*
美丽的、漂亮的，如棕颊蜂鸟（*Goethalsia bella*），俗名为 Pirre Hummingbird

Bellulus *Bell-LU-lus*
源自 *bellus*，表示漂亮的，如华丽爬树雀（*Margarornis bellulus*），俗名为 Beautiful Treerunner

苏拉王椋鸟
Basilornis celebensis

Bendirei ben-DEER-eye
以鸟卵采集者，鸟卵学家，美国战地医生查尔斯·埃米尔·邦迪瑞（Charles Emil Bendire）命名的，如本氏弯嘴嘲鸫（*Toxostoma bendirei*），俗名为 Bendire's Thrasher

Bengalensis ben-ga-LEN-sis
以孟加拉地区（Bengal）命名的，如印度雕鸮（*Bubo bengalensis*），俗名为 Indian Eagle-Owl

Berlepschi ber-LEP-shy
以德国鸟类学家汉斯·赫尔曼·冯·别尔列普什（Hans Hermann von Berlepsch）命名的，如埃斯林蜂鸟（*Chaetocercus berlepschi*），俗名为 Esmeraldas Woodstar

Berliozi bear-lee-OZE-eye
以法国鸟类学家雅各·伯辽兹（Jaques Berlioz）命名的，如伯氏雨燕（*Apus berliozi*），俗名为 Forbes-Watson's Swift

Berthelotii ber-te-LOT-ee-eye
以法国博物学家，《加纳利群岛的自然历史》（*Natural History of the Canary Islands*）的作者萨班·贝特洛（Sabin Berthelot）命名的，如伯氏鹨（*Anthus berthelotii*），俗名为 Berthelot's Pipit

Bewickii bee-WIK-ee-eye
以英国博物学家和木刻家托马斯·贝维克（Thomas Bewick）命名的，如比氏苇鹪鹩（*Thryomanes bewickii*），俗名为 Bewick's Wren

Bias BY-as
法语，*biais* 表示斜坡、逆流，如黑白鸥鹟（*Bias musicus*），俗名为 Black-and-white Shrike-flycatcher

Biarmicus Bi-ARM-i-cus
以俄罗斯比亚尔米卡（Biarmica）命名的，如地中海隼（*Falco biarmicus*），俗名为 Lanner Falcon

Biatas by-AT-as
希腊语，表示有力的、强大的，如白须蚁鸫（*Biatas nigropectus*），俗名为 White-bearded Antshrike

Bicalcarata, -um, -us by-kal-kar-AT-a/um/us
Bi- 表示两个，*calcar* 指马刺，如斯里兰卡鸡鹑（*Galloperdix bicalcarata*），俗名为 Sri Lanka Spurfowl

Bicinctus by-SINK-tus
Bi- 表示两次，*cinctus* 表示包围、环绕、带状，如橙胸绿鸠（*Treron bicinctus*），俗名为 Orange-breasted Green Pigeon，这种鸟类的胸部有一条橙色的带

Bicknelli BIK-nel-lye
以美国鸟类学家、商人尤金·比克内尔（Eugene Bicknell）命名的，如比氏夜鸫（*Catharus bicknelli*），俗名为 Bicknell's Thrush

---

拉丁学名小贴士

漠角百灵（俗名为 Temminck's Lark 或 Temminck's Horned Lark）的拉丁学名为 *Eremophila bilopha*，意为喜欢孤独的、具有两个凤冠的鸟类。这两个凤头（或簇或角）实际上指的是繁殖期的雄鸟头顶上明显的细长的羽毛，而雌鸟的这一部位更细微。这种鸟类生活在非洲北部，向东延伸至中东的部分地区，栖息在岩石、半沙漠的生境中。有 17 种鸟类的俗名是以 Temminck 命名的，这是为了纪念荷兰动物学家康纳德·特明克（Coenraad Temminck）。他在 1815—1840 年写了一本关于欧洲鸟类的书，这本书后来成为经典。"Lark"（百灵）一词源自中古英语，是鸣禽的意思。

漠角百灵
Eremophila bilopha

Bicolor BY-ko-lor
Bi- 表示二，*color* 指颜色，如栗胸黑雀（*Nigrita bicolor*），俗名为 Chestnut-breasted Nigrita（雀）

Bicornis by-KOR-nis
Bi- 表示二，*cornis* 为有角的，如双角犀鸟（*Buceros bicornis*），俗名为 Great Hornbill

Bidentatus, -a by-den-TA-tus/ta
Bi- 表示二，*dentata* 表示牙齿，如双齿拟䴕（*Lybius bidentatus*），俗名为 Double-toothed Barbet

Bifasciatus by-fa-see-AH-tus
Bi- 表示二，*fasciatus* 表示带，如黄纹鸭（*Saxicola bifasciatus*，现在的学名为 *Campicoloides bifasciatus*），俗名为 Buff-streaked Chat

Bilineata, -us by-lin-ee-AH-ta/tus
Bi- 表示二，*linea* 指线，如黑喉漠鹀（*Amphispiza bilineata*），俗名为 Black-throated Sparrow

Bilopha, -us by-LO-fa/fus
Bi- 表示二，lophus 表示冠，如漠角百灵（Eremophila bilopha），俗名为 Temminck's Lark

Bimaculata, -us by-mak-oo-LA-ta/tus
Bi- 表示二，maculates 表示点状的，如二斑百灵（Melanocorypha bimaculata），俗名为 Bimaculated Lark

Binotata by-no-TAT-a
Bi- 表示二，nota 表示有标记的，如隐娇莺（Apalis binotata），俗名为 Lowland Masked Apalis

Birostris by-ROSS-tris
Bi- 表示二，rostris 为喙，如灰犀鸟（Ocyceros birostris），俗名为 Indian Grey Hornbill

Biscutata bis-koo-TAT-a
Bi- 表示二，scutum 表示护盾，如巴西黑雨燕（Streptoprocne biscutata），俗名为 Biscutate Swift，指翅膀的形状

Bishopi BISH-op-eye
以美国商人查尔斯·毕晓普（Charles Bishop）命名的，如毕氏吸蜜鸟（Moho bishopi），俗名为 Bishop's Oo

Bistriatus bis-tree-AH-tus
Bi- 表示二，stria 为条纹，如双纹石鸻（Burhinus bistriatus），俗名为 Double-striped Thick-knee

Bistrigiceps bis-TRIH-ji-seps
Bi- 表示二，striga 指沟、褶皱，ceps 指头部，如黑眉苇莺（Acrocephalus bistrigiceps），俗名为 Black-browed Reed Warbler

Bitorquata, -us by-tor-KWA-ta/tus
Bi- 表示二，torquatus 表示领，如爪哇斑鸠（Streptopelia bitorquata），俗名为 Island Collared Dove

Bivittata, -us bi-vit-TAT-a/us
Bi- 表示二，vitta 指条纹、带，如林鸲鹟（Petroica bivittata），俗名为 Mountain Robin

Blanfordi BLAN-for-dye
以地质学家、动物学家威廉·布兰福德（William Blanford）命名的，如棕背雪雀（Pyrgilauda blanfordi），俗名为 Blanford's Snowfinch

Bleda BLED-a
以阿提拉的兄弟（Bleda the Hun）命名的，如须鹎（Bleda syndactylus），俗名为 Red-tailed Bristlebill

Blythii BLYTH-ee-eye
以英国动物学家爱德华·布莱思（Edward Blyth）命名的，如灰腹角雉（Tragopan blythii），俗名为 Blyth's Tragopan

Blythipicus bly-thih-PIK-us
以英国动物学家爱德华·布莱思命名的，picus 指啄木鸟，如黄嘴栗啄木鸟（Blythipicus pyrrhotis），俗名为 Bay Woodpecker

Bocagii bo-KAJ-ee-eye
以葡萄牙博物学家乔斯·维桑特·巴尔洛萨·杜·博卡热（Jose Vicente Barlosa du Bocage）命名的，如包氏花蜜鸟（Nectarinia bocagii），俗名为 Bocage's Sunbird

Boissonneaua bwa-son-O-a
以法国鸟类学家和作家阿道夫·布瓦索纳欧（Adolph Boissoneau）命名的，如黄尾冕蜂鸟（Boissonneaua flavescens），俗名为 Buff-tailed Coronet

Bolbopsittacus bol-bop-SIT-ta-kus
希腊语，bolbo 表示球状物，psittakos 指鹦鹉，如菲律宾鹦鹉（Bolbopsittacus lunulatus），俗名为 Guaiabero

Bolborhynchus bol-bo-RINK-us
希腊语 bolbo 表示球状物，拉丁语 rhynchus 指喙，如横斑鹦哥（Bolborhynchus lineola），俗名为 Barred Parakeet

Boliviana, -us, -um bo-liv-ee-AN-a/us/um
以玻利维亚（Bolivia）命名的，如暗顶阿蒂霸鹟（Attilla bolivianus），俗名为 White-eyed Attilla

太平鸟
Bombycilla garrulus

Bollii BOL-lee-eye
以德国采集家和植物学家卡尔·博勒（Carl Bolle）命名的，如波氏鸽（*Columba bollii*），俗名为 Bolle's Pigeon

Bombycilla bom-bi-SIL-la
希腊语 *bombyx* 表示蚕，拉丁语 *cilla* 指头发，如太平鸟（*Bombycilla garrulus*），俗名为 Bohemian Waxwing，这种鸟类的翅膀如丝绸一样光滑

Bonapartei bo-na-PAR-tye
以美国鸟类学家 J. 波拿巴（J. Bonaparte）命名的，如高原林鹬（*Nothocercus bonapartei*），俗名为 Highland Tinamou（或 Bonaparte's Tinamou）

Bonasa bo-NA-sa
Bonasus 表示野生公牛，如披肩松鸡（*Bonasa umbellus*），俗名为 Ruffed Grouse，可能是指这种鸟类在求偶炫耀时翅膀快速拍打所发出的声音，被称为"击鼓声"

Bonelli bo-NEL-lye
以意大利鸟类学家和采集家佛朗哥·博内利（Franco Bonelli）命名的，如博氏柳莺（*Phylloscopus bonelli*），俗名为 Western Bonelli's Warbler

Boobook BOO-book
亚洲和澳大利亚的各种猫头鹰的叫声，如布克鹰鸮（*Ninox boobook*），俗名为 Southern Boobook

Borbonica, -us bor-BON-ih-ka/kus
印度洋的波旁岛 [Ile Bourbon，即留尼汪岛（Ile Reunion）的旧称]，如马岛原燕（*Phedina borbonica*），俗名为 Mascarene Martin

Borealis bor-ee-AH-lis
北方、北方的，如红顶啄木鸟（*Picoides borealis*），俗名为 Red-cockaded Woodpecker；或极北柳莺（*Phylloscopus borealis*），俗名为 Arctic Warbler

Borealoides bor-ee-a-LOID-eez
类似北方的，如库页岛柳莺（*Phylloscopus borealoides*），俗名为 Sakhalin Leaf Warbler

Bornea BOR-nee-a
指婆罗洲（Borneo），如红鹦鹉（*Eos bornea*），俗名为 Red Lory

Bostrychia bo-STRICK-ee-a
希腊语，*bostrych* 表示卷曲，如橄榄绿鹮（*Bostrychia olivacea*），俗名为 Olive Ibis，以其弯曲的喙而命名

Botaurus bo-TAW-rus
Bo 表示母牛，*taurus* 为公牛，如大麻鳽（*Botaurus stellaris*），俗名为 Eurasian Bittern，指鸟类发出的轰鸣声

毛里求斯寿带
Terpsiphone bourbonnensis

Bottae BOT-tee
以法国旅行家、医生卡尔-埃米尔·博塔（Carl-Emile Botta）命名的，如红胸䳭（*Oenanthe bottae*），俗名为 Red-breasted Wheatear

Botterii bot-TARE-ee-eye
以南斯拉夫鸟类学家和采集家马泰奥·博泰里（Matteo Botteri）命名的，如博氏猛雀鹀（*Peucaea botterii*），俗名为 Botteri's Sparrow

Boucardi boo-KARD-eye
以法国博物学家阿道尔夫·布卡尔（Adolphe Boucard）命名的，如红树林蜂鸟（*Amazilia boucardi*），俗名为 Mangrove Hummingbird

Bougainvillei boo-gen-VIL-lye
以法国海军上将、探险家路易斯-安托万·德·布干维尔（Louis-Antoine de Bougainville）命名的，如须翡翠（*Actenoides bougainvillei*），俗名为 Moustached Kingfisher

Bourbonnensis boor-bon-NEN-sis
指印度洋的波旁岛（Ile Bourbon），如毛里求斯寿带（*Terpsiphone bourbonnensis*），俗名为 Mascarene Paradise Flycatcher

Boweri BOW-er-eye
以英国出生的澳大利亚鸟类学家托马斯·鲍耶-鲍文（Thomas Bowyer-Bower）命名的，如纹胸鹛鸫（*Colluricincla boweri*），俗名为 Bower's Shrikethrush

Boyeri BOY-er-eye
以法国海军上校、探险家约瑟夫·博耶（Joseph Boyer）命名的，如白眼先鹃鵙（*Coracina boyeri*），俗名为 Boyer's Cuckooshrike

Braccatus brak-KA-tus
穿着长裤的，如考岛吸蜜鸟（*Moho braccatus*），俗名为 Kauai Oo，这是一种旋蜜雀，学名描述的是它黄色的大腿

鸟类的适应

自 1.5 亿年前出现以来,鸟类就占据了十分多样的生态位,并通过各种适应的方式成功地生活。尽管如此多样,但鸟类可能是动物界中差异最小的类群。所有鸟类都是恒温(暖血)动物,均产卵,大多数鸟类会亲代抚育,都具有羽毛,在 10 000 种鸟类中除了 40 种没有飞行能力之外,其他鸟类都能飞。

鸟类的骨架可以承受飞行和着陆时的压力。鸟类的许多骨头都是愈合的,比如椎骨形成愈合的尾椎骨,形成一个附着着脂肪和肌肉的尾部结构,形状有时被比喻为"教皇"的鼻子。骨盆的骨头和前肢的一些骨头也是愈合的。肋骨的叉骨(叉)和钩状的肋骨(钩)加强骨架,以保持灵活性。鸟类具有喙,但不是具齿的下颌。它们灵活的脖子有 13 ~ 25 节颈椎,而大多数哺乳动物只有 7 节。鸟类的骨头密度一般都比哺乳动物大,且非常坚硬。

鸟类的眼睛非常大,具有超强的收集光的能力,视觉敏感度和光敏感度都很高。因为鸟类的眼睛比较扁平,它们可以看到 180 度甚至更宽,并将所有物体进行聚焦。鸟类的视网膜上有大量的视杆细胞和视锥细胞(受光体细胞),因此它们能看到紫外光。鸟类眼球的晶体可以迅速改变光学性能,因此鸟类能够随时保持专注、追踪物体,比如飞行的昆虫;同时还能进行导航,使它们可以无障碍地通过灌木和树木。

鸟类的听觉十分敏锐。虽然大部分鸟类都没有外耳廓,但是鸟类耳的结构和其可以检测到的频率范围可以与哺乳动物的耳相当。猫头鹰的听力非常好,因为它们有外部耳廓可以帮助其捕获声音,而且外耳廓是不对称的,因此它们能够找到声音的方向。因为许多鸟类都用鸣叫或鸣唱来求偶炫耀、种间识别和保卫领域,所以听觉是其生存所需的一种重要感觉。在哺乳动物中,传输声音的毛细胞在动物变老时会坏死,这将导致耳聋。而在鸟类中,毛细胞可以重新生成,所以鸟类一生都可以保持敏锐的听觉。

鸟类飞行需要大量的能量,因此需要更多的氧气且需要提高身体温度。由气囊、肺部扩展所组成的呼吸和冷却系统满足了这些需求。虽然这些扩展并不能交换氧气,但是它们能为

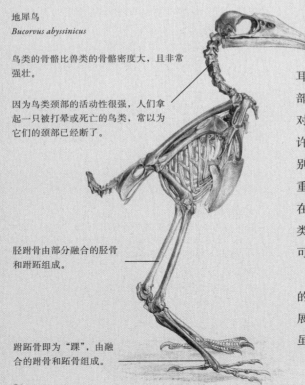

地犀鸟
Bucorvus abyssinicus

鸟类的骨骼比兽类的骨骼密度大,且非常强壮。

因为鸟类颈部的活动性很强,人们拿起一只被打晕或死亡的鸟类,常以为它们的颈部已经断了。

胫跗骨由部分融合的胫骨和跗跖组成。

跗跖骨即为"踝",由融合的跗骨和跖骨组成。

AVIAN ADAPTATIONS

海角雕鸮
Bubo capensis

鸮的飞羽末端的倒钩并未钩在一起,这样可以使其飞行时不发出响声。

一种有毒的物质,从身体传递到膀胱之前需要进行稀释。鸟类产生不溶于水的尿酸,可以直接与粪便一起排出体外,这样一来,水分的丧失量很小。

飞行,尤其是每年长距离的迁徙,需要所有这些适应条件,甚至需要更多,这使鸟类的日常生存成为一种强劲的挑战。对于鸣禽来说,甚至在树枝上小栖片刻都需要特殊的适应方式。你有没有想过鸟类为什么能在树上睡觉而不掉下来呢?原来,当鸟类弯曲着腿,将脚趾置于一个卷曲的位置时,有一个特殊的肌腱连接腿背部和脚趾。当鸟类飞行时,肌腱伸展,脚趾伸直。鸟类真是一类神奇的物种啊!

肺部持续不断地提供空气。鸟类没有汗腺,所以肺部的空气交换是冷却的主要机制。

因为鸟类没有牙齿(虽然有些灭绝的种类具有牙齿),所以它们不能咀嚼食物。在鸟类的食管中有一个扩大的部分被称作嗉囊,食物的消化即在此进行。鸟类的胃有两部分,第一部分是肌肉的嗉囊,用于物理消化食物,有时会在鸟类吞下的沙砾的帮助下进行。鸠鸽类(鸠鸽科)鸟类可以将水吸入喉部,大多数鸟类必须将水充满口腔,然后倾斜其后脑勺。为了保持体重,大多数鸟类没有膀胱,并且保持着对水量的最小要求。哺乳动物产生的尿素是

鸟类的脚趾有五种基本排列方式(趾形)。最常见的方式为脚趾长度不一,三个脚趾朝前,一个脚趾朝后。图为对趾足(yoke toes),即两个脚趾朝前,另外两个朝后。

Brachycope brak-ee-KOPE-ee
希腊语，brachy 表示短的，cope 表示把手，如短尾织雀（Brachycope anomala），俗名为 Bob-tailed Weaver

Brachydactyla brak-ee-dak-TIL-a
希腊语，brachy 表示短的，dactyl 指手指或脚趾，如短趾旋木雀（Certhia brachydactyla），俗名为 Short-toed Treecreeper

Brachypteracias bra-kip-ter-ACE-ee-as
希腊语，brachy 表示短的，ptery 指翅膀，如短腿地三宝鸟（Brachypteracias leptosomus），俗名为 Short-legged Ground Roller

Brachypterus bra-kip-TER-us
希腊语，brachy 表示短的，ptery 指翅膀，如短翅船鸭（Tachyeres brachypterus），俗名为 Falkland Steamer Duck，这种鸟类不能飞行

Brachyramphus bra-ki-RAM-fus
希腊语，brachy 表示短的，ramphus 指喙，如云石斑海雀（Brachyramphus marmoratus），俗名为 Marbled Murrelet

Brachyrhyncos, -a bra-kee-RINK-os/a
希腊语，brachy 表示短的，拉丁语 rhynchus 指喙，如短嘴鸦（Corvus brachyrhynchos），俗名为 American Crow

印度八色鸫
Pitta brachyura

Brachyura, -us bra-kee-OO-ra/rus
希腊语，brachy 指短的，oura 指尾巴，如印度八色鸫（Pitta brachyura），俗名为 Indian Pitta

Bracteatus brak-tee-AH-tus
表示金色叶子，如蓝点辉卷尾（Dicrurus bracteatus），俗名为 Spangled Drongo

Bradornis brad-OR-nis
希腊语，brad 表示慢的，ornis 指鸟类，如苍色鹟（Bradornis pallidus），俗名为 Pale Flycatcher，这种鸟类在地面或近地面取食，它们比其他的鹟类的活动更缓慢些

Bradypterus brad-ip-TER-us
希腊语，brady 表示慢，ptery 表示有翅膀的，如蒲草短翅莺（Bradypterus baboecala），俗名为 Little Rush Warbler

Brandti BRANT-eye
以德国动物学家约翰·弗雷德里克·冯·勃兰特（Johann Friedrich von Brandt）命名的，如高山岭雀（Leucosticte brandti），俗名为 Brandt's Mountain Finch

Branickii bran-IK-ee-eye
以波兰动物学家海罗尼默斯·格拉夫·冯·布拉尼茨基（Heironim Graf von Branicki）命名的，如金羽鹦哥（Leptosittaca branickii），俗名为 Golden-plumed Parakeet

Branta BRAN-ta
可能是古诺斯语，brantgas 表示麻鸭，如黑雁（Branta bernicla），俗名为 Brant Goose 或 Brent Goose

Brasiliana, -um, -us, -ensis bra-sil-ee-AN-a/um/us/bra-sil-ee-a-NEN-sis
指巴西（Brazil），如里约蚁鸟（Cercomacra brasiliana），俗名为 Rio de Janeiro Antbird

Brehmii BREM-ee-eye
以德国采集家和动物学家阿尔弗雷德·布雷姆（Alfred Brehm）命名的，如布氏鹦鹉（Psittacella brehmii），俗名为 Brehm's Tiger Parrot

Brevicaudata bre-vi-kaw-DA-ta
Brevis 表示短的，caudata 指尾巴，如灰背拱翅莺（Camaroptera brevicaudata），俗名为 Grey-backed Camaroptera

Brevipennis bre-vi-PEN-is
Brevis 表示短的，pennis 指羽毛，如蔗地苇莺（Acrocephalus brevipennis），俗名为 Cape Verde Warbler

Brevipes breh-VIP-eez
Brevis 表示短的，pes 指足，如东雀鹰（Accipiter brevipes），俗名为 Levant Sparrowhawk

Brevirostris bre-vi-ROSS-tris
Brevis 表示短的，rostris 指喙，如小嘴斑海雀（*Brachyramphus brevirostris*），俗名为 Kittlitz's Murrelet

Brevis BRE-vis
Brevis 表示短的，如银颊噪犀鸟（*Bycanistes brevis*），俗名为 Silvery-cheeked Hornbill

Breweri BREW-er-eye
以美国鸟类学家托马斯·梅奥·布鲁尔（Thomas Mayo Brewer）命名的，如布氏鸭（*Anas breweri*），俗名为 Brewer's Duck，这种鸟类实际上是绿头鸭（*Anas platyrhynchos*，俗名为 Mallard）和赤膀鸭（*Anas strepera*，俗名为 Gadwall）的杂交

Brookii BROOK-eye
以马来西亚沙捞越白人首长查尔斯·布鲁克（Charles Brooke）命名的，如拉氏角鸮（*Otus brookii*），俗名为 Rajah Scops Owl

Browni, -ii BROWN-eye/ee-eye
以美拉尼西亚的英国传教士乔治·布朗（George Brown）命名的，如绿背玫瑰鹦鹉（*Platycercus caledonicus brownii*），俗名为 Brown's Parakeet，这是绿背玫瑰鹦鹉（Green Rosella）的一个亚种

Bruijnii BROIN-ee-eye
以丹麦羽毛商人安东·布鲁靳（Anton Bruijn）命名的，如淡嘴镰嘴凤鸟（*Drepanornis bruijnii*），俗名为 Pale-billed Sicklebill

Brunnea brun-NEE-a
Brunne 表示棕色、褐色的，如褐顶雀鹛（*Alcippe brunnea*），俗名为 Dusky Fulvetta

绿背玫瑰鹦鹉
Platycercus caledonicus brownii
（亚种）

Brunneicapillus brun-nee-ka-PIL-lus
Brunne 表示棕色、褐色的，capilla 表示披风斗篷，如白眼辉椋鸟（*Aplonis brunneicapillus*），俗名为 White-eyed Starling

Brunneicauda brun-nee-KAW-da
Brunne 表示棕色、褐色的，cauda 指尾巴，如褐雀鹛（*Alcippe brunneicauda*），俗名为 Brown Fulvetta

Brunneiceps BRUN-ni-seps
Brunne 表示棕色、褐色的，ceps 指头部，如褐头凤鹛（*Yuhina brunneiceps*），俗名为 Taiwan Yuhina

Brunneinucha brun-e-nee-NOO-ka
Brunne 表示棕色、褐色的，nucha 指脖颈部，如栗顶薮雀（*Arremon brunneinucha*），俗名为 Chestnut-capped Brush Finch

Brunneipectus brun-nee-PEK-tus
Brunne 表示棕色、褐色的，pectus 指颈部，如褐胸须䴕（*Capito brunneipectus*），俗名为 Brown-chested Barbet

Brunneiventris brun-nee-VEN-tris
Brunne 表示棕色、褐色的，ventris 指腹部，如黑喉刺花鸟（*Diglossa brunneiventris*），俗名为 Black-throated Flowerpiercer

---

拉 丁 学 名 小 贴 士

银颊噪犀鸟（俗名为 Silvery-cheeked Hornbill）的拉丁属名 *Bycanistes* 表示"号手"，毫无疑问指的是这种鸟类低沉的吼叫声。种加词 *brevis* 指的是其比其他犀鸟更短的喙。犀鸟是非洲和亚洲的留鸟，它们的喙很长、粗壮且向下弯曲，在其上喙的顶部有一个独特的结构。不同的犀鸟的盔变化多样，有小的，有中空且轻的，有大的且重的，和骨头相连。小盔似乎没什么用，但是大盔可以用作鸣叫的共鸣腔，进行领域保护。

Brunneopygia *brun-nee-o-PI-jee-a*
Brunne 表示棕色、褐色的，*puge* 指臀部，如栗腰薮鸲（*Drymodes brunneopygia*），俗名为 Southern Scrub Robin

Brunneus *BRUN-nee-us*
Brunne 表示棕色、褐色的，如红眼褐鹎（*Pycnonotus brunneus*），俗名为 Asian Red-eyed Bulbul

Brunnicephalus *brun-ni-se-FAL-us*
Brunne 表示棕色、褐色的，*cephala* 为头部，如棕头鸥（*Choroicocephalus brunnicephalus*），俗名为 Brown-headed Gull

Brunniceps *BRUN-ni-seps*
Brunne 表示棕色、褐色的，*ceps* 表示有头部的，如褐顶鸲莺（*Myioborus brunniceps*），俗名为 Brown-capped Whitestart

Brunnifrons *BRUN-ni-fronz*
Brunne 表示棕色、褐色的，*frons* 指前额，如棕顶树莺（*Cettia brunnifrons*），俗名为 Grey-sided Bush Warbler

雪鸮
Bubo scandiacus

Bubalornis *boo-ba-LOR-NIS*
希腊语，*Bubal* 是水牛的意思，*ornis* 表示鸟，如红嘴牛文鸟（*Bubalornis niger*），俗名为 Red-billed Buffalo Weaver，从其名字可以看出来这种鸟和非洲水牛的共生关系

Bubo *BOO-bo*
膨胀，如雪鸮（*Bubo scandiacus*），俗名为 Snowy Owl，或雕鸮（*Bubo bubo*），俗名为 Eurasian Eagle-Owl，*Bubo* 可能源于猫头鹰低沉而洪亮的声音

Bucco *BOO-ko*
Bucca 表示嘴，如斑蓬头䴕（*Bucco tamatia*），俗名为 Spotted Puffbird，它的喙和嘴非常大

Bucephala *boo-se-FAL-a*
希腊语 *bous* 表示阉割的公牛，拉丁语 *cephala* 指头部，如鹊鸭（*Bucephala clangula*），俗名为 Common Goldeneye，其头部的形状使命名者联想到了牛的头部

Bucorvus *boo-KOR-vus*
希腊语 *bu* 表示阉割的公牛，拉丁语 *coryus* 指渡鸦，如地犀鸟（*Bucorvus abyssinicus*），俗名为 Abyssinian Ground Hornbill；*Bu* 也可以指公牛的大体型，这里是指一种大型鸟类

Bulleri *BUL-ler-eye*
以新西兰律师、博物学家、鸟类学家沃尔特·劳里·布勒（Walter Lawry Buller）命名的，如灰背鹱（*Puffinus bulleri*），俗名为 Buller's Shearwater

Bullockii *BUL-lok-eye*
以美国业余鸟类学家威廉·布洛克（William Bullock）命名的，如布氏拟鹂（*Icterus bullockii*），俗名为 Bullock's Oriole

Burchelli *BUR-chel-lye*
以英国探险家、博物学家威廉·约翰·伯切尔（William John Burchell）命名的，如杂色沙鸡（*Pterocles burchelli*），俗名为 Burchell's Sandgrouse

Burhinus *bur-HINE-nus*
德语，*bous* 表示公牛，*rhin* 指鼻子或喙，如斑石鸻（*Burhinus capensis*），俗名为 Spotted Thick-knee

Buteo *BOO-tee-o*
词源不清楚，但它表示一类鹰，如欧亚鵟（*Buteo buteo*），俗名为 Common Buzzard

Buteogallus *boo-tee-o-GAL-lus*
Buteo 表示鹰，*gallus* 表示公鸡，如黑鸡鵟（*Buteogallus anthracinus*），俗名为 Common Black Hawk

Buthraupis *boo-THRAW-pis*
希腊语，*bu* 为阉割的公牛，*thraupis* 为唐纳雀，如黑头山裸鼻雀（*Buthraupis montana*），俗名为 Hooded Mountain Tanager

C

Cabanisi *ka-BAN-nis-eye*
以德国《鸟类学杂志》的创刊人、编辑吉恩·路易斯·卡巴尼斯（Jean Louis Cabanis）命名的，如白眉黄腹鹀（*Emberiza cabanisi*），俗名为 Cabanis's Bunting

Caboti *CAB-ot-i*
以美国内科医生、鸟类学家塞缪尔·卡伯特（Samuel Cabot）命名的，如黄腹角雉（*Tragopan caboti*），俗名为 Cabot's Tragopan

Cacatua *ka-ka-TOO-a*
丹麦语 *kakatoe* 或马来语 *kokatua*，表示凤头鹦鹉，如小葵花凤头鹦鹉（*Cacatua sulphurea*），俗名为 Yellow-crested Cockatoo

Cachinnans *ka-CHIN-nans*
大笑，如笑隼（*Herpetotheres cachinnans*），俗名为 Laughing Falcon 或 Snake Hawk，这种鸟类的叫声如同在大笑

Cacomantis *ka-ko-MAN-tis*
希腊语，*caco-* 表示差的、凶兆，*mantis* 指先知或预言者，如八声杜鹃（*Cacomantis merulinus*），俗名为 Plaintive Cuckoo，这种杜鹃被认为具有预知未来的能力

Cactorum *kak-TOE-rum*
希腊语，*kaktos* 表示仙人掌，如白额啄木鸟（*Melanerpes cactorum*），俗名为 White-fronted Woodpecker，它们栖息在有仙人掌的环境中

Caerulea *see-ROO-la*
天空或海洋的蓝色，如斑翅蓝彩鹀（*Passerina caerulea*），俗名为 Blue Grosbeak

Caerulatus *see-roo-LA-tus*
天空或海洋的蓝色，如大嘴仙鹟（*Cyornis caerulatus*），俗名为 Sunda Blue Flycatcher

Caeruleirostris *see-roo-lee-eye-ROSS-tris*
Caerul 表示蓝色，*rostris* 指喙或嘴，如考岛管舌雀（*Loxops caeruleirostris*），俗名为 Akekee，这是一种蓝色喙的旋蜜雀

Caeruleogrisea *see-roo-lee-o-GRISS-ee-a*
Caerul 表示蓝色，*grisea* 为灰色，如厚嘴鹃鵙（*Coracina caeruleogrisea*），俗名为 Stout-billed Cuckooshrike

Caerulescens *see-roo-LES-sens*
天空的海洋或蓝色，如雪雁（*Chen caerulescens*），俗名为 Snow Goose 或 Blue Goose，它们是蓝色的

斑翅蓝彩鹀
Passerina caerulea

Caeruleus *see-ROO-lee-us*
天空的蓝色，如青蓝鸦（*Cyanocorax caeruleus*），俗名为 Azure Jay

Caeruleogularis *see-roo-le-o-goo-LAR-is*
Caerul 表示蓝色，*gularis* 指喉部，如蓝喉巨嘴鸟（*Aulacorhynchus caeruleogularis*），俗名为 Blue-throated Toucanet

Caesia, -us *SEE-zee-a/us*
和灰色或灰蓝色的凯撒之眼（Caesar's eyes）有关，如灰蚁䴕（*Thamnomanes caesius*），俗名为 Cinereous Antshrike，这种鸟为蓝灰色

Cafer *KAY-fer*
指南非（South Africa），如黑喉红臀鹎（*Pycnonotus cafer*），俗名为 Red-vented Bulbul，这种鸟类被误以为以南非而命名

Cahow *KA-how*
表示模仿鸟叫，如百慕大圆尾鹱（*Pterodroma cahow*），俗名为 Bermuda Petrel，它在百慕大岛被称为鬼哭鸟（Cahow）

Cairina *ky-REE-na*
原指埃及开罗（Cairo），如疣鼻栖鸭（*Cairina moschata*），俗名为 Muscovy Duck，实际上这种鸟类来源于南美洲

Calamanthus *ka-lam-AN-thus*
希腊语，*kalame* 表示一根谷物，*anthus* 表示花朵，如褐刺莺（*Calamanthus campestris*），俗名为 Rufous Fieldwren

Calamonastes *kal-a-mo-NAS-teez*
希腊语，*kalame* 表示一根谷物，*astes* 表示歌手，如灰拱翅莺（*Calamonastes simplex*），俗名为 Grey Wren-Warbler

Calamospiza kal-a-mo-SPY-za
希腊语，*kalame* 表示一根谷物，*spiza* 表示雀，如白斑黑鹀（*Calamospiza melanocorys*），俗名为 Lark Bunting

Calcarius kal-KAR-ee-us
Calx 表示石灰、石灰岩、脚跟或马驰，如铁爪鹀（*Calcarius lapponicus*），俗名为 Lapland Longspur 或 Lapland Bunting，这种鸟类的后趾很长

Calendula ka-len-DOO-la
Calendae 表示小日历或小时钟，如红冠戴菊（*Regulus calendula*），俗名为 Ruby-crowned Kinglet，这样命名可能与它迁徙时出现的时间有关

Caledonica, -us kal-ih-DON-ih-ka/us
指新喀里多尼亚（New Caledonia），如美岛鹃鸣（*Coracina caledonica*），俗名为 South Melanesian Cuckooshrike；再如棕夜鹭（*Nycticorax caledonicus*），俗名为 Nankeen Night Heron

Calicalicus Cal-i-CAL-i-cus
源自马达加斯加当地的名字 *Calicalac*，如红尾钩嘴鹛（*Calicalicus madagascariensis*），俗名为 Red-tailed Vanga

Californianus Cal-i-FOR-n-ica
加利福尼亚州（California），如走鹃（*Geococcyx californianus*），俗名为 Greater Roadrunner；再如西丛鸦（*Aphelocoma californica*），俗名为 California Scrub-Jay

Callacanthis kal-la-KAN-this
希腊语，*kallos* 表示美丽的，*acanthis* 指一种（金色的）雀，如红眉金翅雀（*Callacanthis burtoni*），俗名为 Spectacled Finch

Calliope kal-LY-o-pee
希腊语，*kallos* 表示美丽的，*ops* 指声音，如红喉歌鸲（*Luscinia calliope*），俗名为 Siberian Rubythroat

Callipepla kal-li-PEP-la
希腊语，*kallos* 表示美丽的，*pepla* 表示礼袍，如珠颈斑鹑（*Callipepla californica*），俗名为 California Quail

Calliphlox KAL-li-flox
希腊语，*kallos* 表示美丽的，*phlox* 表示花朵，如紫辉林星蜂鸟（*Calliphlox amethystina*），俗名为 Amethyst Woodstar

Callocephalon kal-lo-se-FAL-on
希腊语，*kallos* 表示美丽的，拉丁语 *cephala* 指头部，如红冠灰凤头鹦鹉（*Callocephalon fimbriatum*），俗名为 Gang-gang Cockatoo，Gang-gang 来自土著语言

Callonetta kal-lo-NET-ta
希腊语，*kallos* 表示美丽的，*netta* 指鸭子，如环颈鸭（*Callonetta leucophrys*），俗名为 Ringed Teal

Calochaetes kal-o-KEE-teez
希腊语，*kallos* 表示美丽的，*chaete* 指飘逸长发，如朱红唐纳雀（*Calochaetes coccineus*），俗名为 Vermilion Tanager，这种鸟类的颈部和翅膀的羽毛像一头长发

Calocitta kal-o-SIT-ta
希腊语，*kallos* 表示美丽的，拉丁语 *citta* 指喜鹊、鸦，如白喉鹊鸦（*Calocitta formosa*），俗名为 White-throated Magpie-Jay

Calonectris kal-o-NEK-tris
希腊语，*kallos* 表示美丽的，*nectris* 指游泳者，如白额鹱（*Calonectris leucomelas*），俗名为 Streaked Shearwater

Caloperdix kal-o-PER-diks
希腊语，*kallos* 表示美丽的，*perdix* 指山鹑，如锈红林鹧鸪（*Caloperdix oculeus*），俗名为 Ferruginous Partridge

Calopterus kal-OP-ter-us
希腊语，*kallos* 表示美丽的，*ptery* 指翅膀，如棕翅姬霸鹟（*Mecocerculus calopterus*），俗名为 Rufous-winged Tyrannulet

Calothorax kal-o-THOR-aks
希腊语，*kallos* 表示美丽的，*thorax* 指胸或胸部，如华丽蜂鸟（*Calothorax pulcher*），俗名为 Beautiful Sheartail

Calvus KAL-vus
秃头的，如秃椋鸟（*Sarcops calvus*），俗名为 Coleto（属于椋鸟科）

红冠戴菊
Regulus calendula

紫辉林星蜂鸟
Calliphlox amethystina

Calypte ka-LIP-tee
希腊语，calypto 表示含蓄的、隐蔽的、隐藏的，如安氏蜂鸟（Calypte anna），俗名为 Anna's Hummingbird，其头部的羽毛色彩斑斓

Calyptocichla kal-ip-toe-SIK-la
希腊语，calypto 表示隐藏的，cichla 指鸫，如金绿鹎（Calyptocichla serinus），俗名为 Golden Greenbul，这种鸟类和鸫很相似

Calyptomena kal-ip-toe-MEN-a
希腊语，calypto 表示隐藏的，mena 指月亮，如绿阔嘴鸟（Calyptomena viridis），俗名为 Green Broadbill，这种鸟类的大部分喙被羽毛或羽毛簇给遮住了

Calyptophilus ka-lip-toe-FIL-us
希腊语，calypto 表示隐藏的，phila 表示爱，如西鸥唐纳雀（Calyptophilus tertius），俗名为 Western Chat-Tanager，这是一种喜欢在密林中活动的神秘的鸟类

Calyptorhynchus ka-lip-tow-RINK-us
希腊语 calypto 表示隐藏的，拉丁语 rhynchus 指喙，如红尾凤头鹦鹉（Calyptorhynchus banksii），俗名为 Red-tailed Black Cockatoo，这种鸟类的喙被部分遮住了

Camaroptera kam-a-ROP-ter-a
希腊语，kamara 表示弓形的，ptery 指翅膀，如绿背拱翅莺（Camaroptera brachyura），俗名为 Green-backed Camaroptera，该名字可能与这种鸟翅膀的形状有关

Cambodiana kam-bo-dee-AN-a
指柬埔寨（Cambodia），如栗头山鹧鸪（Arborophila cambodiana），俗名为 Chestnut-headed Partridge

Camelus kam-EL-us
Camel 表示单峰驼，如非洲鸵鸟（Struthio camelus），俗名为 Common Ostrich，这一学名暗指这种鸟生活的干燥环境

Camerunensis ka-mee-roo-NEN-sis
指喀麦隆（Cameroon），如喀麦隆维达雀（Vidua camerunensis），俗名为 Cameroon Indigobird

Campanisoma kam-pa-ni-SO-ma
Campan 表示铃声，希腊语 soma 指身体，如拟鸫蚁鸫（Myrmothera campanisona），俗名为 Thrush-like Antpitta，这种鸟类的尾巴非常短，使得它们的身体的形状和钟比较相似

Campephaga kam-pee-FAY-ga
希腊语，camp 表示毛毛虫，phagein 表示吃，如黑鹃鵙（Campephaga flava），俗名为 Black Cuckooshrike

Campephilus kam-pe-FIL-us
Camp 表示田间的、野外的，希腊语 philos 是爱的意思，如强健啄木鸟（Campephilus pollens），俗名为 Powerful Woodpecker

Campestris kam-PESS-tris
Campestris 表示田野的神、乡村之神，如褐刺莺（Calamanthus campestris），俗名为 Rufous Fieldwren

Camptorhynchus kamp-tow-RIN-kus
希腊语 campto 表示曲线，拉丁语 rhynchus 指喙，如拉布拉多鸭（Camptorhynchus labradorius），俗名为 Labrador Duck（已灭绝），它的喙是微微向上弯曲的

Camptostoma kamp-to-STO-ma
希腊语，campto 表示曲线，stoma 指口，如北无须小霸鹟（Camptostoma imberbe），俗名为 Northern Beardless Tyrannulet，它的喙的上部呈弓形

Campylopterus kam-pee-LOP-ter-us
希腊语，campo 表示弯曲，pteryx 指翅膀，如楔尾刀翅蜂鸟（Campylopterus pampa），俗名为 Wedge-tailed Sabrewing

Campylorhynchus kam-pee-lo-RINK-us
希腊语 campo 表示弯曲，拉丁语 rhynchus 指喙，如斑背曲嘴鹪鹩（Campylorhynchus zonatus），俗名为 Band-backed Wren，它的喙是向下弯曲的

Camurus ka-MOO-rus
表示弯曲或呈弓形，如红弯嘴犀鸟（Tockus camurus），俗名为 Red-billed Dwarf Hornbill，这是一种带有弯曲的喙的犀鸟

Canadensis ka-na-DEN-sis
指加拿大（Canada）或远北地区，如沙丘鹤（Grus canadensis），俗名为 Sandhill Crane

拉丁学名小贴士

人们所熟悉的鸵鸟（俗名为 Common Ostrich）的拉丁学名为 Struthio camelus，意思是"骆驼麻雀"，"骆驼"指的是这种鸟类与骆驼大小相当，但是将其描述成麻雀似乎并不匹配。这种鸟类有近 3 米高，150 公斤，它们是世界上现存最大的鸟类。从这一类群 4 000 万年以前演化出来至今，已有 8 种鸵鸟灭绝。鸵鸟和其他无飞翔能力的鸟类比如鸸鹋、鹤鸵、美洲鸵和几维鸟等组成的类群被称为平胸鸟类，它们的胸骨上没有龙骨突起，不能附着用来飞行的肌肉。

Cancellata kan-sel-LA-ta
网格，如圣诞岛鹬（*Prosobonia cancellata*），俗名为 Kiritimati Sandpiper，这一学名描述的可能是这种鸟类背部和胸部的斑点和条纹

Candei KAN-dee-eye
白色的、明亮的，如白头娇鹟（*Manacus candei*），俗名为 White-collared Manakin

Candida kan-DEE-da
明亮的、干净的，如白腹绿蜂鸟（*Amazilia candida*），俗名为 White-bellied Emerald

Canens KAN-enz
在罗马神话中，坎尼斯（Canens）是歌之神，如大黑纹头雀（*Arremonops conirostris*），俗名为 Black-striped Sparrow，它的喙是圆锥形的，歌声十分动人

Canicapillus kan-ih-ka-PIL-lus
Canus 表示灰色，*capilla* 指头发，如星头啄木鸟（*Dendrocopos canicapillus*），俗名为 Grey-capped Pygmy Woodpecker

Caniceps KAN-ih-seps
Canus 表示灰色，*ceps* 指头部，如布莱氏鹦鹉（*Psittacula caniceps*），俗名为 Nicobar Parakeet

Canicollis kan-ih-KOL-lis
Canus 表示灰色，*collis* 指领部，如乔科小冠雉（*Ortalis canicollis*），俗名为 Chaco Chachalaca

Canicularis kan-ih-koo-LAR-is
Canus 表示灰色，*cularis* 表示部分圆或半圆月，如橙额鹦哥（*Eupsittula canicularis*），俗名为 Orange-fronted Parakeet 或 Half-moon Conure

Canifrons KAN-ih-fronz
Canus 表示灰色，*frons* 指前额，凤头雀嘴鹎（*Spizixos canifrons*），俗名为 Crested Finchbill

Canigularis kan-ih-goo-LAR-is
Canus 表示灰色，*gularis* 指喉部，如灰喉灌丛唐纳雀（*Chlorospingus canigularis*），俗名为 Ashy-throated Bush Tanager

Canorus kan-OR-us
表示关于旋律和曲调，如大杜鹃（*Cuculus canorus*），俗名为 Common Cuckoo，虽然它的鸣唱声并没有太多旋律，但是确实为大家所熟知

Cantans KAN-tanz
歌唱或歌声，如歌扇尾莺（*Cisticola cantans*），俗名为 Singing Cisticola

Canus KAN-us
白色或灰色，如灰头牡丹鹦鹉（*Agapornis canus*），俗名为 Grey-headed Lovebird

Canutus kan-OO-tus
可能是以丹麦国王卡努特（Canute）命名的，如红腹滨鹬（*Calidris canutus*），俗名为 Red Knot

Capense, -is ka-PEN-see/sis
海角，如红领带鹀（*Zonotrichia capensis*），俗名为 Rufous-collared Sparrow，指海角的南端，比如合恩角（智利）和好望角；再如岬海燕（*Daption capense*），俗名为 Cape Petrel

Capitalis kap-ih-TAL-is
头部，如枣红蚁鸫（*Grallaria capitalis*），俗名为 Bay Antpitta，可能是因为这种鸟类的头部顶端的颜色较深

Capitata, -us kap-ih-TA-ta/tus
Capit- 指头部的，如黄嘴蜡嘴鹀（*Paroaria capitata*），俗名为 Yellow-billed Cardinal，这种鸟类有一个独特的红色头部

Capito ka-PEE-to
Capito 表示大头，如淡黄歌鸲鹟（*Tregellasia capito*），俗名为 Pale-yellow Robin，指它有一个看起来很大的头部

Caprimulgus ka-pri-MUL-gus
Capri 表示山羊，*mulg* 表示奶，如欧夜鹰（*Caprimulgus europaeus*），俗名为 European Nightjar，其学名源于以前人们认为大嘴的鸟类会吸吮山羊的奶

Caracara ka-ra-KA-ra
在印第安原住民的语言中，这是鸟类的意思，表示它们的鸣声，如巨隼（*Caracara cheriway*），俗名为 Northern Crested Caracara

主红雀
Cardinalis cardinalis

Carbo KAR-bo
煤、木炭，如白眶海鸽（*Cepphus carbo*），俗名为 Spectacled Guillemot，指这种鸟类的翅膀是从暗灰色到近黑色的

Cardinalis kar-di-NAL-is
表示主要的或首领，如主红雀（*Cardinalis cardinalis*），俗名为 Northern Cardinal

Carduelis kar-doo-EL-is
金翅雀，如红额金翅雀（*Carduelis carduelis*），俗名为 European Goldfinch

Carolinae kar-o-LIN-ee
指卡莱罗纳岛（Carolina），如台岛树莺（*Horornis carolinae*），俗名为 Tanimbar Bush Warbler

Carolinensis kaa-ro-li-NEN-sis
指卡莱罗纳岛（Carolina），如白胸鳾（*Sitta carolinensis*），俗名为 White-breasted Nuthatch

Carolinus kar-o-LINE-us
指卡莱罗纳岛（Carolina），如锈色黑鹂（*Euphagus carolinus*），俗名为 Rusty Blackbird

白胸鳾
Sitta carolinensis

Carpococcyx kar-po-KOK-siks
希腊语，*carpo* 表示水果，*coccyx* 表示杜鹃，如苏门答腊地鹃（*Carpococcyx viridis*），俗名为 Sumatran Ground Cuckoo

Carunculata ka-run-koo-LA-ta
Caruncul 表示一些肉，如长尾肉垂风鸟（*Paradigalla carunculata*），俗名为 Long-tailed Paradigalla，指这种鸟类多彩的面部肉垂

Carunculatus kar-un-koo-LAT-us
Caruncul 表示一些肉，如肉垂鹤（*Grus carunculata*），俗名为 Wattled Crane

Caryothraustes kar-ee-o-THRAWS-teez
希腊语，*caryo* 表示坚果，*thraustes* 表示裂痕，如黄绿厚嘴雀（*Caryothraustes canadensis*），俗名为 Yellow-green Grosbeak，这种鸟类强有力的喙可以敲碎坚果

Cassini KAS-sin-eye
以美国鸟类学家、第一位严格意义上的鸟类分类学家约翰·卡森（John Cassin）命名的，如卡氏莺雀（*Vireo cassinii*），俗名为 Cassin's vireo

Castanea, -us kas-TAN-ee-a/us
栗色，如栗胸鸭（*Anas castanea*），俗名为 Chestnut Teal；再如褐翅啸鸫（*Myophonus castaneus*），俗名为 Brown-winged Whistling Thrush

Castaneiceps kas-tan-ee-EYE-seps
Castanea 表示栗色，*ceps* 为头部，如栗头金织雀（*Ploceus castaneiceps*），俗名为 Taveta Weaver

Castaneicollis kas-tan-ee-eye-KOL-lis
Castanea 表示栗色，*collis* 表示有领的，如栗枕鹧鸪（*Pternistis castaneicollis*），俗名为 Chestnut-naped Francolin

Castaneiventris kas-tan-ee-eye-VEN-tris
Castanea 表示栗色，*ventris* 指腹部，如栗腹王鹟（*Monarcha castaneiventris*），俗名为 Chestnut-bellied Monarch

Castaneocapilla kas-tan-ee-o-ka-PIL-la
Castanea 表示栗色，*capilla* 指头发，如泰普鸲莺（*Myioborus castaneocapilla*），俗名为 Tepui Whitestart

Castaneocoronata kas-tan-ee-o-ko-ro-NA-ta
Castanea 表示栗色，*coronatus* 指有冠的，如栗头地莺（*Cettia castaneocoronata*），俗名为 Chestnut-headed Tesia（波兰语：对上帝的爱）

Castanotis kas-tan-O-tis
Castanea 表示栗色，*oto* 指耳朵，如栗耳簇舌巨嘴鸟（*Pteroglossus castanotis*），俗名为 Chestnut-eared Aracari

Castanotus *kas-tan-O-tus*
Castanea 表示栗色，*noto* 指背部，如栗背三趾鹑（*Turnix castanotus*），俗名为 Chestnut-backed Buttonquail

Cathartes *ka-THAR-teez*
希腊语，*katharos* 表示干净的、纯洁的，如红头美洲鹫（*Cathartes aura*），俗名为 Turkey Vulture，这种鸟类食腐肉

Catharus *ka-THAR-us*
希腊语，*kathartes* 表示清洁剂，如黑嘴夜鸫（*Catharus gracilirostris*），俗名为 Black-billed Nightingale-Thrush，可能是指的这种鸟类的鸣唱声

Caudata, -us *kaw-DA-ta/tus*
Cauda 指尾巴，如普通鸫鹛（*Turdoides caudata*），俗名为 Common Babbler

Caudifasciatus *kaw-di-fas-se-AH-tus*
Cauda 指尾巴，*fasciatus* 表示带状的，如圆头王霸鹟（*Tyrannus caudifasciatus*），俗名为 Loggerhead Kingbird

Cauta *KAW-ta*
表示寻找，如白顶信天翁（*Thalassarche cauta*），俗名为 Shy Albatross

Cayana *kye-EN-a*
指法属圭亚那的一个城市卡宴（Cayenne），如辉伞鸟（*Cotinga cayana*），俗名为 Spangled Cotinga，源自巴西图皮语

Cayanensis *kye-a-NEN-sis*
指法属圭亚那的一个城市卡宴（Cayenne），如黄肩黑拟鹂（*Icterus cayanensis*），俗名为 Epaulet Oriole

Cecropis *se-KROP-is*
以阿提卡的早期的国王、雅典的创立者刻克洛普斯 Kekrops（Cecrops）命名的，传说这位国王是一个以蛇的尾巴来代替腿的人，如大纹燕（*Cecropis cucullata*），俗名为 Greater Striped Swallow，这种鸟类的尾巴羽毛很长

Celata *se-LA-ta*
表示隐藏，如橙冠虫森莺（*Leiothlypis celata*），俗名为 Orange-crowned Warbler，指隐藏起来的橙色冠羽

Celebensis *sel-a-BEN-sis*
西里伯斯岛（Celebes Islands），即现在的苏拉威西岛（Sulawesi），如苏拉王椋鸟（*Basilornis celebensis*），俗名为 Sulawesi Myna

Centrocercus *sen-tro-SIR-kus*
希腊语，*kentron* 指马刺，*kerko* 表示斑点，如艾草松鸡（*Centrocercus urophasianus*），俗名为 Sage Grouse

亚马孙伞鸟
Cephalopterus ornatus

Centropus *sen-TRO-pus*
希腊语，*kentron* 表示点状的，*pous* 指足，如布氏鸦鹃（*Centropus burchelli*），俗名为 Burchell's Coucal，表示长的后脚趾；Coucal 源自法语，可能是来自杜鹃（*coucou*）或云雀（*alouette*）

Cephalopterus *se-fal-OP-ter-us*
Cephala 指头部，希腊语 *pteryx* 指翅膀，如亚马孙伞鸟（*Cephalopterus ornatus*），俗名为 Amazonian Umbrellabird

Cephalopyrus *se-fal-o-PY-rus*
Cephala 指头部，希腊语 *pyro* 表示火焰（多彩的），如火冠雀（*Cephalopyrus flammiceps*），俗名为 Fire-capped Tit

Centurus *sen-TOO-rus*
希腊语，*kentron* 表示点状的，*oura* 指尾巴，如红腹啄木鸟（*Centurus carolinus*，现在为 *Melanerpes carolinus*），俗名为 Red-bellied Woodpecker，指啄木鸟带斑点的尾巴（"红腹"是一个奇怪的名字，因为其腹部为粉红色）

Cepphus *SEP-fus*
希腊语，*kepphos* 表示海鸟，如海鸽（*Cepphus columba*），俗名为 Pigeon Guillemot

Cercococcyx *ser-ko-KOK-siks*
希腊语，*cerco* 指尾巴，*coccyx* 表示杜鹃，如绿长尾鹃（*Cercococcyx olivinus*），俗名为 Olive Long-tailed Cuckoo

Cercomacra *sir-ko-MAK-ra*
希腊语，*cerco* 指尾巴，*macro* 表示大的、长的，如黑蚁鸟（*Cercomacra serva*），俗名为 Black Antbird

大卫·兰伯特·拉克
(1910—1973)

大卫·兰伯特·拉克（David Lambert Lack）对野外鸟类研究的影响力可能超过其他任何一位鸟类学家。当拉克还是一个业余爱好者时，他就已经是当时英国鸟类学家的领袖了，同时也是令人尊敬的演化生物学家、生态学家和种群生物学家。他曾担任牛津大学爱德华·格雷鸟类学研究所（Edward Grey Institute of Ornithology）主任、英国皇家学会院士、国际鸟类学大会主席和英国生态学会主席。拉克的父亲是一位著名的外科医生。拉克从小过着富裕的生活，家里有七个仆人。他在很小的时候就开始接触鸟类，9岁时开始整理他的第一份鸟类清单，在15岁时可以识别100个物种。在上大学之前，他就发表了自己的第一篇科学论文。到剑桥大学工作后，他被选为剑桥鸟类俱乐部的主席，并结识了著名演化生物学家、自然选择的拥护者朱利安·赫胥黎（Julian Huxley）。

1933—1940年，拉克在达林顿的一所高级私立学校任教。1938年，他离开了学校，去研究加拉帕戈斯群岛的鸟类。第二次世界大战期间，他任职于军队运筹研究小组，帮助开发雷达。这样的经历使他能够利用雷达来研究鸟类迁徙。1945年，拉克成为一名职业鸟类学家，担任牛津大学爱德华格雷野外鸟类学研究所主任，直至去世。

欧亚鸲
Erithacus rubecula

欧亚鸲及其远亲旅鸫在文学作品、民俗中很常见，这种鸟也是季节的象征。

拉克的首项意义重大的工作:《知更鸟的生活》(*Life of Robin*, 1943) 中有关于鸟类生活史的章节，包含丰富的信息且非常有趣。拉克是鸟类生活史研究的发起者之一。他的一些观点在当时是非常新颖的。拉克认为：知更鸟鸣唱是因为它们很高兴或它们在吸引雌性甚至是在赶跑对手、保卫领域。他还强调食物供应充足时，鸟类的窝卵数量会增加，但是窝卵数量是有限的，不能无限增多。

研究达尔文雀可能是拉克最著名、最有影响力的工作，他在加拉帕戈斯群岛进行了细致的实地野外研究，还在美国自然博物馆测量了8 000件鸟类标本的喙。他提出了一个有趣的

> 和许多其他博物学家一样，我常常为自然之美而倾倒。但是随着年龄的增长这种激情变得越来越少，虽然它到来时更加激烈。
> ——大卫·兰伯特·拉克

结论,有14种雀类的专化物种是从食果鸟类起源的。这本书成了鸟类学的经典之作。在这本书出版之前,那个时代的生物学著作从未提起过加拉帕戈斯群岛的雀类。而现在生物学、动物学、生态学和演化相关的著作都会提到这一类物种,承袭拉克著作中的提法,这种鸟类被称为"达尔文雀"。

大量的野外研究不可避免地让拉克考虑更多的理论问题。于是他开始研究控制自然种群数量的因素。他认为在种群数量更高时这些因素会比种群数量低时更有作用。鸟类种群的规则的波动让拉克觉得这样的控制机制是非常复杂的。他在《动物数量的自然调节》(Natural Regulation of Animal Numbers,1954)和《鸟类种群研究》(Population Studies of Birds)中就讨论了这些观点。对于拉克的理论,后人给出了各种不同的解释,理查德·道金斯(Richard Dawkins)的"自私的基因"理论也是受拉克的启发。

拉克在他的两本最有影响力的著作《动物

加拉帕戈雀不能通过羽毛颜色来进行区分,但是可以通过它们的喙的尺寸的不同来区分,这使得物种可以共享同一个栖息地。

数量的自然调节》(The Natural Regulation of Animal Numbers,1954)和《鸟类繁殖的生态适应》(Ecological Adaptations for Breeding in Birds,1968)中提出了关于物种形成、生态隔离、群体选择、迁徙和繁殖对策的演化的观点。他的观点开启了一个新的思想领域,他也被称为"演化生态学之父"。

1973年,拉克去世的那一年,他还在西印度群岛研究鸟类种群,这个时候他又重新回归对岛屿鸟类区系研究,这是他的早期兴趣。尽管还需要编辑加工才能出版,但他对这个主题的研究在63岁去世前就完成了。

大地雀
Geospiza magnirostris

大地雀是体型最大的达尔文雀,专门在地上取食大种子。

Cercomela sir-ko-MEL-a
希腊语，cerco 指尾巴，melas 表示黑色，如红尾岩䳭（Cercomela familiaris，现在是 Oenanthe familiaris），俗名为 Familiar Chat

Cercotricha sir-ko-TRICK-a
希腊语，cerco 指尾巴，trikhas 表示鸫，如褐薮鸲（Cercotricha signata，现在是 Erythropygia signata），俗名为 Brown Scrub Robin，指它典型的鸫类的尾巴

Certhia SIR-thee-a
希腊语，kethios 表示爬树者，如短趾旋木雀（Certhia brachydactyla），俗名为 Short-toed Treecreeper

Ceryle sir-IL-ee
希腊语，kerulos 表示一种海鸟，如斑鱼狗（Ceryle rudis），俗名为 Pied Kingfisher，这种鸟类更容易在河流旁边看到，而不是海洋

Chaetocercus kee-to-SIR-kus
希腊语，chaeto 指棘或头发，cerco 指尾巴，如白腹林蜂鸟（Chaetocercus mulsant），俗名为 White-bellied Woodstar，这种鸟类有一个带双斑点的尾巴

Chaetoptila kee-top-TIL-a
希腊语，chaeto 指棘或头发，ptilon 指羽毛，如鬣吸蜜鸟（Chaetoptila angustipluma），俗名为 Kioea，现已灭绝，这种鸟类可通过头部或颈部的刚毛状的羽毛来进行识别

Chaetorhynchus kee-tow-RINK-us
希腊语，chaeto 指棘或头发，拉丁语 rhynchus 指喙，如须嘴卷尾（Chaetorhynchus papuensis），俗名为 Pygmy Drongo

Chaetura kee-TOO-ra
希腊语，chaeto 指棘或头发，oura 指尾巴，如哥斯达黎加雨燕（Chaetura fumosa），俗名为 Costa Rican Swift，雨燕的尾巴通常很短，尾巴上有坚硬的羽毛轴，可以使它们在陡峭的墙壁上垂直停下来

Chalcomelas kal-ko-MEL-as
希腊语，chalco 表示铜，melas 表示黑色或暗黑色，如蓝紫胸花蜜鸟（Cinnyris chalcomelas），俗名为 Violet-breasted Sunbird

Chalcomitra kal-ko-MIT-ra
希腊语 chalco 表示铜，拉丁语 mitra 表示帽子，如艾米花蜜鸟（Chalcomitra amethystina），俗名为 Amethyst Sunbird

Chalcopsitta kal-kop-SIT-ta
希腊语 chalco 表示铜，拉丁语 psitta 表示鹦鹉，如黑鹦鹉（Chalcopsitta atra），俗名为 Black Lory，这种鸟类的翅下颌尾巴为金铜色

Chalybea ka-lib-BEE-a
钢，如灰胸崖燕（Progne chalybea），俗名为 Grey-breasted Martin，指背部的蓝灰色

Chamaea ka-MEE-a
希腊语，表示在地上、低处，如鹩雀莺（Chamaea fasciata），俗名为 Wrentit，这种鸟类的大部分时间都在灌丛活动

Chapmani CHAP-man-eye
以位于纽约的美国自然博物馆鸟类学馆馆长弗兰克·查普曼（Frank Chapman）命名的，如查氏雨燕（Chaetura chapmani），俗名为 Chapman's Swift

Charadrius kar-A-dree-us
鸻，如双领鸻（Charadrius vociferus），俗名为 Killdeer

Chasiempis kas-ee-EM-pis
希腊语，chasma 表示一道裂缝，empis 指小虫子，如瓦岛蚋鹟（Chasiempis ibidis），俗名为 Oahu Elepaio，这是一种夏威夷特有的鹟，这样命名指这种鸟类捕捉昆虫的生活方式

Chelictinia kel-ik-TIN-ee-a
希腊语，chelidon 表示燕子，ictin 表示鸢，如剪尾鸢（Chelictinia riocourii），俗名为 Scissor-tailed Kite

Chelidoptera kel-ih-DOP-ter-a
希腊语，chelidon 表示燕子，ptery 指翅膀，如燕翅䴕（Chelidoptera tenebrosa），俗名为 Swallow-winged Puffbird

Chen KEN
希腊语，表示大雁，如细嘴雁（Chen rossii），俗名为 Ross's Goose

Chenonetta ken-o-NET-ta
希腊语，chen 表示大雁，netta 指鸭子，如鬃林鸭（Chenonetta jubata），俗名为 Maned Duck

灰胸崖燕
Progne chalybea

智利鹰
Accipiter chilensis

Childonias kil-DON-ee-as
希腊语，*kheldonias* 表示燕子，可能是因为这种鸟类很像大的燕子，如须浮鸥（*Childonias hybrida*），俗名为 Whiskered Tern

Chilensis chi-LEN-sis
智利（Chile），如智利鹰（*Accipiter chilensis*），俗名为 Chilean Hawk

Chimaera ky-MEE-ra
指古希腊神话中由不同动物的不同部位组成的野兽，如长尾地三宝鸟（*Uratelornis chimaera*），俗名为 Long-tailed Ground Roller，这种鸟类看起来也像由不同的鸟类组成

Chinensis chy-NEN-sis
指中国（China），表示第一次在中国被描述的鸟类，如黑枕黄鹂（*Oriolus chinensis*），俗名为 Black-naped Oriole

Chloephaga klo-ee-FAY-ga
希腊语，*Chloe* 表示黄色或微黄色的，*phagin* 表示吃，如白草雁（*Chloephaga hybrida*），俗名为 Kelp Goose，它吃绿藻类植物和其他绿色的植物

Chlorocephalus klo-ro-se-FAL-us
希腊语 *chloro-* 表示绿色，拉丁语 *cephala* 指头部，如绿头黄鹂（*Oriolus chlorocephalus*），俗名为 Green-headed Oriole

Chlorocercus klo-ro-SIR-kus
希腊语，*chloro-* 表示绿色，*cerco* 指尾巴，如黄领鹦鹉（*Lorius chlorocercus*），俗名为 Yellow-bibbed Lory

Chloroceryle klo-ro-se-RIL-ee
希腊语，*chloro-* 表示绿色，*ceryle* 表示翠鸟，如亚马孙绿鱼狗（*Chloroceryle amazona*），俗名为 Amazon Kingfisher；翠鸟 Kingfisher 源自"捕鱼者之王"

Chlorophonia klo-ro-FONE-ee-a
希腊语，*chloro-* 表示绿色，*phono-* 表示声音，如蓝枕绿雀（*Chlorophonia cyanea*），俗名为 Blue-naped Chlorophonia

Chloropus klor-O-pus
希腊语，*chloro-* 表示绿色，*pous* 指足，如黑水鸡（*Gallinula chloropus*），俗名为 Common Moorhen

Chordeiles kor-de-IL-eez
指一种弦乐器、跳舞、到处移动（不清楚的），如美洲夜鹰（*Chordeiles minor*），俗名为 Common Nighthawk，这个名字可能源自这种鸟类晚上在空中盘旋捕捉昆虫的样子

Chrysia KRIS-ee-a
Chrys 表示金色，如绿顶鹑鸠（*Geotrygon chrysia*），俗名为 Key West Quail-Dove，这种鸟类的黄棕色羽毛上覆盖了一层色彩斑斓的色彩，呈现出金色光泽

Ciconia si-KO-nee-a
鹳，如白鹳（*Ciconia ciconia*），俗名为 White Stork

拉 丁 学 名 小 贴 士

在鸟类中，属名和种名相同是很少见的，比如白鹳（*Ciconia ciconia*）。这看起来并不是特别具有描述性，但是对于白鹳这种很常见的鸟类来说是可以的。"Stork"（鹳）可能源自古英语 *storc*，表示僵硬或强壮，描述的是白鹳站立的姿势。白鹳在欧洲很常见，有很多与它相关的神话和传说。传说白鹳落到谁家屋顶造巢安家，谁家就会喜得贵子，幸福美满。因此，欧洲人称白鹳为"送子鸟"。

Cinclus SINK-lus
希腊语，kinklos 表示生活在水旁边的鸫类，如河乌（Cinclus cinclus），俗名为 White-throated Dipper，它们在河边取食和筑巢

Cincta, -us SINK-ta/tus
Cingere 表示环绕、包围，如斑沙燕（Riparia cincta），俗名为 Banded Martin，在其胸部周围有一圈棕色的条带

Cinereicauda sin-air-ee-eye-KOW-da
Cinus 表示灰烬，cauda 指尾巴，如灰尾宝石蜂鸟（Lampornis cinereicauda），俗名为 Grey-tailed Mountaingem

Cinereiceps sin-air-ee-EYE-seps
Cinus 表示灰烬，ceps 指头部，如灰头雅鹛（Malacocincla cinereiceps），俗名为 Ashy-headed Babbler

Cinereus sin-AIR-ee-us
Cinus 表示灰烬或灰色，如灰蒙霸鹟（Xolmis cinereus），俗名为 Grey Monjita

Cinnyris SIN-ni-ris
该词来自希腊亚历山大城的赫西基奥斯（Hesychius），他把一些不知道的鸟命名为 kinnuris，如马约岛花蜜鸟（Cinnyris coquerellii），俗名为 Mayotte Sunbird

Circus SIR-kus
赛马场，如白尾鹞（Circus cyaneus），俗名为 Hen Harrier，它捕食时的飞行路线为环形

普通扑动䴕
Colaptes auratus

Cirrhata sir-HA-ta
卷发的，如簇羽海鹦（Fratercula cirrhata），俗名为 Tufted Puffin，这种鸟类以其延伸到眼睛后面的黄色羽毛而著称

Cisticola sis-ti-KO-la
Cista 表示木篮子，colo 表示栖息，如蛙声扇尾莺（Cisticola natalensis），俗名为 Croaking Cisticola，它的巢是球形或篮子形状的

Cistothorus sis-tow-THOR-us
希腊语，kistos 表示灌木，thorus 指床，如长嘴沼泽鹪鹩（Cistothorus palustris），俗名为 Marsh Wren，它的巢隐藏在灌木中

Citrina si-TRY-na
表示柑橘树或柠檬树，如黑枕威森莺（Setophaga citrina），俗名为 Hooded Warbler，它的脸部为柠檬黄

Clangula klang-GOO-la
Clangere 表示回响，如长尾鸭（Clangula hyemalis），俗名为 Long-tailed Duck，指鸟类的独特叫声

Clypeata kli-pee-AH-ta
Clypeum 表示盾牌、挡板，如琵嘴鸭（Anas clypeata），俗名为 Northern Shoveler，指它勺子状的喙

Coccyzus KOK-si-zus
希腊语，kokkux 的拉丁词，表示像杜鹃喙的形状，如红树美洲鹃（Coccyzus minor），俗名为 Mangrove Cuckoo

Coccothraustes kock-ko-THRAW-steez
Cocco 表示种子，thrauste 表示吃，如锡嘴雀（Coccothraustes coccothraustes），俗名为 Hawfinch

Cochlearius koke-lee-AR-ee-us
Cochlear 表示勺子或勺子状，如船嘴鹭（Cochlearius cochlearius），俗名为 Boat-billed Heron，这种鸟类有一个大的勺子状喙

Coerulescens seh-roo-LES-senz
浅蓝色或近蓝色的，如丛鸦（Aphelocoma coerulescens），俗名为 Florida Scrub Jay

Colaptes ko-LAP-teez
希腊语，kolapto 拉丁化的词，表示凿或啄，如普通扑动䴕（Colaptes auratus），俗名为 Northern Flicker

Colchicus kol-KEE-kus
指位于黑海的古老国家科尔基斯（Colchis），如雉鸡（Phasianus colchicus），俗名为 Common Pheasant，这里指它起源的地方

太阳鸟属

太阳鸟共有 15 个属，132 个种，其中 Cinnyris 属（SIN-ni-ris）是最大的一个属，约有 45 个物种。太阳鸟是典型的多彩小型鸟类，分布于非洲、亚洲南部、中东的部分地区和澳大利亚的北部。它们的主要食物为花蜜，但是当它们抚育幼鸟时，会吃昆虫以增加蛋白质，偶尔也会取食水果。旧世界的太阳鸟在生态上等同于新世界的蜂鸟，它们之间主要的区别是太阳鸟为雀形目（鸣禽），而蜂鸟则和雨燕一样属于雨燕目（Apodiformes）。Cinnyris 源于希腊神话的赫西基奥斯，他将一些不知道的鸟类称为 kinnuris。

蜂鸟取食花蜜的方法是典型的悬停取食，太阳鸟则常常会站在枝条上取食。太阳鸟的喙长而弯曲，可以到达花冠内部，但是当花冠管非常长时，它们用喙将花的基部刺穿。太阳鸟的舌头超长，能够伸出喙的尖端很远，而且可

山林双领花蜜鸟
Cinnyris ludovicesis

太阳鸟和蜂鸟是趋同演化的典型代表。

以从边缘卷起来，形成一种吸管状。太阳鸟喙的末端是分裂的，边缘为锯齿状，可以帮助它吸食花蜜。雄鸟的喙通常比雌鸟的鲜艳，舌头也更长，这样一来，雌鸟雄鸟可以取食不同的花，获取花蜜。

所有的太阳鸟都非常漂亮，但是仅有一种太阳鸟的拉丁名的意思是"漂亮"，这个物种就是美丽太阳鸟，其学名为 *C. pulchellus*。超级太阳鸟的学名为 *C. superbus*，意思是华丽的、卓越的。帝王花蜜鸟的学名为 *C. regius*，意思是王者。东部双领太阳鸟的学名为 *C. mediocris*，虽然这种太阳鸟颜色鲜艳，非常漂亮，但其学名的意思是"普通的"。

和生活在寒冷环境中的、同等体型的蜂鸟一样，生活在高海拔地区的太阳鸟在晚上进入"蛰伏"的状态，保存其能量。南部双领太阳鸟（*C. chalybeus*）在夜晚可以将自己的体温降到 17 ℃。

马约岛花蜜鸟
Cinnyris coquerellii

鸽属

亚里士多德给原鸽（*C. livia*）起名为 *Kolumbis*，意为潜水者，这可能指的是它们的飞行行为，在空中俯冲就像游泳时潜水一样。虽然那些名为"pigeons"的鸟类多指较大的鸟类，但从生物学上说，"dove"等同于"pigeon"。"dove"源于古英语 *dufe* 和 *dive*，而"pigeon"则源于古法语 *pigeon*，意为年轻的鸽子。

鸠鸽科共有42属305种鸟类，其中的鸽属（*Columba*）有35种，除了南北两极和干旱的沙漠地区外，广泛分布在全球各地。原鸽（*C. livia*）几乎无处不在。其种加词 *livia* 来源于拉丁文 *livor*，表示蓝色，指的是羽毛的灰蓝色。

长久以来，原鸽一直被当作信鸽。因为电报通信不够完善，鸽子是第一次世界大战期间重要的传递信息的工具。有一只鸽子名叫"雪儿妹"（Cher Ami），曾传递过一条拯救了同盟国军队的信息，从而被授予十字勋章。在很长一段时间，鸽子都出现在奥林匹克运动会的开幕式上，它们被人工养殖，繁殖出两百多个品种，包括赛鸽（racers）、信鸽（homing pigeons）等。

鸽属鸟类大多吃种子、水果和无脊椎动物。鸽子喝水时可以直接吸吮，而其他的鸟类都必须歪着脑袋通过重力将水流入喉咙。鸽子通

原鸽
Columba Livia

常产两枚卵，当幼鸟孵化后，亲鸽的嗉囊会分泌一种富含蛋白质的物质，叫作鸽乳，用来喂养幼鸟。和许多鸟类一样，鸽子也没有胆囊。因为它们无法产生胆汁，早期的博物学家推测这些鸟类的性格应该比较温顺。

和兽类不同，鸟类没有汗腺，所以它们依靠循环和呼吸系统来散发热量，降低身体温度。在鸽子的食道周围有独特的由动脉和静脉组成的网络；当鸟类感受到压力时，通过食管的张开闭合将热量从静脉网络传到食道，然后在食道中通过蒸发冷却的方式释放热量。

德氏鸽
Columba delegorguei

鸽属中30%的鸟类是受胁或近危物种。栖息地丧失和过度狩猎是其种群数量锐减的主要原因。

Colinus ko-LEE-nus
zolin 的拉丁化词语，zolin 是美洲原住民描述山鹑的词语，如冠齿鹑（*Colinus cristatus*），俗名为 Crested Bobwhite

Collaris kol-LAR-is
颈、脖子，如环颈潜鸭（*Aythya collaris*），俗名为 Ring-necked Duck

Columba ko-LUM-ba
鸽子或斑鸠，这个词可能是源自鸟类的叫声，如原鸽（*Columba livia*），俗名为 Rock Dove 或 Rock Pigeon；Pigeon 源自法语，dove 源自古英语，但是两者之间不存在生物学上的不同

Columbigallina ko-lum-bi-gal-LIN-na
Columbi- 表示斑鸠，gallina 表示母鸡或公鸡，如纯胸地鸠（*Columbigallina minuta*），俗名为 Plain-breasted Ground Dove，这样命名可能是源自其在地上走路的方式

Columbina ko-lum-bi-na
表示像斑鸠的，如地鸠（*Columbina passerina*），俗名为 Common Ground Dove

Concolor KON-ko-lor
表示同一种颜色，比如南非灰蕉鹃（*Corythaixoides concolor*），俗名为 Grey Go-Away Bird，这是一种全身灰色的鸟类

Concreta kon-KREE-ta
真实的、大的、强壮的，如栗腹饰眼鹟（*Platysteira concreta*），俗名为 Yellow-bellied Wattle-eye

Contopus kon-TOE-pus
希腊语，kontos 表示短的，pous 指足，如暗绿霸鹟（*Contopus lugubris*），俗名为 Dark Pewee

Conuropsis kon-ur-OP-sis
Conurus 表示旧世界长尾小鹦鹉的一个属，opis 指看起来像，如卡罗莱纳鹦哥（*Conuropsis carolinensis*），俗名为 Carolina Parakeet，实际上它的分类是错误的

Cooperi KOO-per-eye
以纽约的美国自然博物馆的创建者之一威廉·C.库珀（William C. Cooper）命名的，如库氏鹰（*Accipiter cooperii*），俗名为 Cooper's Hawk

Copsychus kop-SIK-us
希腊语，kótsyfas 表示乌鸫或鹊，如马岛鹊鸲（*Copsychus albospecularis*），俗名为 Madagascan Magpie-Robin

Coracina kor-a-SEEN-a
Corax 表示渡鸦，-ina 表示小的，如黑头鹃鸠（*Coracina melanoptera*），俗名为 Black-headed Cuckooshrike

Corax KO-raks
表示渡鸦，如渡鸦（*Corvus corax*），俗名为 Northern Raven

Corniculata kor-ni-koo-LA-ta
Corn 指角，culata 表示小的、一片的，如角海鹦（*Fratercula corniculata*），俗名为 Horned Puffin，这种鸟类的每个眼睛上都有一个肉质的黑色的"角"

Cornuta kor-NOO-ta
表示有角的，如角叫鸭（*Anhima cornuta*），俗名为 Horned Screamer

Coronata kor-o-NA-ta
表示有冠的，如黄腰白喉林莺（*Setophaga coronata*），俗名为 Myrtle Warbler，这种鸟类有一个黄色的冠

Coruscans KOR-us-kanz
Coruscus 表示闪耀的、发光的，如弯嘴裸眉鸫（*Neodrepanis coruscans*），俗名为 Common Sunbird-Asity

Corvus KOR-vus
表示乌鸦，如非洲白颈鸦（*Corvus albus*），俗名为 Pied Crow

Coturnix ko-TUR-niks
表示鹌鹑，如西鹌鹑（*Coturnix coturnix*），俗名为 Common Quail，这个名字可能是源自该鸟类的叫声

Cracticus KRAK-ti-kus
希腊语，kraktikos 表示像渡鸦一样尖叫，如白喉钟鹊（*Cracticus mentalis*），俗名为 Black-backed Butcherbird

卡罗莱纳鹦哥
Conuropsis carolinensis

鸦属

鸦属包含约 40 种鸟类，其俗名为乌鸦（crows）或渡鸦（ravens）。除极地和南美洲外，这些鸟类广布于全球，该属鸟类适应力非常强、演化很成功，可能是所有鸟类中最聪明的。美国的短嘴鸦（*C. brachyrhynchos*）是其中最容易识别的。在欧洲，最常见的是食腐肉的小嘴乌鸦，拉丁学名为 *C. corone*（拉丁语 *corvus* 表示乌鸦、希腊语 *corone* 意为渡鸦，因此该鸟类直译为类似渡鸦的乌鸦）。这个属的其他鸟类有更具描述性的名字，比如白颈鸦（非洲渡鸦）的学名为 *C. albicollis*。

乌鸦、渡鸦及其鸦科的其他近缘物种获得了"最聪明的鸟类"的美誉。它们会制造工具、玩游戏、讲人话、找到隐藏的物体、将核桃丢到公路上让汽车将其碾碎、用面包屑吸引鱼，甚至可以识别不同的人脸。新喀鸦（*C. moneduloides*）是鸟类中最聪明的，它可以使用工具，制作一个钩子（从裂缝中钩昆虫、水果或坚果），有些行为甚至连人类的近缘物种黑猩猩都做不到。

鸦属鸟类能成功适应环境的另一个原因是它们的饮食习惯。它们几乎可以取食任何动物或植物，不管是死的还是活的。这种觅食习惯被称为广食性（食谱宽）。它们对人类活动有很高的容忍度。

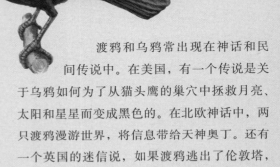

短嘴鸦
Corvus brachyrhynchos

渡鸦和乌鸦常出现在神话和民间传说中。在美国，有一个传说是关于乌鸦如何为了从猫头鹰的巢穴中拯救月亮、太阳和星星而变成黑色的。在北欧神话中，两只渡鸦漫游世界，将信息带给天神奥丁。还有一个英国的迷信说，如果渡鸦逃出了伦敦塔，君主制度就会灭亡，因此在伦敦塔里有卫兵看守着 6 只渡鸦。

可能是由于乌鸦和渡鸦的羽毛都是黑色的，它们经常被认为是不祥的征兆。

渡鸦
Corvus corax

Crassirostris kras-si-ROSS-tris
厚嘴，如厚嘴渡鸦（*Corvus crassirostris*），俗名为 Thick-billed Raven

Creatopus kree-a-TOE-pus
希腊语 *creas* 表示肉的，*pous* 指足，如粉脚鹱（*Puffinis creatopus*），俗名为 Pink-footed Shearwater

Crecca KREK-ka
这是一个拉丁化的希腊语，指鸟类的声音，如绿翅鸭（*Anas crecca*），俗名为 Eurasian Teal

Crinitus KRIN-ih-tus
Crinit 指头发或胡须，这里可能是指可以移动的冠，如大冠蝇霸鹟（*Myiarchus crinitus*），俗名为 Great Crested Flycatcher

Cristata kris-TA-ta
有冠的，如黑冠黄雀鹀（*Gubernatrix cristata*），俗名为 Yellow Cardinal；再如冠蓝鸦（*Cyanocitta cristata*），俗名为 Blue Jay

Cristatus kris-TA-tus
有冠的，如冠齿鹑（*Colinus cristatus*），俗名为 Crested Bobwhite；蓝孔雀（*Pavo cristatus*），俗名为 Peacock

Crocethia krow-SETH-ee-a
希腊语，表示追逐者或奔跑者，如三趾滨鹬（*Crocethia alba*，现在是 *Calidris alba*），俗名为 Sanderling

Crotophaga kro-tow-FAY-ga
希腊语，*kroton* 表示蜱或昆虫，*phago* 表示吃，如滑嘴犀鹃（*Crotophaga ani*），俗名为 Smooth-billed Ani，这种鸟类不只吃昆虫，还吃种子和水果

Cuculus koo-KOO-lus
表示杜鹃，这个词源自大杜鹃的鸣声，如大杜鹃（*Cuculus canorus*），俗名为 Common Cuckoo

Cunicularia koo-ni-koo-LAR-ee-a
Cunicul 表示地下通道，如穴小鸮（*Athene cunicularia*），俗名为 Burrowing Owl，它的巢筑在地下洞穴里，在土壤条件允许的情况下自己挖洞，也会利用兽类挖掘的洞

Cuvieri, -ii koo-vee-AIR-eye/ee-eye
以法国博物学家乔治·居维叶（Georges Cuvier）命名的，如白喉秧鸡（*Dryolimnas cuvieri*），俗名为 White-throated Rail

Cyaneoviridis sye-an-ee-o-vi-RI-dis
Cyaneus 表示暗蓝色，*ciridis* 表示绿色，如巴哈马树燕（*Tachycineta cyaneoviridis*），俗名为 Bahama Swallow

Cyanocephalus, -a sye-an-o-se-FAL-us/a
Cyaneus 表示暗蓝色，*cephala* 指头部，如蓝头黑鹂（*Euphagus cyanocephalus*），俗名为 Brewer's Blackbird

Cyanocitta sye-an-o-SIT-ta
Cyaneus 表示暗蓝色，希腊语 *kitta* 表示松鸦，如冠蓝鸦（*Cyanocitta cristata*），俗名为 Blue Jay

Cyanocorax sye-an-o-KOR-aks
Cyaneus 表示暗蓝色，希腊语 *corax* 表示渡鸦，如绒冠蓝鸦（*Cyanocorax chrysops*），俗名为 Plush-crested Jay

Cyanogaster sye-an-o-GAS-ter
Cyaneus 表示暗蓝色，希腊语 *gaster* 表示胃，如蓝腹佛法僧（*Coracias cyanogaster*），俗名为 Blue-bellied Roller

Cyanomelana sye-an-o-mel-AN-a
Cyaneus 表示暗蓝色，*melas* 表示黑色，如白腹蓝鹟（*Cyanoptila cyanomelana*），俗名为 Blue-and-white Flycatcher

Cyanoptera sye-an-OP-ter-a
Cyaneus 表示暗蓝色，希腊语 *pteron* 指翅膀，如桂红鸭（*Anas cyanoptera*），俗名为 Cinnamon Teal，该鸟有蓝色的翅斑

Cyanoptila sigh-an-op-TIL-a
Cyaneus 表示暗蓝色，希腊语 *pteron* 指翅膀，如琉璃蓝鹟（*Cyanoptila cumatilis*），俗名为 Zappey's Flycatcher

Cygnus SIG-nus
希腊语 *kuknos* 表示天鹅，如黑天鹅（*Cygnus atratus*），俗名为 Black Swan

Cyrtonyx sir-TON-iks
希腊语 *kurtos* 表示弯的，拉丁语 *oryx* 指爪子，如眼斑彩鹑（*Cyrtonyx ocellatus*），俗名为 Ocellated Quail，其镰刀状的爪子用来挖掘

巴哈马树燕
Tachycineta cyaneoviridis

D

Dactylatra dak-til-AH-tra
希腊语 *dactyl* 表示手指或脚趾，拉丁语 *ater* 表示暗黑色或黑色，如蓝脸鲣鸟（*Sula dactylatra*），俗名为 Masked Booby，Booby 源自西班牙语 *bobo*，指迟钝的人或笨拙的鸟

Dactylortyx dak-til-OR-tiks
希腊语，*dactyl* 表示手指或脚趾，*ortux* 表示鹌鹑，如歌鹑（*Dactylortyx thoracicus*），俗名为 Singing Quail

Damophila dam-o-FIL-a
希腊语，表示女诗人，如紫腹蜂鸟（*Damophila julie*），俗名为 Violet-bellied Hummingbird

Daption DAP-tee-on
菲律宾群岛一些土著人身上的文身，指具有斑点的䴘，如花斑䴘（*Daption capense*），俗名为 Cape Petrel 或 Pintado Petrel

Daptrius DAP-tree-us
希腊语，*daptes* 表示吃，如黑巨隼（*Daptrius ater*），俗名为 Black Caracara，这是一种肉食性鸟类

Darwini, -ii DAR-win-eye/dar-WIN-ee-eye
以英国博物学家、探险家查尔斯·达尔文（Charles Darwin）命名的，如达尔文拟鹩（*Nothura darwinii*），俗名为 Darwin's Nothura

Dasyornis das-ee-OR-nis
希腊语，*dasus* 表示多毛的、蓬松的，*ornis* 指鸟类，如棕刺莺（*Dasyornis brachypterus*），俗名为 Eastern Bristlebird

Davidi DA-vi-dye
以法属印度支那博物学家安德烈·大卫-比利（Andre David-Beaulieu）命名的，如橙颈山鹧鸪（*Arborophila davidi*），俗名为 Orange-necked Partridge；也指以法国神父、动物学家皮埃尔·大卫（Pierre David）命名的，如四川林鸮（*Strix davidi*），俗名为 Pere David's Owl

Davisoni DAY-vi-son-eye
以新加坡莱佛士博物馆馆长威廉·戴维森（William Davison）命名的，如白肩黑鹮（*Pseudibis davisoni*），俗名为 White-shouldered Ibis

Deconychura de-con-ih-KOO-ra
希腊语，*deca-* 表示数字十，*onux* 指爪子，而 *oura* 指尾巴，如长尾䴓雀（*Deconychura longicauda*），俗名为 Long-tailed Woodcreeper；这样命名指这种鸟类的十根能帮助攀爬的尾羽

戈氏极乐鸟
Paradisaea decora

Decora dek-OR-a
高雅的，如戈氏极乐鸟（*Paradisaea decora*），俗名为 Goldie's Bird of Paradise，以纪念安德鲁·戈尔迪（Andrew Goldie），他在 1882 年发现了这种鸟类

Deglandi DEG-land-eye
以法国鸟类学家科姆·德格拉德（Côme Degland）命名的，他在 1849 年出版了《欧洲鸟类学》（*Larus delawarensis*），如白翅海番鸭（*Melanitta deglandi*），俗名为 White-winged Scoter

Delawarensis del-a-ware-EN-siss
指美国大西洋海岸上的达拉瓦河（Delaware River），如环嘴鸥（*Larus delawarensis*），俗名为 Ring-billed Gull，这种鸟类在达拉瓦河被发现

Deleornis del-ee-OR-nis
希腊语，*dele-* 表示可见的，*ornis* 指鸟类，如红领太阳鸟（*Deleornis fraseri*），俗名为 Fraser's Sunbird

Delicata del-ih-KA-ta
表示愉快的、诱人的，如美洲沙锥（*Gallinago delicata*），俗名为 Wilson's Snipe，以纪念鸟类学家亚历山大·威尔逊（Alexander Wilson）

Delothraupis del-o-THRAW-pis
希腊语，*delas* 表示可见的，*thraupis* 表示唐纳雀，如栗腹唐纳雀（*Delothraupis castaneoventris*），俗名为 Chestnut-bellied Mountain Tanager

Deltarhynchus del-ta-RINK-us
希腊语 *delta* 表示字母 D，拉丁语 *rhynchus* 指喙，如火红霸鹟（*Deltarhynchus flammulatus*），俗名为 Flammulated Flycatcher，"D" 源自喙的横切面的三角形状，像希腊字母 Δ 一样

Demigretta dem-ee-GRET-ta
古法语，demi 表示一半或半尺寸，Demigretta 改为了 Egretta，如岩鹭（Egretta sacra），俗名为 Pacific Reef Heron，它比大白鹭小得多，鹭的英文 egret 来自古法语 aigrette，指羽毛簇或羽毛

Dendragapus den-dra-GAP-us
希腊语，dendron 表示树，agapo 表示爱、骄傲，如蓝镰翅鸡（Dendragapus obscurus），俗名为 Dusky Grouse

Dendrexetastes den-dreks-eh-TAS-teez
希腊语，dendron 表示树，exetastes 表示检查员或检验员，如红喉鸱雀（Dendrexetastes rufigula），俗名为 Cinnamon-throated Woodcreeper

Dendrocincla den-dro-SINK-la
希腊语，dendron 表示树，cincla 表示盘旋，如鸫鸱雀（Dendrocincla turdina），俗名为 Plain-winged Woodcreeper，这一命名源于它们在树干上移动的时候绕树的习性

Dendrocitta den-dro-SIT-ta
希腊语，dendron 表示树，citta 表示松鸦或者吵的鸟类，如黑额树鹊（Dendrocitta frontalis），俗名为 Collared Treepie，pie 来源于拉丁语 pica，意思是喜鹊

Dendrocolaptes den-dro-ko-LAP-teez
希腊语，dendron 表示树，colapte 凿或啄，如黑斑鸱雀（Dendrocolaptes picumnus），俗名为 Black-banded Woodcreeper

Dendrocopos den-dro-KOPE-os
希腊语，dendron 表示树，kopis 表示裂开或劈开，如大斑啄木鸟（Dendrocopos major），俗名为 Great Spotted Woodpecker

Dendrocygna den-dro-SIG-na
希腊语，dendron 表示树，cygn 表示天鹅，如茶色树鸭（Dendrocygna bicolor），俗名为 Fulvous Whistling Duck，有时它的巢筑在树上

Dendroica den-DROY-ka
希腊语，dendron 表示树，oikos 表示家或生境，如蓝林莺（Dendroica cerulea，现在是 Setophaga cerulea），俗名为 Cerulean Warbler

Dendronanthus den-dro-NAN-thus
希腊语 dendron 表示树，拉丁语 anthus 表示花或云雀，如山鹡鸰（Dendronanthus indicus），俗名为 Forest Wagtail，这种鸟类和云雀很相像

Dendropicos den-DRO-pi-kos
希腊语 dendron 表示树，西班牙语 pico 表示小的、尖的喙，如哀啄木鸟（Dendropicos lugubris），俗名为 Melancholy Woodpecker

Dendrortyx den-DROR-tiks
希腊语，dendron 表示树，ortux 表示鹌鹑，如须林鹑（Dendrortyx barbatus），俗名为 Bearded Wood Partridge

Denhami DEN-am-eye
以英国军人、探险家狄克逊·德纳姆（Dixon Denham）命名的，如黑冠鸨（Neotis denhami），俗名为 Denham's Bustard

Diadema dye-a-DEM-a
希腊语，表示冠或头巾，如新喀鹦鹉（Charmosyna diadema），俗名为 New Caledonian Lorikeet，这种鸟类已经灭绝，这一命名可能源于其深蓝色的冠

Diademata, -us dee-a-dem-AH-ta/tus
Diadema 表示有冠的，如白尾鸫鹛（Alethe diademata），俗名为 White-tailed Alethe，它有一个可以扬起的冠

Diardi dee-AR-dye
以法国探险家、采集家皮埃尔·迪亚尔（Pierre Diard）命名的，如戴氏火背鹇（Lophura diardi），俗名为 Siamese Fireback

---

拉丁学名小贴士

在亚洲东部分布的山鹡鸰（俗名为 Forest Wagtail）属于鹡鸰科（包括鹡鸰、鹨和长爪鹡鸰的科），但它自己是一个单独的属，因为它有一些特殊的特征。大部分鹡鸰的尾巴是上下摆动的，而山鹡鸰的尾巴则是左右摆动的。鹡鸰科的鸟类大多栖息在开阔的生境中，取食昆虫，在地面筑巢。山鹡鸰在树上筑巢。在斯里兰卡，这种鸟类取食牛粪中的蛆虫。

山鹡鸰
Dendronanthus indicus

鸟类的喙

喙是鸟类关键的形态特征之一。大多数鸟类主要用脚行走或栖息,用翅膀来飞行或游泳,而主要用喙来筑巢、寻找、捕捉和取食以及防御。鸟类的喙也用于求偶、发出声音、过滤水。喙的形状反映了鸟类生活方式,而且是在野外识别鸟类的绝佳特征。希腊语的后缀 -rhino、-rostrum 和 -rhyncho 常用于学名中,表示鸟类喙的形状或颜色,比如马来犀鸟的拉丁学名为(*Buceros rhinoceros*),其中 *Buceros* 表示角,*rhinoceros* 意为鼻角;绿头鸭的拉丁学名中 *Anas* 表示鸭子,*platyrhynchos* 意为扁平的喙。

鸟类的喙被一种称为角质鞘(*rhamphotheca* 字面意思为喙的箱子)的纤维状结构蛋白层所覆盖,和人类皮肤、头发和指甲的外层是同一种蛋白质。喙虽然会被磨损,但其角质鞘会持续不断地生长。喙的尖端和边缘布满了神经末梢,因此鸟类可以感觉到所接触的东西,并进行取食。水鸟的喙普遍比较长,在它们喙的尖端布满了感觉细胞,以便让它们在沙石中取食,并且用喙尖端取食时不必将整个颌部张开。

鸟喙的形状很大程度上是由鸟类的食物需求决定的。鹟类在半空中捕捉食物,因此它们的喙是带钩的扁平三角形状,这样可以抓住较大的食物。比如蓝嘴黑霸鹟、夜鹰、雨燕和燕子的喙虽然很小但是带有黏膜的大嘴便于捕捉昆虫。麻雀加厚的重喙用来打开种子。太阳鸟和蜂鸟细长的管状喙用来取食花蜜。而像琵嘴鸭(学名 *Anas clypeata* 源自 *clypeatus*,表示盾牌,指的是其喙的形状)的喙带有鳃瓣结构,便于在水和泥中过滤出食物。褐胸反嘴鹬向下弯曲的喙用于在水的表面过滤无脊椎动物。巨嘴鸟的喙长而巨大,据说是为了能够吃得到厚厚的植物水果,但是近期的研究表明它们的喙也起着体温调节的作用,通过调节供血量来增加或

左图从上到下依次为:
圣文森特鹦鹉 *Amazona guildingii*
绿巨嘴鸟 *Aulacorhynchus prasinus*
盔犀鸟 *Rhinoplax vigil*

虽然喙并不是鸟类最具吸引力的特征,但是在繁殖季节吸引配偶时,喙发挥了重要的作用。

同的喙意味着它们吃不同的食物。一个十分典型的例子就是加拉帕戈斯群岛的达尔文雀。达尔文雀族共有4属18种，它们的羽毛颜色都为深色，体形相似，种间最明显的区别是喙的形状和大小，这是为了适应不同的食物而演化出来的，是自然选择的结果。其中喙最长的是大地雀（*Geospiza magnirostris*）。

通过观察鸟类的喙，你可以推测出它们的许多生活方式。

黑剪嘴鸥
Rynchops niger

刚孵化时，黑剪嘴鸥雏鸟的上下喙一样大，但是当它们离巢时，下喙变得比上喙大。

降低体温。鸟类的喙往往都很独特，比如点嘴小巨嘴鸟的学名为 *Selenidera maculirostris*，其种加词指的是带斑点的喙。

黑剪嘴鸥、印度剪嘴鸥和非洲剪嘴鸥的喙很独特，下喙比上喙长。它们沿着海岸，用其下喙在水中捕食，当它们感觉到鱼、甲壳动物或鱿鱼等软体动物时，它们的喙就会突然关闭。下嘴的角质鞘因为会磨损和撕裂，所以比上喙长得更快。剪嘴鸥是鸟类中唯一具有纵裂缝状瞳孔的，因此它们可以看到自己喙的尖端。

因为喙是鸟类主要的解剖学特征，它决定了鸟类的生态位，鸟喙的轻微差别常可以减少种内或种间的竞争。雄鸟和雌鸟的喙可能有所不同，可能是形状不同，也可能是大小不一，不

马来犀鸟
Buceros rhinoceros

雄鸟用泥浆一层层将树洞封住，只留下一个小的洞口，在雌鸟孵卵的时候，雄鸟通过这个洞口传递食物给雌鸟。

Diazi dee-AZ-eye
以墨西哥工程师奥古斯丁·迪亚斯（Augustin Diaz）命名的，如墨西哥鸭（*Anas diazi*），俗名为 Mexican Duck

Dichroa dye-KRO-a
希腊语，*di-* 表示两个或分开的，*chroa* 表示颜色，如圣克托辉椋鸟（*Aplonis dichroa*），俗名为 Makira Starling，指它羽毛的彩虹色

Dichromanassa dye-kro-ma-NASS-sa
希腊语，*di-* 表示两个，*chrom* 表示颜色，*anassa* 表示女王，如棕颈鹭（*Dichromanassa rufescens*，现在为 *Egretta rufescens*），俗名为 Reddish Egret，这一命名源自其羽毛的两种颜色，淡红色和白色

Dichrous DYE-krus
希腊语，*di-* 表示两个或分开的，*chrous* 表示颜色或肤色，如黑头林鸥鹟（*Pitohui dichrous*），俗名为 Hooded Pitohui，这种鸟类和其他一些近缘物种由于吃某些甲虫而使得毒素积累在皮肤里

Dichrozona dye-kro-ZONE-a
希腊语，*di-* 表示两个，*chrous* 表示颜色或肤色，*zona* 表示皮带、腰带、地带，如斑纹蚁鹩（*Dichrozona cincta*），俗名为 Banded Antbird

Dicrurus dy-KROO-rus
希腊语 *dicros* 分叉的，*ourus* 指尾巴，如冠卷尾（*Dicrurus forficatus*），俗名为 Crested Drongo

绿刺尾蜂鸟
Discosura conversii

Difficilis dif-fi-SIL-is
困难的，如北美纹霸鹟（*Empidonax difficilis*），俗名为 Pacific-slope Flycatcher，这里可能指霸鹟属（*Empidonax*）的物种很难区分

Diglossa dye-GLOS-sa
希腊语，*di-* 表示两个，*glossa* 指舌头，如黑刺花鸟（*Diglossa humeralis*），俗名为 Black Flowerpiercer，这里指这种鸟类带有边缘的舌头

Diglossopis dye-glos-SO-pis
希腊语，表示两个舌头的，如花脸刺花鸟（*Diglossopis cyanea*），俗名为 Masked Flowerpiercer，*Diglossopis* 常被归入 *Diglossa* 中

Dinopium di-NO-pee-um
希腊语，*dinos* 表示糟糕的、旋转的，*ops* 表示外表，如小金背啄木鸟（*Dinopium benghalense*），俗名为 Black-rumped Flameback

Diomedea dye-o-meh-DEE-a
以特洛伊大战中的英雄迪奥梅德斯（Diomedes）命名的，他的同伴都变成了鸟类，如漂泊信天翁（*Diomedea exulans*），俗名为 Wandering Albatross

Diophthalma dy-op-THAL-ma
希腊语，*di-* 表示两个，*opthalmos* 表示眼睛，如红脸果鹦鹉（*Cyclopsitta diophthalma*），俗名为 Double-eyed Fig Parrot，这种鸟的一些亚种脸颊上的斑很像眼睛

Diops DYE-ops
希腊语，*di-* 表示两个，*ops* 表示外表、脸部或眼睛，如摩鹿加翡翠（*Todiramphus diops*），俗名为 Blue-and-White Kingfisher

Diopsittaca dye-op-SIT-ta-ka
希腊语，*dio* 表示神圣、崇高，*psittaca* 表示鹦鹉，如红肩金刚鹦鹉（*Diopsittaca nobilis*），俗名为 Red-shouldered Macaw

Diphone dye-FO-nee
希腊语，*di-* 表示两个，*phone* 表示声音、鸣声，如日本树莺（*Horornis diphone*），俗名为 Japanese Bush-warbler，听到它美丽的声音要比看到它容易得多

Discolor DIS-ko-lor
希腊语 *dis-* 分开的，拉丁语 *color* 颜色，如不同颜色的褐喉旋木雀（*Certhia discolor*），俗名为 Sikkim Treecreeper，这种鸟类在缅甸分布的一个种群有一个褐色的喉部，被认为它是一个亚种，甚至有些人认为它是一个单独的物种

Discors DIS-korz
不和谐、不愉快，如蓝翅鸭（*Anas discors*），俗名为 Blue-winged Teal；*discors* 可能指这种鸟类起飞时发出的声音或者身上的花纹

Discosura dis-ko-SOO-ra
希腊语，dis- 表示愤慨，oura 指尾巴，如绿刺尾蜂鸟（*Discosura conversii*），俗名为 Green Thorntail，这一命名源于它的尾巴可以高度调节

Discurus dis-KOO-rus
希腊语，disc 表示圆形的盘子，oura 指尾巴，如蓝冠扇尾鹦鹉（*Prioniturus discurus*），俗名为 Blue-crowned Racket-tail

Disjuncta dis-JUNK-ta
分开的、分离的，如委内瑞拉蚁鸟（*Myrmeciza disjuncta*），俗名为 Yapacana Antbird，亚帕卡纳（Yapacana）是委内瑞拉的一个地名，*Disjuncta* 指这种鸟类还未解决的分类问题，即是否和蚁鸟属（*Myrmeciza*）其他鸟类亲缘关系较近

Dissimilis dis-SIM-ih-lis
不像的，如黑胸鸫（*Turdus dissimilis*），俗名为 Black-breasted Thrush，大部分的鸫没有性二型现象，但这种鸟类有

Dixiphia diks-ih-FEE-a
希腊语，di- 表示两个，xiphos 表示刀剑，如白冠娇鹟（*Dixiphia pipra*），俗名为 White-crowned Manakin，这种鸟类的鸣管（发声的部位）的解剖结构像一把剪刀

Dohertyi doe-ERT-ee-eye
以美国昆虫采集家、鸟类采集家的威廉·多尔蒂（William Doherty）命名的，如红枕果鸠（*Ptilinopus dohertyi*），俗名为 Red-naped Fruit Dove

Dohrnii DORN-ee-eye
以世界上第一个动物研究所（Stazione Zoologica）的德国创始人菲利克斯·多恩（Felix Dohrn）命名的，如钩嘴铜色蜂鸟（*Glaucis dohrnii*），俗名为 Hook-billed Hermit，这是一种蜂鸟

Dolei DOL-eye
以律师和法学家桑福德·多尔（Sanford Dole）命名的，如冠旋蜜雀（*Palmeria dolei*），俗名为 Akohekohe

Dolichonyx doe-li-KON-iks
希腊语，dolichos 表示长的，onux 表示爪子，如刺歌雀（*Dolichonyx oryzivorus*），俗名为 Bobolink，Bobolink 源于 bob-o-lincoln，这一拟声词的发音类似它的叫声

Doliornis doe-lee-OR-nis
希腊语，dilio 表示机敏的，ornis 指鸟类，如栗腹伞鸟（*Doliornis remseni*），俗名为 Chestnut-bellied Cotinga，这一命名可能源自其神秘的习性，它在 1989 年才首次被发现

Domesticus doe-MESS-ti-kus
Domesticus 表示在房子周围，如家麻雀（*Passer domesticus*），俗名为 House Sparrow

红枕果鸠
Ptilinopus dohertyi

Dominica, -cana, -canus, -censis
doe-MIN-ih-ka/doe-min-ih-KAN-a/kan-us, doe-min-ih-SEN-sis
西印度群岛的多米尼克联邦（Commonwealth of Dominica），如美洲金鸻（*Pluvialis dominica*），俗名为 American Golden Plover，这种鸟类迁徙时会路过西印度群岛

Donacobius don-a-KO-bee-us
希腊语，donax 表示芦苇，bios 表示生活、活着的，如黑顶鹪鹩（*Donacobius atricapilla*），俗名为 Black-capped Donacobius，它栖息在亚马孙流域的芦苇和湿地的其他植物上

Donacospiza don-a-ko-SPY-za
希腊语，donax 表示芦苇，spiza 表示雀，如长尾芦雀（*Donacospiza albifrons*），俗名为 Long-tailed Reed Finch

Donaldsoni DON-ald-son-eye
以美国旅行家阿瑟·唐纳森-史密斯（Arthur Donaldson-Smith）命名的，他也是皇家地理学会理事，如德氏夜鹰（*Caprimulgus donaldsoni*），俗名为 Donaldson-Smith's Nightjar

Dorsalis, -ae dor-SAL-is/ee
Dorsum 表示背部或来自背部，如棕背小嘲鸫（*Mimus dorsalis*），俗名为 Brown-backed Mockingbird

Dorsimaculatus dor-si-mak-oo-LAT-us
Dorsum 指背部，*macula* 表示点状，如斑背蚁鹩（*Herpsilochmus dorsimaculatus*），俗名为 Spot-backed Antwren

Dorsomaculatus dor-so-mak-oo-LA-tus
Dorsum 指背部，*macula* 表示点状，如黄顶织雀（*Ploceus dorsomaculatus*），俗名为 Yellow-capped Weaver

> **拉丁学名小贴士**
>
> 蚁鸟，如暗尾蚁鸟（*Drymophila malura*，俗名为 Dusky-tailed Antbird）分布于中美洲和南美洲。它们不吃蚂蚁，但是它们在灌木丛中跳跃或在空中抓捕食物，取食节肢动物，包括螳螂、蟑螂、甲虫、蜜蜂等。当蚂蚁将节肢动物或其他相似的食物从隐藏的洞中移出，这些鸟就猛扑过去。因为蚁鸟和其他科的一些鸟类很像，比如蚁鸫（antthrushes）、蚁绿鹃（antvireos）、蚁伯劳（antshrikes）和蚁八色鸫（antpittas）。这些鸟类还会压碎蚂蚁，并利用蚁酸来杀死其羽毛里的寄生虫。

Dorsostriatus *dor-so-stree-AT-us*
Dorsum 指背部，*striatus* 表示纹状的、条纹，如白腹丝雀（*Serinus dorsostriatus*），俗名为 White-bellied Canary

Dougallii *DOO-gal-eye*
以博物学家彼得·麦克杜格尔（Peter McDougall）命名的，如粉红燕鸥（*Sterna dougallii*），俗名为 Roseate Tern

Drepanis *dre-PAN-is*
希腊语，*drepane* 表示镰刀，如现在已经灭绝的夏威夷监督蜜鸟（*Drepanis pacifica*），俗名为 Hawaii Mamo，指它向下弯曲的喙

Drepanoptila *dre-pan-OP-til-a*
希腊语，*drepane* 表示镰刀，*ptil-* 指羽毛，如散羽鸠（*Drepanoptila holosericea*），俗名为 Cloven-feathered Dove

Drepanorhynchus *dre-pan-o-RINK-us*
希腊语，*drepane* 表示镰刀，拉丁语 *rhynchus* 指喙，如金翅花蜜鸟（*Drepanorhynchus reichenowi*），俗名为 Golden-winged Sunbird

Dromas *DRO-mas*
希腊语，*dromas* 表示奔跑、赛跑，如蟹鸻（*Dromas ardeola*），俗名为 Crab Plover

Dromococcyx *dro-mo-KOK-siks*
希腊语，*dromas* 表示奔跑、赛跑，*coccyx* 指杜鹃，如小雉鹃（*Dromococcyx pavoninus*），俗名为 Pavonine Cuckoo；*Pavoninus* 是拉丁语，表示像孔雀的

Dryas *DRY-as*
Dryad 表示树或森林仙女，如斑夜鸫（*Catharus dryas*），俗名为 Spotted Nightingale-Thrush

Drymocichla *dry-mo-SICK-la*
希腊语，*drymo* 表示林地、森林，*cichla* 表示鸫，如红翅灰莺（*Drymocichla incana*），俗名为 Red-winged Grey Warbler

Drymodes *dry-MO-deez*
希腊语，*drymo* 表示林地、森林，如栗腰薮鸲（*Drymodes brunneopygia*），俗名为 Southern Scrub Robin

Drymophila *dry-mo-FIL-a*
希腊语，*drymo* 表示林地、森林，*philos* 表示喜欢、爱，如暗尾蚁鸟（*Drymophila malura*），俗名为 Dusky-tailed Antbird

Drymornis *dry-MOR-nis*
希腊语，*drymo* 表示林地、森林，*ornis* 指鸟类，如弯嘴䴕雀（*Drymornis bridgesii*），俗名为 Scimitar-billed Woodcreeper

Dryolimnas *dry-o-LIM-nas*
希腊语 *drus* 表示树，拉丁语 *limnas* 表示湿地或湖，如白喉秧鸡（*Dryolimnas cuvieri*），俗名为 White-throated Rail

Dryoscopus *dry-o-SKO-pus*
希腊语，*drus* 表示树，*skopus* 表示看、观看，如鹊形松背伯劳（*Dryoscopus cubla*），俗名为 Black-backed Puffback，它的尾下覆羽是蓬松的

Dubia *DOO-bee-a*
表示怀疑的、不确定的，如褐胁雀鹛（*Alcippe dubia*），俗名为 Rusty-capped Fulvetta，表示它的分类关系是不确定的

Dubius *DOO-bee-us*
表示怀疑的、不确定的，如须拟䴕（*Lybius dubius*），俗名为 Bearded Barbet，这样命名是因为这种鸟类的分类在早期是不确定的

Ducula *doo-KOO-la*
领导、带领，如贝氏皇鸠（*Ducula bakeri*），俗名为 Vanuatu Imperial Pigeon

Duidae *doo-EE-dee*
指委内瑞拉的杜伊达山（Cerro Duida），如鳞斑刺花鸟（*Diglossa duidae*），俗名为 Scaled Flowerpiercer

Dumetella *doo-meh-TEL-la*
Dumetum 表示灌木、荆棘，*ella* 表示极小的，如灰嘲鸫（*Dumetella carolinensis*），俗名为 Grey Catbird，它栖息在灌木丛中

Dumetia *dum-ET-ee-a*
灌木、荆棘，如棕腹鹛（*Dumetia hyperythra*），俗名为 Tawny-bellied Babbler

E

Eatoni EE-ton-eye
以英国探险家、博物学家阿尔弗雷德·伊顿（Alfred Eaton）命名的，如凯岛针尾鸭（*Anas eatoni*），俗名为 Eaton's Pintail

Eburnea ee-BUR-nee-a
Eburne 表示象牙，如白鸥（*Pagophila eburnea*），俗名为 Ivory Gull

Ecaudatus eh-kaw-DA-tus
E- 表示没有，*caudata* 指尾巴，如短尾侏霸鹟（*Myiornis ecaudatus*），俗名为 Short-tailed Pygmy Tyrant，尾巴仅有末梢区域，这种鸟类是世界上最小的雀形目（鸣禽）

Ectopistes ek-toe-PIS-teez
希腊语，*ectopistes* 表示漂泊者、流浪者，如旅鸽（*Ectopistes migratorius*），俗名为 Passenger Pigeon（已灭绝），其俗名来自法国移民，他们将这些鸟类称为"*Pigeón de passage*"，表示传信的鸽子

Edwardsi ED-wards-eye
以英国博物学家、鸟类学家、"英国鸟类学之父"乔治·爱德华（George Edwards）命名的，如苔背唐纳雀（*Bangsia edwardsi*），俗名为 Moss-backed Tanager

Edwardsii ed-WARDS-ee-eye
以法国著名的博物学家阿方索·米尔恩-爱德华（Alphonse Milne-Edwards）命名的，如棕朱雀（*Carpodacus edwardsii*），俗名为 Dark-rumped Rosefinch

Egertoni EJ-er-ton-eye
以英国古生物学家、英国众议院成员菲利普·埃杰顿爵士（Sir Philip Egerton）命名的，如锈额斑翅鹛（*Actinodura egertoni*），俗名为 Rusty-fronted Barwing

Egregia ee-GREE-gee-a
Egregi 表示可区分的，如非洲秧鸡（*Crex egregia*），俗名为 African Crake，这个物种的名字可能源于其笔直的姿势，crake 指它的叫声

Egretta ee-GRET-ta
古法语，*aigrette* 表示一种鹭类，如蓝灰鹭（*Egretta vinaceigula*），俗名为 Slaty Egret，herons 和 egrets 都是表示鹭类，两者之间无生物学差异

Eichhorni IKE-horn-eye
以一位澳大利亚人阿尔弗雷德·艾克霍恩（Alfred Eichhorn）命名的，如新爱尔兰吮蜜鸟（*Philemon eichhorni*），俗名为 New Ireland Friarbird

Eisentrauti EY-zen-trout-eye
以德国动物学家、采集家马丁·艾森特劳特（Martin Eisentraut）命名的，如黄脚响蜜䴕（*Melignomon eisentrauti*），俗名为 Yellow-footed Honeyguide

Elachus ee-LAK-us
希腊语，*elach* 表示小的，如小灰啄木鸟（*Dendropicos elachus*），俗名为 Little Grey Woodpecker

Elaenia eh-LEEN-ee-a
希腊语，*elaeo* 表示橄榄、橄榄油，如小嘴拟霸鹟（*Elaenia parvirostris*），俗名为 Small-billed Elaenia，这是一种霸鹟

Elanoides el-a-NOY-deez
Elanus 表示鸢，希腊语 *eidos* 表示像、类似，如燕尾鸢（*Elanoides forficatus*），俗名为 Swallow-tailed Kite

Elanus eh-LAN-us
Elanus 表示鸢，白尾鸢（*Elanus leucurus*），俗名为 White-tailed Kite，它的俗名源自用线悬挂的玩具

Elaphrus ee-LAF-rus
希腊语，*elaphros* 表示体重轻，如塞舌尔金丝燕（*Aerodramus elaphrus*），俗名为 Seychelles Swiftlet

Elata, -us ee-LAY-ta/tus
Elat 表示高、高耸的，如黄盔噪犀鸟（*Ceratogymna elata*），俗名为 Yellow-casqued Hornbill

旅鸽
Ectopistes migratorius

Electron ee-LEK-tron
希腊语，*electr-* 表示琥珀色、电力，如阔嘴翠䴗（*Electron platyrhynchum*），俗名为 Broad-billed Motmot，这一名字源自其头部和胸部的颜色，翠䴗（Motmot）源自它的鸣叫声

Elegans EL-le-ganz
Elegantem 表示选择、好的、美味的，如华丽八色鸫（*Pitta elegans*），俗名为 Elegant Pitta

Elegantissima eh-le-gan-TISS-see-ma
表示很雅致，如亮丽歌雀（*Euphonia elegantissima*），俗名为 Elegant Euphonia 或 Blue-headed Euphonia

Eleonorae el-lee-o-NOR-ee
以撒丁岛的民族女英雄阿波利亚的埃莉诺（Eleanor）命名的，如艾氏隼（*Falco eleonorae*），俗名为 Eleonora's Falcon

Ellioti, -ii EL-lee-ot-eye/el-lee-OT-ee-eye
以芝加哥菲尔德博物馆动物学馆馆长丹尼尔·埃利奥特（Daniel Elliot）命名的，如白颈长尾雉（*Syrmaticus ellioti*），俗名为 Elliot's Pheasant

Elseyornis el-see-OR-nis
以英国外科医生、探险家、博物学家约瑟夫·埃尔西（Joseph Elsey）命名的，希腊语 *ornis* 指鸟类，如黑额鸻（*Elseyornis melanops*），俗名为 Black-fronted Dotterel，*dotterel* 来自中世纪英语，表示傻和愚蠢

Emberiza em-be-RYE-za
德语，*emmeritz* 表示鹀，如灰眉岩鹀（*Emberiza cia*），俗名为 Rock Bunting

Emberizoides em-ber-ih-ZOY-deez
瑞士德语 *emmeritz* 表示鹀，希腊语 *oid* 表示像、类似，如小草鹀（*Emberizoides ypiranganus*），俗名为 Lesser Grass Finch

Emblema em-BLEM-a
表示镶嵌、装饰，如彩火尾雀（*Emblema pictum*），俗名为 Painted Finch

火眉红椋鸟
Enodes erythrophris

华丽八色鸫
Pitta elegans

Empidonax em-pi-DON-aks
希腊语，*empis* 表示蚊虫、蚊子，*anax* 表示国王，如黄腹纹霸鹟（*Empidonax flaviventris*），俗名为 Yellow-bellied Flycatcher。霸鹟属（*Empidonax*）大概有 15 种鸟类，其中许多都很难被区分，被观鸟者统称为纹霸鹟

Empidonomus em-pi-DON-o-mus
希腊语，*empis* 表示蚊虫、蚊子，*nomas* 指牧场，如杂色纹霸鹟（*Empidonomus varius*），俗名为 Variegated Flycatcher

Empidornis em-pi-DOR-nis
希腊语 *empis* 指蚊虫、蚊子，*ornis* 指鸟类，如银鹟（*Empidornis semipartitus*），俗名为 Silverbird

Endomychura en-do-my-KOO-ra
希腊语，*endo* 表示内部的，*mycho* 表示内心的，*oura* 指尾巴，如白腹海雀（*Endomychura hypoleucus*，现在为 *Synthliboramphus hypoleucus*），俗名为 Guadalupe Murrelet，意思是非常短的尾巴

Enganensis en-ga-NEN-sis
指印度尼西亚的恩加诺岛（Enggano），如恩加诺角鸮（*Otus enganensis*），俗名为 Enggano Scops Owl

Enigma eh-NIG-ma
表示神秘的，如印度尼西亚塔劳群岛的暗色翡翠（*Todiramphus enigma*），俗名为 Talaud Kingfisher

Enodes ee-NO-deez
表示平滑的，如火眉红椋鸟（*Enodes erythrophris*），俗名为 Fiery-browed Starling，它的羽毛十分平滑

Ensifera en-si-FER-a
Ensi 表示刀剑，*fer* 表示忍受，如剑嘴蜂鸟（*Ensifera ensifera*），俗名为 Sword-billed Hummingbird

Ensipennis en-si-PEN-nis
Ensi 表示刀剑，pennis 指羽毛、翅膀，如白尾刀翅蜂鸟（*Campylopterus ensipennis*），俗名为 White-tailed Sabrewing

Entomodestes en-toe-mo-DES-teez
希腊语，*entomo* 指昆虫，*edest* 表示"吃……"，如黑孤鸫（*Entomodestes coracinus*），俗名为 Black Solitaire

Enucleator ee-noo-clee-AH-tor
E- 表示没有，nucleator 表示核或种子，如松雀（*Pinicola enucleator*），俗名为 Pine Grosbeak，它从松果里取出种子

Eolophus ee-o-LO-fus
希腊语 *eo* 表示黎明、早，拉丁语 *lophus* 表示顶冠，如粉红凤头鹦鹉（*Eolophus roseicapilla*），俗名为 Galah；Galah 为贬义词，澳大利亚俚语，表示愚蠢或傻瓜

Eophona ee-o-FONE-a
希腊语，*eo* 表示黎明、早，*phon* 表示声音、鸣声，如黑头蜡嘴雀（*Eophona personata*），俗名为 Japanese Grosbeak

Eopsaltria ee-op-SAL-tree-a
希腊语，*eo* 表示黎明、早，*psalter* 表示女性竖琴表演者，如黄鸲鹟（*Eopsaltria australis*），俗名为 Eastern Yellow Robin

Eos EE-os
希腊语，*eo* 表示黎明、早，如红蓝鹦鹉（*Eos histrio*），俗名为 Red-and-blue Lory；显然指明亮的红色羽毛和在印度尼西亚东部的分布（*Eos* 表示太阳从东方升起）

Epauletta eh-paw-LET-ta
法语，*épaulette* 表示肩章或肩上装饰物，如金枕黑雀（*Pyrrhoplectes epauletta*），俗名为 Golden-naped Finch

Epichlorus eh-pi-KLOR-us
希腊语，*epi-* 表示上面的，在……的上方，*chloro-* 表示绿色，如绿长尾莺（*Urolais epichlorus*），俗名为 Green Longtail

Epimachus ep-ih-MAK-us
希腊语，*epimakos* 表示准备战斗，如褐镰嘴风鸟（*Epimachus meyeri*），俗名为 Brown Sicklebill

Episcopus eh-PIS-ko-pus
监督员或主教，如白颈鹳（*Ciconia episcopus*），俗名为 Woolly-necked Stork 或 Bishop Stork，其白色的领部有宗教的感觉

Epops EE-pops
希腊语，*epops* 表示戴胜，如戴胜（*Upupa epops*），俗名为 Eurasian Hoopoe，其俗名来自它的鸣声

Epulata eh-poo-LAT-a
Epul 表示盛宴，ata 表示满的，如小灰鹟（*Muscicapa epulata*），俗名为 Little Grey Flycatcher

Eques EH-kweez
骑士、爵士，如红喉摄蜜鸟（*Myzomela eques*），俗名为 Ruby-throated Myzomela

Erckelii er-KEL-ee-eye
以德国分类学家西奥多·埃克尔（Theodor Erckel）命名的，如棕顶鹧鸪（*Pternistis erckelii*），俗名为 Erckel's Francolin

Eremalauda eh-rem-a-LAW-da
希腊语 *eremos* 表示孤独的地方，拉丁语 *alauda* 表示云雀、百灵，如图氏沙百灵（*Eremalauda dunni*），俗名为 Dunn's Lark，这种鸟一般只能在偏远的沙漠地区见到

Eremiornis eh-rem-ee-OR-nis
希腊语，*eremos* 表示孤独的地方，*ornis* 指鸟类，如刺莺（*Eremiornis carteri*，现在的学名为 *Megalurus carteri*），俗名为 Spinifexbird

戴胜
Upupa epops

Eremita eh-ri-MIT-a
隐士，如隐鹮（*Geronticus eremita*），俗名为 Northern Bald Ibis 或 Hermit Ibis

Eremomela eh-rem-o-MEL-a
希腊语，*eremos* 表示孤独的地方，*melo* 表示歌声，如绿背孤莺（*Eremomela pusilla*），俗名为 Senegal Eremomela

Eremophila eh-re-mo-FIL-a
希腊语，*eremos* 表示孤独的地方，*philia* 表示爱情，如角百灵（*Eremophila alpestris*），俗名为 Horned Lark 或 Shore Lark

Ereunetes eh-re-un-EET-eez
希腊语，*ereunetes* 表示探测器，如半蹼滨鹬（*Ereunetes pusilla*，现在是 *Calidris pusilla*），俗名为 Semipalmated Sandpiper，它在河边探寻无脊椎动物，其脚趾仅部分有蹼

Erithacus eh-ri-THAK-us
知更鸟、鸲，如欧亚鸲（*Erithacus rubecula*），俗名为 European Robin

Erlangeri er-LAN-ger-eye
以德国采集家卡罗尔·冯·厄兰格（Carol von Erlanger）命名的，如厄氏百灵（*Calandrella erlangeri*），俗名为 Erlanger's Lark

Erolia eh-ROL-ee-a
源自 *erolie*，这是一个由法国鸟类学家路易斯·维尔略特（Louis Vieillot）所创的单词，但其含义不清楚，如紫滨鹬（*Erolia maritima*，现在是 *Calidris maritima*），俗名为 Purple Sandpiper

Erythrauchen eh-ri-THRAW-ken
希腊语，*erythros* 表示红色，*auchen* 表示颈部、喉部，如红颈雀鹰（*Accipiter erythrauchen*），俗名为 Rufous-necked Sparrowhawk

Erythrinus eh-ri-THRY-nus
希腊语 *erythros* 表示红色，拉丁语 *-inus* 表示"和……有关的"，如普通朱雀（*Carpodacus erythrinus*），俗名为 Common Rosefinch

Erythrocephala, -us eh-rith-ro-se-FAL-a/us
希腊语，*erythros* 表示红色，*cephala* 指头部，如红头摄蜜鸟（*Myzomela erythrocephala*），俗名为 Red-headed Myzomela

Erythrocercum, -us eh-rith-ro-SIR-kum/kus
希腊语，*erythros* 表示红色，*cerco* 指尾巴，如棕腰拾叶雀（*Philydor erythrocercum*），俗名为 Rufous-rumped Foliage-gleaner

Erythrochlamys eh-rith-ro-KLAM-is
希腊语，*erythros* 表示红色，*chlamys* 指斗篷，如沙丘歌百灵（*Calendulauda erythrochlamys*），俗名为 Dune Lark，这种鸟类的一些种群的身体为棕色

Erythrocnemis eh-rith-rok-NEM-is
希腊语，*erythros* 表示红色，*kneme* 指腿，如斑胸钩嘴鹛（*Pomatorhinus erythrocnemis*），俗名为 Black-necklaced Scimitar Babbler，指它大腿的锈红色羽毛

Erythrogaster, -trus eh-rith-ro-GAS-ter/trus
希腊语，*erythros* 表示红色，*gaster* 指腹部，如黑头黑鹀（*Laniarius erythrogaster*），俗名为 Black-headed Gonolek，这种鸟类的胸部和腹部都很明亮

Erythrogenys eh-rith-ro-JEN-is
希腊语，*erythros* 表示红色，*genys* 指下颌，如红头鹦哥（*Psittacara erythrogenys*），俗名为 Red-masked Parakeet

斑胸钩嘴鹛
Pomatorhinus erythrocnemis

欧亚鸲属

有许多鸟类被称为鸲，包括亚洲的林鸲（bush-robins）、非洲的林鸲（forest-robins）、鹊鸲（magpie-robins）以及鸲，比如：旅鸫（*Turdus migratorius*，俗名为 American Robin）、中美棕颈鸫（*Turdus rufitorques*，俗名为 Rufous-collared Robin）和火红鸲鹟（*Petroica phoenicea*，俗名为 Rufous-collared Robin），这些鸟类的胸部大多都呈相似的红色。但这些鸟类和欧亚鸲（*E. rubecula*）不同，事实上它们并不属于欧亚鸲属（*Erithacus*），该属属名的拉丁文是鸲的意思，一般指的是欧洲的鸲。这些鸟类曾经被认为是鸫，而现在则归为旧世界的鹟。很多神话及民间故事试图解释这些鸟类胸部的红色。有一个传说是这样，这是耶稣的血，是鸟儿将一根刺从王冠里拔出时留下的。另外一个故事是说鸟儿在一个寒冷的晚上救了一对父子，用翅膀扇动火焰给他们取暖。

鸲（robin）的名字源自 15 世纪或更早的时候，是 Robin Redbreast 或 Robin Goodfellow 的缩写，但是直到 18 世纪中叶才代表欧洲的鸣禽。现在这个名字还常用于人名、飞机名、船舶名以及虚构人物的名字。在欧亚鸲属共有 3 种鸟类，除了欧亚鸲外，还有两种是日本歌鸲（*E. akahige*）和琉球歌鸲（*E. komadori*）。（译者注：后面两种现在已经不再属于欧亚鸲属，而是歌鸲属鸟类）。

欧亚鸲
Erithacus rubecula

从斯堪的纳维亚半岛北部一直到非洲北部都有欧亚鸲鸟类分布。有很多在颜色上略有不同的种群被认为是亚种。最为不同的是加那利群岛的种群，它们的白色眼圈是欧洲的种群所不具有的。

日本歌鸲分布于中国、日本、韩国、泰国、越南和俄罗斯，这种鸟类头部的橙色颜色比胸部更深，而琉球歌鸲的冠羽、颈部、北部和尾巴都是橙色，仅分布于日本琉球群岛。

所有的欧亚鸲属鸟类都是林地物种，但欧亚鸲常见于英国的花园，常跟在耕作土壤的园丁后面寻找小虫子。这些鸲的体型很小，死亡率较高，尤其是在未成年时。它的平均寿命仅有两年。

琉球歌鸲
Erithacus komadori

琉球歌鸲仅见于日本南部的琉球群岛，这里也被称为西太平洋的加拉帕戈斯群岛。

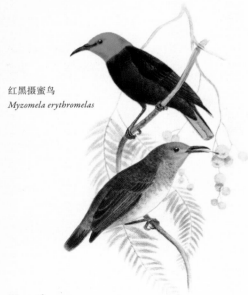

红黑摄蜜鸟
Myzomela erythromelas

Erythrogonys *eh-rith-ro-GON-is*
希腊语，*erythros* 表示红色，*gony* 指膝盖，如红膝麦鸡（*Erythrogonys cinctus*），俗名为 Red-kneed Dotterel

Erythroleuca *eh-rith-ro-LOY-ka*
希腊语，*erythros* 表示红色，*leuca* 表示白色，如红白蚁鹩（*Grallaria erythroleuca*），俗名为 Red-and-white Antpitta

Erythrolophus *eh-rith-ro-LO-fus*
希腊语，*erythros* 表示红色，*lophus* 指顶冠，如红冠蕉鹃（*Tauraco erythrolophus*），俗名为 Red-crested Turaco

Erythromelas *eh-rith-ro-MEL-as*
希腊语，*erythros* 表示红色，*melas* 表示黑色，如红黑摄蜜鸟（*Myzomela erythromelas*），俗名为 Black-bellied Myzomela，这种鸟类的头部是红色的

Erythronotos, -us, -a *eh-rith-ro-NO-tos/tus/ta*
希腊语，*erythros* 表示红色，*noto* 指背部或南部，如黑颊梅花雀（*Estrilda erythronotos*），俗名为 Black-faced Waxbill，这个物种的名字并不恰当，因为其下腹部和腰部是微红色的

Erythrophthalma, -us *eh-rith-ro-THAL-ma/mus*
希腊语，*erythros* 表示红色，*ophthalmos* 指眼睛，如灰嘴潜鸭（*Netta erythrophthalma*），俗名为 Southern Pochard，其雄性的眼睛为红色

Erythropleura *eh-rith-ro-PLUR-a*
希腊语，*erythros* 表示红色，*pleura* 指侧面、肋骨，如红胁嗜蜜鸟（*Ptiloprora erythropleura*），俗名为 Rufous-sided Honeyeater

Erythrops *eh-RI-throps*
希腊语，*erythros* 表示红色，*ops* 指脸部，如红头奎利亚雀（*Quelea erythrops*），俗名为 Red-headed Quelea

Erythroptera *eh-rith-ROP-ter-a*
希腊语，*erythros* 表示红色，*pteron* 指翅膀，如红翅山鹪莺（*Prinia erythroptera*），俗名为 Red-winged Prinia

Erythropus *eh-rith-RO-pus*
希腊语，*erythros* 表示红色，*pus* 指足，如红腿雀鹰（*Accipiter erythropus*），俗名为 Red-thighed Sparrowhawk

Erythropygia, -us *eh-rith-ro-PIH-jee-a/us*
希腊语，*erythros* 表示红色，*puge* 指腰部，如白头椋鸟（*Sturnia erythropygia*），俗名为 White-headed Starling

Erythrorhyncha, -chos *eh-rith-ro-RIN-ka/kos*
希腊语 *erythros* 表示红色，拉丁语 *rhynchus* 指喙，如赤嘴鸭（*Anas erythrorhyncha*），俗名为 Red-billed Teal

Erythrothorax *eh-rith-ro-THOR-aks*
希腊语，*erythros* 表示红色，*thorax* 指胸部，如淡红啄花鸟（*Dicaeum erythrothorax*），俗名为 Flame-breasted Flowerpecker

Erythrura, -us *eh-rith-ROO-ra/rus*
希腊语，*erythros* 表示红色，*oura* 指尾部，如绿脸鹦雀（*Erythrura viridifacies*），俗名为 Green-faced Parrotfinch

Estrilda *es-TRIL-da*
推测可能源自德语的 *Wellenastrild*，表示梅花雀，如黑头梅花雀（*Estrilda atricapilla*），俗名为 Black-headed Waxbill

Euchlorus *you-KLOR-us*
希腊语，*eu* 表示好的、对的，*chlor-o* 表示绿色，如阿拉伯金麻雀（*Passer euchlorus*），俗名为 Arabian Golden Sparrow

Eudocimus *you-DOE-si-mus*
希腊语，*eu* 表示好的、对的，*docimus* 表示极好的，名声好，如美洲白鹮（*Eudocimus albus*），俗名为 American White Ibis，它的外观比较庄严

Eudromia *you-DROM-ee-a*
希腊语，*eu* 表示好的、对的，*dromos* 表示奔跑、赛跑，如凤头䳍（*Eudromia elegans*），俗名为 Elegant Crested Tinamou，这种鸟跑得很快，但几乎不能飞

Eudynamys *you-DY-na-mus*
希腊语，*eu* 表示好的、对的，*dynam* 表示能力、能量，如噪鹃（*Eudynamys scolopaceus*），俗名为 Asian Koel；Koel 是一个拟声词

Eugenes *you-JEN-eez*
希腊语，*eu* 表示好的、对的，*genos* 表示出生，如大蜂鸟（*Eugenes fulgens*），俗名为 Magnificent Hummingbird，这种鸟类尺寸相对较大，颜色绚丽

Eugralla *you-GRAL-la*
希腊语，*eu* 表示好的、对的，拉丁语 *gralla* 表示腿长的，如赭胁窜鸟（*Eugralla paradoxa*），俗名为 Ochre-flanked Tapaculo，这种鸟类的腿很长

Eulabeornis *you-la-be-OR-nis*
希腊语，*eulab* 表示警惕、谨慎，*ornis* 指鸟类，如栗腹秧鸡（*Eulabeornis castaneoventris*），俗名为 Chestnut Rail

Euleri *YOU-ler-eye*
以巴西里约热内卢的瑞士律师卡尔·尤勒（Carl Euler）命名的，如珠胸美洲鹃（*Coccyzus euleri*），俗名为 Pearly-breasted Cuckoo

Eulophotes *you-lo-FOE-teez*
希腊语 *eu* 表示好的、对的，拉丁语 *lophus* 指冠，如黄嘴白鹭（*Egretta eulophotes*），俗名为 Chinese Egret

Eumyias *you-MY-yas*
希腊语，*eu* 表示好的、对的，*muia* 表示飞行，如青仙鹟（*Eumyias indigo*），俗名为 Indigo Flycatcher

Euodice *you-O-di-see*
希腊语，*eu* 表示好的、对的，*odi* 表示歌声，如银嘴文鸟（*Euodice cantans*），俗名为 African Silverbill

Euphagus *you-FAY-gus*
希腊语，*eu* 表示好的、对的，*phagein* 表示吃，如蓝头黑鹂（*Euphagus cyanocephalus*），俗名为 Brewer's Blackbird，这是一种杂食性鸟类

Eupherusa *you-fer-OO-sa*
希腊语，*eu* 表示好的、对的，*pher* 表示姿态，如黑腹蜂鸟（*Eupherusa nigriventris*），俗名为 Black-bellied Hummingbird，这样命名很有可能是指它的姿态或姿势

Euphonia *you-FONE-ee-a*
希腊语，*eu* 表示好的、对的，*phon* 表示声音或鸣声，如铅灰歌雀（*Euphonia plumbea*），俗名为 Plumbeous Euphonia

Euplectes *you-PLEK-teez*
希腊语，*eu* 表示好的、对的，*lectos* 表示扭曲的、编织的，如黄顶巧织雀（*Euplectes afer*），俗名为 Yellow-crowned Bishop；其属名指这些鸟类常用复杂的编织巢材

Eupoda *you-PO-da*
希腊语，*eu* 表示好的、对的，*pous* 指足，如岩鸻（*Eupoda*，现在为 *Charadrius montanus*），俗名为 Mountain Plover

Euptilotis *youp-til-O-tis*
希腊语，*eu* 表示好的、对的，*ptilon* 指羽毛，*otis* 指耳朵，如角咬鹃（*Euptilotis neoxenus*），俗名为 Eared Quetzal

Eurocephalus *you-ro-se-FAL-us*
希腊语 *euro* 表示宽广的，拉丁语 *cephala* 指头部，如白腰林鵙（*Eurocephalus rueppelli*），俗名为 White-rumped Shrike，这是一种头十分大的伯劳

Europaea *you-ro-PEE-a*
表示欧洲（Europe），如普通䴓（*Sitta europaea*），俗名为 Eurasian Nuthatch

Euryceros *you-ri-SIR-os*
希腊语，*euro* 表示宽广的，*cera* 指角，如盔鵙（*Euryceros prevostii*），俗名为 Helmet Vanga

Eurylaimus *you-ri-LIE-mus*
希腊语，*euro* 表示宽广的，*laimos* 指喉部，如带斑阔嘴鸟（*Eurylaimus javanicus*），俗名为 Banded Broadbill

Eurynorhynchus *you-ri-no-RINK-us*
希腊语 *enryno* 表示加宽，拉丁语 *rhynchus* 指喙，如勺嘴鹬（*Eurynorhynchus pygmeus*），俗名为 Spoon-billed Sandpiper

Euryptila *you-rip-TIL-a*
希腊语，*euro* 表示宽广的，*ptila* 指羽毛，如红胸莺（*Euryptila subcinnamomea*），俗名为 Cinnamon-breasted Warbler

Eurypyga *you-ri-PI-ga*
希腊语，*euro* 表示宽广的，*puga* 指腰部，如日鸻（*Eurypyga helias*），俗名为 Sunbittern

黄嘴白鹭
Egretta eulophotes

拉丁学名小贴士

牛顿鹦鹉（Newton's Parakeet）已经灭绝。1872年，人类采集了一只雌鸟，两年后又采集了一只雄鸟，科学家通过这两件标本描述了这一物种，这也是该物种仅存的标本。这种鹦鹉曾经栖息在印度洋上的罗德里格斯岛上（属于毛里求斯共和国），这个小岛位于毛里求斯以东约350公里。这些小岛在生物特性上十分脆弱，其灭绝率比大岛屿高很多。但是所有的岛屿都比大陆在生态上更为不稳定。可能最著名的岛屿灭绝事件是1690年在毛里求斯灭绝的渡渡鸟 *Raphus cucullatus*（Dodo）。而另一种鹦鹉，毛里求斯鹦鹉（*Psittacula eques*，俗名为 Echo Parakeet）在20世纪80年代仅有3对，如今大约有500只个体。毛里求斯成为世界上拯救濒危物种最成功的国家，他们把以下特有物种从灭绝的边缘拯救过来，包括：毛里求斯隼（*Falco punctatus*，Mauritius Kestrel）、粉红鸽（*Nesoenas mayeri*，Pink Pigeon）、罗岛苇莺（*Acrocephalus rodericanus*，Rodrigues Warbler）、罗岛织雀（*Foudia flavicans*，Rodrigues Fody）和毛里求斯鹦鹉。

牛顿鹦鹉
Psittacula exsul

Eurystomus you-ri-STO-mus
希腊语，*euro* 表示宽广的，*stomus* 指口，如三宝鸟（*Eurystomus orientalis*），俗名为 Oriental Dollarbird，它的喙很宽

Everetti EV-ver-et-tye
以在西印度群岛的英国行政长官、采集家阿尔弗雷德·埃弗里特（Alfred Everett）命名的，如松巴皱盔犀鸟（*Rhyticeros everetti*），俗名为 Sumba Hornbill

Eversmanni EH-verz-man-nye
以俄罗斯鳞翅目昆虫学家亚历山大·埃弗斯曼（Alexander Eversmann）命名的，如中亚鸽（*Columba eversmanni*），俗名为 Yellow-eyed Pigeon

Ewingii you-WING-ee-eye
以澳大利亚教师、博物学家、采集家托马斯·尤因（Thomas Ewing）命名的，如塔斯岛刺嘴莺（*Acanthiza ewingii*），俗名为 Tasmanian Thornbill

Excalfactoria eks-kal-fak-TOR-ee-a
Ex 表示在外的，*cal* 表示热、温度，*factoria* 表示繁殖地，据传中国古代的皇帝用这种鸟来暖手，如蓝胸鹑（*Excalfactoria chinensis*），俗名为 King Quail

Excubitor eks-KOO-bi-tor
表示哨兵、观察员，源自 *excubare*，表示在户外，如灰伯劳（*Lanius excubitor*），俗名为 Northern 或者 Great Grey Shrike，它们以站在高处观察地形而著称

Exilis eks-IL-is
表示小的、精致的，如侏长尾山雀（*Psaltria exilis*），俗名为 Pygmy Bushtit

Eximia, -us, -um ex-IM-ee-a/us/um
表示优越的、不寻常的，如黑胸山裸鼻雀（*Buthraupis eximia*），俗名为 Black-chested Mountain Tanager

Explorator eks-PLOR-at-or
探险家、研究员，如莱氏绣眼鸟（*Zosterops explorator*），俗名为 Fiji White-eye

Exsul EKS-ool
Exsula 表示陌生人，流亡者，如已灭绝的牛顿鹦鹉（*Psittacula exsul*），俗名为 Newton's Parakeet，它曾经是西印度洋罗德里格斯岛的特有物种

Externa eks-TURN-a
在外面的、外部的，如白颈圆尾鹱（*Pterodroma externa*），俗名为 Juan Fernandez Petrel，这些鸟类仅在智利海岸的一个小岛上繁殖

Exustus eks-US-tus
Exust 表示烧完、消耗，如栗腹沙鸡（*Pterocles exustus*），俗名为 Chestnut-bellied Sandgrouse，可能是指这种鸟类生活在非常炎热、干燥的环境中

F

Fabalis *fa-BAL-is*
Faba 表示豆子，如豆雁（*Anser fabalis*），俗名为 Taiga Bean Goose，其俗名可能是源自其在豆角地里吃草的习惯

Falcata, -us *fal-KA-ta/tus*
Falcis 表示镰刀，如罗纹鸭（*Anas falcata*），俗名为 Falcated Duck，它的三级飞羽是镰刀形状的

Falcinellus *fal-sin-EL-lus*
Falcis 表示镰刀，如阔嘴鹬（*Limicola falcinellus*），俗名为 Broad-billed Sandpiper，可能是因为其向下弯曲的嘴尖

Falcipennis *fal-si-PEN-nis*
Falcis 表示镰刀，*penna* 指羽毛，如镰翅鸡（*Falcipennis falcipennis*），俗名为 Siberian Grouse，表示它飞行时向后的翅膀

Falcirostris *fal-si-ROSS-tris*
Falcis 表示镰刀，*rostris* 指喙、嘴，如巴西食籽雀（*Sporophila falcirostris*），俗名为 Temminck's Seedeater

Falco *FAL-ko*
表示弯曲的刀片、镰刀，如烟色隼（*Falco concolor*），俗名为 Sooty Falcon，它的喙是带钩的

Falcularius *fal-koo-LAR-ee-us*
Falcis 表示镰刀，*-arius* 表示"和……有关"，如黑嘴镰嘴䴕雀（*Campylorhamphus falcularius*），俗名为 Black-billed Scythebill

Falculea *fal-KOOL-ee-a*
Falcis 表示镰刀，弯嘴鹍（*Falculea palliata*），俗名为 Sickle-billed Vanga

Falkensteini *FAL-ken-stine-eye*
以德国外科医生和采集家约翰·法尔肯施泰因（Johann Falkenstein）命名的，如黄颈绿鹎（*Chlorocichla falkensteini*），俗名为 Falkenstein's Greenbul

Falklandicus *falk-LAND-ih-kus*
指福克兰群岛（Falkland Islands），如双斑鸻（*Charadrius falklandicus*），俗名为 Two-banded Plover

Fallax *FAL-laks*
Fallac 表示欺骗性的，如淡黄蜂鸟（*Leucippus fallax*），俗名为 Buffy Hummingbird，所谓"欺骗性"可能是因为它的颜色很暗淡，看起来不像一只蜂鸟

巴西食籽雀
Sporophila falcirostris

Familiaris, -e *fa-mil-ee-AR-is/-ee*
Familia 表示家庭、住户，如旋木雀（*Certhia familiaris*），俗名为 Eurasian Treecreeper

Famosa *fam-OS-a*
Fama 表示声誉、传统，如辉绿花蜜鸟（*Nectarinia famosa*），俗名为 Malachite Sunbird

Fanny, -i *FAN-nee/neye*
以采集家爱德华·威尔逊（Edward Wilson）的妻子弗朗西丝·威尔逊（Francis Wilson）命名的，"Fanny"（范妮）是她的昵称，如紫领蜂鸟（*Myrtis fanny*），俗名为 Purple-collared Woodstar

Fasciata, -us *fas-ehe-AH-ta/tus*
表示有带状的，如白斑燕（*Atticora fasciata*），俗名为 White-banded Swallow

Fasciatoventris *fas-see-a-toe-VEN-tris*
Fascia 表示带，*ventris* 指腹部，如黑腹苇鹪鹩（*Pheugopedius fasciatoventris*），俗名为 Black-bellied Wren

Fasciicauda *fas-see-eye-KAW-da*
Fascia 表示带，*cauda* 指尾巴，如斑尾娇鹟（*Pipra fasciicauda*），俗名为 Band-tailed Manakin

Fasciinucha *fas-see-eye-NOO-ka*
Fascia 表示带，*nucha* 指脖颈部，如肯尼亚塔山的东非隼（*Falco fasciinucha*），俗名为 Taita Falcon

隼属

隼属（Falcon），来源于拉丁语 falx，意为镰刀、弯曲的刀片，该属鸟类共有 37 种。人们可能是根据其锋利的爪子、弯曲的喙以及翅膀张开时的形状等特征为其命名的。虽然鹰和隼有一些共同特征，但属于不同科，鹰属于鹰科（Accipitridae），而隼属于隼科（Falconidae）。隼和鹰的不同之处在于隼的体型较小，翅膀细长，喙上有齿状的缺痕。隼一般在半空中捕捉猎物，而鹰则更倾向于捕捉地面上的食物。游隼（F. peregrinus，意为流浪者）在俯冲时可以达到每小时 300 公里的速度。隼类分布范围极广，而游隼是其中分布最广的，在南北极之间除高山、沙漠和热带区域以外的其他所有地方几乎都可以看到游隼。拟游隼的外形与游隼相似，被命名为"F. pelegrinoides"，拉丁语"pelegrinus"就是游隼的意思，希腊语后缀 -oides 是类似的意思。

红隼（Kestrels）是隼属的另外一个亚类群。它们的体型比游隼这个类群小，和大多数隼类不同的是它们还具有性二型现象。它们颜色更为鲜艳，相比于半空捕捉猎物，它们更倾向于悬停后俯冲捕食鸟类和兽类。"Kestrel"来源于法语中的单词"crécerelle"，意为"咔哒咔

游隼
Falco prergrinus

哒"的声音，这一命名很显然是源自它们的鸣叫声。从阿拉斯加到南美南端的火地岛都有美洲隼（F. sparverius，拉丁名意为雀鹰），其分布横跨美洲。

在游隼这个类群中还有一类燕隼（hobby），其大小和红隼相似，颜色多为暗灰色。它们比红隼更喜欢在空中飞行，在飞行中捕捉小型鸟类和大型昆虫。燕隼的分布范围也很广。其学名为"F. subbuteo"（拉丁语 sub 意为接近，buteo 意为鵟），"hobby"来源于古法语"bobet"，意为隼，指的是飞上飞下（像木马一样）的动作。

和大部分的猛禽（如鹰和鸮）一样，隼的雌鸟比雄鸟体型更大。它们产的卵为异步孵化，即从第一枚卵产完后便开始孵化，所以同一窝幼鸟在生长发育时的体型大小不一。在食物资源短缺时，最先孵化的幼鸟才能存活，因为它们体型更大，在乞食时更具有优势。

阿穆尔隼
Falco amurensis

阿穆尔隼每年从南非迁徙至亚洲，一次往返路程长达 14 000 英里

FICEDULA

Fasciiventer *fas-see-eye-VEN-ter*
Fascia 表示带, *ventris* 指腹部, 如纹胸山雀 (*Melaniparus fasciiventer*), 俗名为 Stripe-breasted Tit

Fasciogularis *fas-see-o-goo-LAR-is*
Fascia 表示带, *gularis* 指喉部, 如饰颈吸蜜鸟 (*Gavicalis fasciogularis*), 俗名为 Mangrove Honeyeater

Fasciolata, -us *fas-see-o-LAT-a/us*
Fasciat- 表示有带的, 如裸面凤冠雉 (*Crax fasciolata*), 俗名为 Bare-faced Curassow

Fastuosa *fas-to-O-sa*
Fastuosus 表示骄傲的、高傲的, 如七彩唐加拉雀 (*Tangara fastuosa*), 俗名为 Seven-coloured Tanager, 这个命名贴切地描述了这种鸟类的绚丽的羽毛

Feae *FAY-ee*
以意大利博物学家莱奥纳尔多·费伊 (Leonardo Fea) 命名的, 如褐头鸫 (*Turdus feae*), 俗名为 Grey-sided Thrush

Featherstoni *FE-ther-stone-eye*
以新西兰惠灵顿省的厄尔·费瑟斯顿 (Earl Featherston) 命名的, 如皮岛鸬鹚 (*Phalacrocorax featherstoni*), 俗名为 Pitt Shag 或 Featherstone's Shag

Fedoa *fe-DOE-a*
塍鹬 (godwit) 的一个旧名, 如云斑塍鹬 (*Limosa fedoa*), 俗名为 Marbled Godwit

Felix *FEE-liks*
快乐的、祝福的、肥沃的, 如快乐苇鹪鹩 (*Pheugopedius felix*), 俗名为 Happy Wren, 可能是指它的鸣唱声

Femoralis *fe-mor-AH-lis*
Femur 表示大腿, 如黄腹隼 (*Falco femoralis*), 俗名为 Aplomado Falcon, 它的大腿的羽毛是微红色的, 与它身上其他羽毛的颜色不同

Ferina *fe-REEN-a*
野味、野生动物的肉, 如红头潜鸭 (*Aythya ferina*), 俗名为 Common Pochard, 这样命名可能是因为它的肉曾经是一种普遍的食物

Ferminia *fair-MIN-ee-a*
以西班牙军人、博物学家佛明·切尔韦拉 (Fermin Cervera) 命名的, 如扎巴鹪鹩 (*Ferminia cerverai*), 俗名为 Zapata Wren

Fernandensis *fer-nan-DEN-sis*
以智利的胡安·费尔南德斯群岛 (Juan Fernandez Islands) 命名的, 如火冠蜂鸟 (*Sephanoides fernandensis*), 俗名为 Juan Fernandez Firecrown

Ferox *FER-oks*
凶猛的, 如短冠蝇霸鹟 (*Myiarchus ferox*), 俗名为 Short-crested Flycatcher

Ferreorostris *fer-ree-o-ROSS-tris*
Ferro 表示铁的, *rostris* 指喙, 如笠原腊嘴雀 (*Carpodacus ferreorostris*), 俗名为 Bonin Grosbeak

Ferreus *FER-ree-us*
Ferro 表示铁的, 如灰林鵖 (*Saxicola ferreus*), 俗名为 Grey Bush Chat, 指雄鸟的铁色的羽毛

Ferruginea, -us *fer-roo-JIN-ee-a/us*
铁锈色的, 如棕尾褐鹟 (*Muscicapa ferruginea*), 俗名为 Ferruginous Flycatcher

Ferrugineifrons *fer-roo-jin-ee-EYE-fronz*
Ferrugineus 表示铁锈色的, *frons* 指前额, 如棕额鹦哥 (*Bolborhynchus ferrugineifrons*), 俗名为 Rufous-fronted Parakeet

Ferrugineipectus *fer-roo-jin-ee-eye-PEK-tus*
Ferrugineus 表示铁锈色的, *pectus* 指胸部, 如锈胸蚁鸫 (*Grallaricula ferrugineipectus*), 俗名为 Rusty-breasted Antpitta

Ferrugineiventre *fer-roo-jin-ee-eye-VEN-tree*
Ferrugineus 表示铁锈色的, *ventr* 指腹部, 如白眉锥嘴雀 (*Conirostrum ferrugineiventre*), 俗名为 White-browed Conebill

Festiva *fes-TEE-va*
表示节日、愉悦的心情, 如喜庆鹦哥 (*Amazona festiva*), 俗名为 Festive Amazon

Ficedula *fee-se-DOO-la*
小型鸟类, 啄果子的鸟类 (fig-pecker), 如斑姬鹟 (*Ficedula hypoleuca*), European Pied Flycatcher

快乐苇鹪鹩
Pheugopedius felix

缨鹃鵙
Coracina fimbriata

Figulus *fi-GOO-lus*
制陶人、陶器制造者，源自 *fingere*，如白斑灶鸟（*Furnarius figulus*），俗名为 Band-tailed Hornero，它筑的巢呈箱形，Hornero 源自西班牙语 *horno*，是"箱子"的意思

Filicauda *fi-li-KAW-da*
Fili 表示螺纹、线路，*cauda* 指尾巴，如线尾娇鹟（*Pipra filicauda*），俗名为 Wire-tailed Manakin

Fimbriata, -um *fim-bree-AH-ta/ tum*
Fimbri- 表示条纹、纤维，如缨鹃鵙（*Coracina fimbriata*），俗名为 Lesser Cuckooshrike，在它的飞羽上有白色的条纹

Finschi, -ii *FINCH-eye/ee-eye*
以德国人种学家、博物学家弗雷德里克·芬斯克（Friedrich Finsch）命名的，如芬氏鹧鸪（*Scleroptila finschi*），俗名为 Finsch's Francolin

Fischeri *FISH-er-eye*
以德国探险家古斯塔夫·费希尔（Gustav Fischer）命名的，如费沙氏情侣鹦鹉（*Agapornis fischeri*），俗名为 Fischer's Lovebird

Fistulator *fiss-too-LA-tor*
Fistulare 指表演牧笛的人，如笛声噪犀鸟（*Ceratogymna fistulator*，现在为 *Bycanistes fistulator*），俗名为 Piping Hornbill

Flabelliformis *fla-bel-li-FORM-is*
Flabellum 表示小风扇，*form-* 表示形状，如扇尾杜鹃（*Cacomantis flabelliformis*），俗名为 Fan-tailed Cuckoo

Flagrans *FLAY-granz*
着火的、燃烧的、炽热的，如火红太阳鸟（*Aethopyga flagrans*），俗名为 Flaming Sunbird

Flammea, -us, -olus *FLAM-me-a/us/FLAM-me-o-lus*
Flamme- 表示火红的颜色，如白腰朱顶雀（*Acanthis flammea*），俗名为 Common Redpoll

Flammiceps *FLAM-mi-seps*
Flammeus 表示火红的颜色，*ceps* 指头部，如火冠雀（*Cephalopyrus flammiceps*），俗名为 Fire-capped Tit；*flammiceps* 是 *Cephalopyrus* 的变体，也是火红色的头部

Flammigerus *flam-mi-JER-us*
Flammeus 表示火红的颜色，*gero-* 表示拿、姿势，如火腰厚嘴唐纳雀（*Ramphocelus flammigerus*），俗名为 Flame-rumped Tanager

Flammulatus, -a *flam-moo-LA-tus/ta*
表示小火焰，如非洲鹃鵙（*Megabyas flammulatus*），俗名为 African Shrike-flycatcher

Flava *FLA-va*
Flavus 表示黄色的，如西黄鹡鸰（*Motacilla flava*），俗名为 Western Yellow Wagtail

Flavala *fla-VAL-a*
Flavus 表示黄色的，*ala* 指翅膀，如灰短脚鹎（*Hemixos flavala*），俗名为 Ashy Bulbul

Flaveola, -lus *flav-ee-O-la/lus*
Flavus 表示黄色的，如曲嘴森莺（*Coereba flaveola*），俗名为 Bananaquit

白腰朱顶雀
Acanthis flammea

Flavescens *FLAV-es-senz*
Flavescere 表示金色、黄色，如淡黄冠啄木鸟（*Celeus flavescens*），俗名为 Blond-crested Woodpecker。

Flavicans *FLAV-ih-kanz*
Flavere 指金黄色或黄色，如黑胸鹪莺（*Prinia flavicans*），俗名为 Black-chested Prinia，它的下体颜色为黄色。

Flavicapilla *flav-ih-ka-PIL-la*
Flavus 表示黄色，*capilla* 指头发，如黄头绿娇鹟（*Xenopipo flavicapilla*），俗名为 Yellow-headed Manakin。

Flaviceps *FLAV-ih-seps*
Flavus 表示黄色，*ceps* 指头部，如黄头金雀（*Auriparus flaviceps*），俗名为 Verdin，它的脸部和头部都为黄色。

Flavicollis *flav-ih-KOL-lis*
Flavus 表示黄色，*collis* 指脖颈，如黄颈凤鹛（*Yuhina flavicollis*），俗名为 Whiskered Yuhina，这种鸟的颈部呈橙色。

Flavifrons *FLAV-ih-fronz*
Flavus 表示黄色，*frons* 指前额，如黄额啄木鸟（*Melanerpes flavifrons*），俗名为 Yellow-fronted Woodpecker。

Flavigaster, -ogaster *flav-ih-GAS-ter/flav-o-GAS-ter*
Flavus 表示黄色，*gaster* 指胃部、腹部，如黄腹丛莺（*Hyliota flavigaster*），俗名为 Yellow-bellied Hyliota。

Flavigula, -aris *flav-ih-GOO-la/flav-ih-goo-LAR-is*
Flavus 表示黄色，*gula* 指喉部，如黄喉丝雀（*Crithagra flavigula*），俗名为 Yellow-throated Seedeater。

Flavinucha *flav-ih-NOO-ka*
Flavus 表示黄色，*nucha* 指脖颈部，如大黄冠啄木鸟（*Chrysophlegma flavinucha*），俗名为 Greater Yellownape。

Flavipennis *flav-ih-PEN-nis*
Flavus 表示黄色，*pennis* 指羽毛或翅膀，如黄翅叶鹎（*Chloropsis flavipennis*），俗名为 Philippine Leafbird，虽然它们的羽毛大部分都是绿色的，但初级飞羽的边缘是黄色的。

Flavipes *flav-IP-eez*
Flavus 表示黄色的，*pes* 指足，如小黄脚鹬（*Tringa flavipes*），俗名为 Lesser Yellowlegs。

Flaviprymna *fla-vi-PRIM-na*
Flavus 表示黄色的，希腊语 *prumnos* 指臀部，如黄尾文鸟（*Lonchura flaviprymna*），俗名为 Yellow-rumped Mannikin。

拉 丁 学 名 小 贴 士

全世界的啄木鸟超过 200 种，广布于世界各地，但未分布于澳大利亚、新几内亚和马达加斯加岛。它们属于啄木鸟科（Picidae），该科还包括吸汁啄木鸟（sapsuckers）、蚁鴷（wrynecks）、姬啄木鸟（piculets）、金背啄木鸟（flamebacks）和扑翅鴷（fickers）。大黄冠啄木鸟（*Chrysophlegma flavinucha*，俗名为 Greater Yellownape）的分布区域较广，横穿亚洲。在罗马神话中，派克斯（Picus）是一位英俊的国王，女巫瑟茜（Circe）尝试去勾引他，因为他能解释鸟类的预兆，女巫就将他变成了一只啄木鸟。啄木鸟的足呈对趾形，即两个在前两个在后，呈 X 形排列，它们的尾巴十分坚硬，因此啄木鸟的身体可以向后倾斜，在敲击树皮时也不会掉下来。

大黄冠啄木鸟
Chrysophlegma flavinucha

克里斯蒂安·朱林
（1925—2014）

克里斯蒂安·朱林（Christian Jouanin）于1925年出生在法国巴黎，是一位著名且受人尊敬的鸟类学家，他的专长是研究海燕。朱林从15岁起就开始在法国国家自然博物馆工作，师承时任博物馆鸟类学部主任雅克斯·柏辽兹（Jacques Berlioz）。后来他与第16届国际鸟类学大会主席吉恩·道尔斯特（Jean Dorst）一起共事，道尔斯特是柏辽兹后一任的鸟类学部主任。朱林和道尔斯特共同描述了稀有物种淡腹鹧鸪（*Pternistis ochropectus*），并将其模式标本带回博物馆。淡腹鹧鸪的种加词源于希腊语"*ochros*"，意为赭色，拉丁语"*pectus*"，指胸部。现在对这一物种是否能称为物种仍存在争议，因为它与其他鹧鸪亲缘关系非常近，且其不仅分布范围是其他鹧鸪物种的中间型，而且解剖特征也是中间型。

1955年，朱林发表了他的第一个物种描述。通过研究黑圆尾鹱（*Pseudobulweria aterrima*，俗名为 Mascarene Petrel），他发现这个物种实际上应该是两个物种。于是他在这个物种里描述并拆分出了另外一个物种，现在被称为厚嘴燕鹱（*Bulweria fallax*，俗名为 Jouanins's Petrel）。这两个物种都非常稀有，且都极度濒危。通过继续研究黑圆尾鹱，他发现了另外一个新物种——留尼汪圆尾鹱（Barau's Petrel），他发现这种鸟类在印度洋的法属留尼汪岛繁殖。"Barau"这个名字是为了纪念阿曼德·巴勒乌（Armand Barau），他是留尼汪岛上一位农业工程师和鸟类学家。这种鹱是最新发现的海鸟之一，虽然它早已被当地岛上的居民所知，但直到1964年才被命名。朱林还发现了奥氏鹱（Audubon's Shearwaters）在塞舌尔岛和留尼汪岛的两个种群有所不同，于是他把两个种群指定为不同亚种。他用塞舌尔岛这个种群的名字来纪念他的妻子妮科尔（Nicole），将其命名为"*Puffinus bailloni nicolae*"。

朱林在印度洋上进行了多年的研究，直到1963年他参加了由弗朗西斯·洛克斯（Francis Roux）发起的一次对恶灵岛的考察活动后，才开始对大西洋的水鸟进行研究。然后他和葡萄牙鸟类学家艾利克斯·吉诺（Alex Zino）一起

漂泊信天翁
Diomedea exulans

漂泊信天翁的翅展是鸟类中最长的，可以达到3.6米。这种信天翁可以利用靠近海洋表面的风和浪在空中停留几天。

在马德拉群岛周围的水域开始着手于收集猛鹱（*Calonectris borealis*，俗名为 Cory's Shearwater）的标本和数据；马德拉圆尾鹱（*Pterodroma madeira*，俗名为 Zino's Petrel）的命名便是为了纪念他这位同事。

朱林是世界公认的鹱形目专家，该目是大类海鸟，由4个科组成，分别是信天翁科、海燕科、鹈燕科、鹱科。这些鸟类几乎在远洋才能看到，分布于世界各大海洋之间，因为形似鼻道的管道形状，常被称为管状鼻。在《皮特斯世界鸟类名录》（*Peters Check-list of the Birds of the World*）中，他和 J. L. 摩根（J. L. Mougin）共同撰写了鹱形目（Procellariformes）这一章。

他是 MAR 管理局（一个与湿地保护有关的组织）的创始人和局长，还是法国国家自然保护协会的秘书长、世界自然保护联盟的副主席，以及国际鸟类委员会常务执行委员会的成员。

猛鹱
Calonectris borealis

猛鹱的学名是为了纪念查尔斯·科里（Charles Cory），他采集了 19 000 具鸟类标本，最终成为芝加哥菲尔德博物馆鸟类馆的馆长。

暴风海燕
Hydrobates pelagicus

"巴尔（Barre）、巴勒乌（Barau）和朱林（Jouanin）编著的《留尼汪岛鸟类图鉴》应该成为留尼汪岛所有学生的必学课程。"
弗朗索瓦·维约米耶（Francois Vuilleumier），《威尔逊通报》（*Wilson Bulletin*，1999 年 7 月）

Flavirictus *flav-ih-RIK-tus*
Flavus 表示黄色的，*rictus* 指下颌，开口，如黄嘴吸蜜鸟（*Meliphaga flavirictus*），俗名为 Yellow-gaped Honeyeater

Flavirostris, -a *flav-ih-ROSS-tris/tra*
Flavus 表示黄色的，*rostris* 指喙，如黄嘴黑鴷（*Monasa flavirostris*），俗名为 Yellow-billed Nunbird

Flaviventer, -tris *flav-ih-VEN-ter/tris*
Flavus 表示黄色的，*venter* 指底部，如黄腹锥嘴雀（*Dacnis flaviventer*），俗名为 Yellow-bellied Dacnis

Flavivertex *flav-ih-VER-teks*
Flavus 表示黄色的，*vertex* 表示最高点，如黄顶伊拉鹟（*Myiopagis flavivertex*），俗名为 Yellow-crowned Elaenia，其俗名来自希腊语单词 *eleia*，表示橄榄油，指这种鸟类的颜色

Flavovirens, -viridis, -virescens *flav-o-VIR-enz/flav-o-vir-ID-is/flav-o-vir-ES-sens*
Flavus 表示黄色的，*virere* 表示绿色的，如黄绿灌丛唐纳雀（*Chlorospingus flavovirens*），俗名为 Yellow-green Bush Tanager

Flavus *FLA-vus*
表示黄色的，如爪哇绣眼鸟（*Zosterops flavus*），俗名为 Javan White-eye，这是一种黄绿色的鸟类

Floccosus *flok-KO-sus*
Flocc- 表示一缕羊毛，鳞片，如随莺（*Pycnoptilus floccosus*），俗名为 Pilotbird，它的种加词可能是描述它松散的羽毛，俗名来自它和琴鸟一样的习惯，会俯冲下去捕食

黑蜂鸟
Florisuga fusca

Floriceps *FLOR-ih-seps*
Flor- 表示花朵，*ceps* 指头部，如花顶蜂鸟（*Anthocephala floriceps*），俗名为 Blossomcrown

Florida *flo-REE-da*
Floridis 表示开花的，如翠绿唐加拉雀（*Tangara florida*），俗名为 Emerald Tanager

Floris *FLO-ris*
以印度尼西亚的弗洛勒斯岛（Flores）命名的，如绿鸠（*Treron floris*），俗名为 Flores Green Pigeon

Florisuga *flor-ih-SOO-ga*
Flor 表示花朵，*sugere* 是吸吮，如黑蜂鸟（*Florisuga fusca*），俗名为 Black Jacobin，这是一种吸蜜的蜂鸟

Fluviatilis *floo-vee-a-TIL-is*
Fluvialis 表示一条河流，如河蝗莺（*Locustella fluviatilis*），俗名为 River Warbler

Fluvicola *floo-vi-KO-la*
Fluvialis 表示一条河流，*cola* 表示栖居，如斑水霸鹟（*Fluvicola pica*），俗名为 Pied Water Tyrant

Foersteri *FUR-ster-eye*
以德国植物学家、采集家 F. 弗尔斯特瑞（F. Foersteri），如休恩寻蜜鸟（*Melidectes foersteri*），俗名为 Huon Melidectes，Huon 表示新几内亚半岛

Forbesi *FORBS-eye*
以苏格兰探险家、采集家亨利·福布斯（Henry Forbes）命名的，如黑翅栗秧鸡（*Rallicula forbesi*），俗名为 Forbes's Forest Rail；以英国解剖学家、采集家和动物学家威廉·福布斯（William Forbes）命名的，如福氏鸻（*Charadrius forbesi*），俗名为 Forbes's Plover

Forficatus, -a *for-fi-KA-tus/ta*
Forficata 表示分叉的，如冠卷尾（*Dicrurus forficatus*），俗名为 Crested Drongo，它的尾巴是分叉的

Formicarius *form-ih-KAR-ee-us*
表示蚂蚁，如墨西哥蚁鸫（*Formicarius moniliger*），俗名为 Mayan Antthrush

Formicivora, -ous *form-ih-SI-vor-a/us*
Formica 表示蚂蚁，*vora* 表示吃，如白羽缘蚁鹩（*Formicivora grisea*），俗名为 Southern White-fringed Antwren

Formosa, -sus *for-MO-sa/sus*
Formosus 表示漂亮的，如丽䴓（*Sitta formosa*），俗名为 Beautiful Nuthatch

丽䴓
Sitta formosa

Formosae for-MO-see
地名，福尔摩沙（Formosa），如红顶绿鸠（*Treron formosae*），俗名为 Whistling Green Pigeon

Forsteni FOR-sten-eye
以荷兰植物学家、采集家缇欧·福斯滕（Eltio Forsten）命名的，如斑尾皇鸠（*Ducula forsteni*），俗名为 White-bellied Imperial Pigeon

Forsteri FOR-ster-eye
以德国牧师、博物学家约翰·福斯特（Johann Forster）命名的，如弗氏燕鸥（*Sterna forsteri*），俗名为 Forster's Tern

Fortis FOR-tis
强壮的、有力的，如在加拉帕戈斯群岛的中地雀（*Geospiza fortis*），俗名为 Medium Ground Finch

Foudia FOO-dee-a
织雀在马斯克林岛上的名字，如红织雀（*Foudia madagascariensis*），俗名为 Red Fody

Francesiae fran-SES-ee-ee
以哈丽雅特·弗朗斯·科尔（Henrietta Frances Cole）命名的，如马岛鹰（*Accipiter francesiae*），俗名为 Frances's Sparrowhawk

Francolinus frank-o-LEEN-us
意大利语，*francolino* 的拉丁化词，表示小母鸡，如黑鹧鸪（*Francolinus francolinus*），俗名为 Black Francolin

Frantzii FRANTZ-ee-eye
以德国博物学家、采集家亚历山大·冯·弗兰齐乌斯（Alexander von Franzius）命名的，如红顶夜鸫（*Catharus frantzii*），俗名为 Ruddy-capped Nightingale-Thrush

Fraseri, -a FRAZ-er-eye/a
以英国动物学家、采集家路易斯·弗拉泽（Louis Fraser）命名的，如红领太阳鸟（*Deleornis fraseri*），俗名为 Fraser's Sunbird

北极海鹦
Fratercula arctica

拉丁学名小贴士

北极海鹦（*Fratercula arctica*，俗名为 Atlantic Puffin）的喙颜色鲜艳，因此它被称作"海鹦鹉"。海鹦（puffin）最初的意思为"幼畜"，事实上指的是大西洋鹱（*Puffinus puffinus*，俗名为 Manx Shearwater）的幼鸟。属名"*Fratercula*"的意思是弟弟或小修士，指的是当飞行时把脚叠在一起，像祈祷的动作。海鹦主要取食小鱼，它们强壮的喙、带刺的上颚和舌头可以让它们平均每次捉 10 条鱼。

Frater FRA-ter
表示兄弟、堂兄弟，如黑翅王鹟（*Monarcha frater*），俗名为 Black-winged Monarch，这样命名显然是因为它集群的习性

Fratercula fra-ter-KOO-la
Frater 表示兄弟，*-cula* 表示小的，如北极海鹦（*Fratercula arctica*），俗名为 Atlantic Puffin

Fregata fre-GA-ta
源自中世纪法语 *frigate*，表示小的快艇，如华丽军舰鸟（*Fregata magnificens*），俗名为 Magnificent Frigatebird，它的翅膀很大，形状像船

Fregetta fre-GET-ta
英语，*frigate* 的拉丁化形式，表示小船，如白腹舰海燕（*Fregetta grallaria*），俗名为 White-bellied Storm Petrel

Frenatus, -a *fre-NA-tus/ta*
源自 *frenare*，表示保持、控制、抑制，如暗喉吸蜜鸟（*Bolemoreus frenatus*），俗名为 Bridled Honeyeater，指它的脸部花纹，像带了一个套笼头

Fringilla, -aris, -arius, -inus
frin-JIL-la/frin-jil-LAR-is/ee-us/frin-jil-EYE-nus
雀，如苍头燕雀（*Fringilla coelebs*），俗名为 Common Chaffinch，其俗名来自于古英语 *ceaffinc*，其字面意思为碎屑雀，因为它们有吃食物碎屑的习性

Fringilloides *frin-jil-LOY-deez*
Fringilla 表示雀，希腊语 *oides* 表示类似，如白枕籽雀（*Dolospingus fringilloides*），俗名为 White-naped Seedeater

Frontales *fron-TAL-eez*
Frons 指前额、眉毛，如蓝额长脚地鸫（*Cinclidium frontale*），俗名为 Blue-fronted Robin

Frontalis *fron-TAL-is*
Frons 指前额、眉毛，如弯嘴鸻（*Anarhynchus frontalis*），俗名为 Wrybill

Frontata, -us *fron-TAT-a/us*
Frons 指前额、眉毛，如米奥斑拟鴷（*Tricholaema frontata*），俗名为 Miombo Pied Barbet，指非洲东部的旱地林区

Frugivorus *froo-ji-VOR-us*
Frugi 表示水果，*vora* 表示吃，如东鹛唐纳雀（*Calyptophilus frugivorus*），俗名为 Eastern Chat-Tanager

Fucata *foo-KA-ta*
Fucare 表示颜料、油漆、染料，如栗耳鹀（*Emberiza fucata*），俗名为 Chestnut-eared Bunting

Fuciphagus *foo-si-FAY-gus*
Fuci 表示海藻，*phagus* 表示吃，如爪哇金丝燕（*Aerodramus fuciphagus*），俗名为 Edible-nest Swiftlet，这种鸟以唾液将羽毛、泥土等混合胶结成巢

Fuelleborni *FUL-le-born-eye*
以德国内科医生弗里[德里克·富勒博恩（Friederich Fulleborn）]命名的，如福氏黑鹀（*Laniarius fuelleborni*），俗名为 Fulleborn's Boubou，俗名源自它的鸣声

Fuertesi *foo-EHR-tess-eye*
以鸟类学家、鸟类艺术家路易斯·艾嘉西·富尔提斯（Louis Agassiz Fuertes）命名的，如红肩鹦哥（*Hapalopsittaca fuertesi*），俗名为 Fuertes's Parrot

Fulgens *FUL-jenz*
辉煌的，如大蜂鸟（*Eugenes fulgens*），俗名为 Magnificent Hummingbird

栗耳鹀
Emberiza fucata

Fulgidus *ful-JEE-dus*
闪烁的、闪亮的、闪闪发光的，源自 *fulgere*，表示闪光或发光，如白腰翡翠（*Caridonax fulgidus*），俗名为 Glittering Kingfisher

Fulica *ful-ee-ka*
表示水鸟，如美洲骨顶（*Fulica americana*），俗名为 American Coot

Fulicarius *ful-ih-KAR-ee-us*
表示像骨顶鸡的，如灰瓣蹼鹬（*Phalaropus fulicarius*），俗名为 Red Phalarope 或 Grey Phalarope，它游在水的表面

Fuliginosa, -sus *ful-ih-ji-NO-sa/sus*
Fuligo 表示烟灰，*os-a* 表示充满了，如黑噪钟鹊（*Strepera fuliginosa*），俗名为 Black Currawong，是一个澳大利亚当地的名字，可能源于它的鸣声

Fuligiventer *ful-ih-ji-VEN-ter*
Fuligo 表示烟灰，*venter* 指腹部，如烟柳莺（*Phylloscopus fuliginventer*），俗名为 Smoky Warbler

Fuligula *ful-ih-GOO-la*
Fuligo 表示烟灰，*gula* 指喉部，如凤头潜鸭（*Aythya fuligula*），俗名为 Tufted Duck，指这种潜鸭的体色

Fulmarus *ful-MAR-us*
古诺斯语，*full* 表示肮脏的，*mar* 表示海鸥，如暴雪鹱（*Fulmarus glacialis*），俗名为 Northern Fulmar；这个属名源于当这种鸟受到干扰时会反一种难闻的液体；它的外表和海鸥很相似

黄头薮雀
Atlapetes fulviceps

Fulva *FUL-va*
Fulvus 表示近棕色的，如金斑鸻（*Pluvialis fulva*），俗名为 Pacific Golden Plover

Fulvescens *ful-VES-senz*
Fulvus 表示近棕色的，如褐岩鹨（*Prunella fulvescens*），俗名为 Brown Accentor

Fulvicapilla *ful-vi-ka-PIL-la*
Fulvus 表示近棕色的，*capilla* 指头发，如笛声扇尾莺（*Cisticola fulvicapilla*），俗名为 Piping Cisticola，其头顶是棕色的

Fulvicauda *ful-vi-KAW-da*
Fulvus 表示近棕色的，*cauda* 指尾巴，如黄腰王森莺（*Basileuterus fulvicauda*），俗名为 Buff-rumped Warbler

Fulviceps *FUL-vi-seps*
Fulvus 表示近棕色的，*ceps* 指头部，如黄头薮雀（*Atlapetes fulviceps*），俗名为 Fulvous-headed Brush Finch

Fulvicollis *ful-vi-KOL-lis*
Fulvus 表示近棕色的，*collis* 指脖颈部，如棕头绿鸠（*Treron fulvicollis*），俗名为 Cinnamon-headed Green Pigeon

Fulvifrons *FUL-vi-fronz*
Fulvus 表示近棕色的，*frons* 指前额，如黄胸纹霸鹟（*Empidonax fulvifrons*），俗名为 Buff-breasted Flycatcher

Fulvigula *ful-vi-GOO-la*
Fulvus 表示近棕色的，*gula* 指喉部，如北美斑鸭（*Anas fulvigula*），俗名为 Mottled Duck

Fumigatus *foo-mi-GAT-us*
表示吸烟，如烟色绿霸鹟（*Contopus fumigatus*），俗名为 Smoke-coloured Pewee

Funebris *foo-NE-bris*
葬礼的、死亡的、致命的，如淡黑翡翠（*Todiramphus funebris*），俗名为 Sombre 或者 Funereal Kingfisher，其学名与它的黑色羽毛有关

Funerea,-us *foo-NER-ee-a/us*
表示致命的、葬礼的，如黑监督吸蜜鸟（*Drepanis funerea*），俗名为 Black Mamo，这种鸟类已灭绝

Furcata,-tus *fur-KA-ta/tus*
表示分叉的，如侏棕雨燕（*Tachornis furcata*），俗名为 Pygmy Palm Swift，它的尾巴是分叉的

Fusca *FUSS-ka*
Fuscus 表示黑色、暗淡的，如西噪刺莺（*Gerygone fusca*），俗名为 Western Gerygone，读作 *jer-IH-gon-ee*

Fuscata,-us *fuss-KA-ta/tus*
Fuscus 表示黑色的，如帝汶禾雀（*Lonchura fuscata*），俗名为 Timor Sparrow

Fuscescens *fuss-SES-senz*
Fuscus 表示黑色的，如棕夜鸫（*Catharus fuscescens*），俗名为 Veery，实际上这种鸟类的颜色更多的是棕红色

Fuscicauda *foo-shi-CAW-da*
Fuscus 表示黑色的，*cauda* 指尾巴，如红喉蚁唐纳雀 *Habia fuscicauda*，俗名为 Red-throated Ant Tanager

Fuscicollis *foo-shi-KOL-lis*
Fuscus 表示黑色的、暗淡的，*collis* 指脖颈部，如瑞氏灰头鹦鹉（*Poicephalus fuscicollis*），俗名为 Brown-necked Parrot

Fuscirostris *foo-shi-ROSS-tris*
Fuscus 表示黑色的、暗淡的，*rostris* 指喙，如黑嘴塚雉（*Talegalla fuscirostris*），俗名为 Black-billed Brushturkey

Fuscus *FUS-kus*
黑色的、暗淡的，如灰喉卡西霸鹟（*Casiornis fuscus*），俗名为 Ash-throated Casiornis

棕夜鸫
Catharus fuscescens

G

Gabela *ga-BEL-a*
指安哥拉的加贝拉（Gabela），如安哥拉盔䴗（*Prionops gabela*），俗名为 Gabela Helmetshrike

Gabonensis *ga-bo-NEN-sis*
指加蓬共和国（Gabon），如加蓬啄木鸟（*Dendropicos gabonensis*），俗名为 Gabon Woodpecker

Gaimardi *gy-MAR-dye*
以法国外科医生、探险家、博物学家约瑟夫·盖马尔（Joseph Gaimard）命名的，如红腿鸬鹚（*Phalacrocorax gaimardi*），俗名为 Red-legged Cormorant

Galactotes *ga-lak-TOT-eez*
希腊语，*galaktos* 表示牛奶，*otes* 表类似的，如棕薮鸲（*Erythropygia galactotes*），俗名为 Rufous-tailed Scrub Robin

Galapagoensis *ga-la-pa-go-EN-sis*
指加拉帕戈斯群岛，如加岛鵟（*Buteo galapagoensis*），俗名为 Galapagos Hawk

Galatea *ga-la-TEE-a*
源自希腊神话中的海妖嘉拉迪雅（Galatea），如普通仙翡翠（*Tanysiptera galatea*），俗名为 Common Paradise Kingfisher

Galbula *gal-BOO-la*
Galbulus 表示黄鹂，如绿尾鹟䴕（*Galbula galbula*），俗名为 Green-tailed Jacamar，jacamar 来自南美洲的图皮语

Galeata, -us *gal-ee-AT-a/us*
表示戴头盔的，如盔阔嘴鹟（*Myiagra galeata*），俗名为 Slaty Monarch Flycatcher 或 Moluccan Flycatcher，"头盔"可能指大多数鹟类微小的冠羽

Galericulata *ga-ler-ih-koo-LA-ta*
Galer 表示帽子、顶部，*cul* 表示小的，如鸳鸯（*Aix galericulata*），俗名为 Mandarin Duck，这种鸟类有一个向后的小冠羽

Galerita *gal-er-EE-ta*
Galer 表示帽子、顶部，*-ita* 表示小的，如葵花鹦鹉（*Cacatua galerita*），俗名为 Sulphur-crested Cockatoo

Galgulus *gal-GOO-lus*
拟鹂，如蓝顶短尾鹦鹉（*Loriculus galgulus*），俗名为 Blue-crowned Hanging Parrot，拟鹂编织悬挂的巢，同时可以倒挂在巢附近，这种鹦鹉的命名源于它寻找食物时倒挂在树上

加岛鵟
Buteo galapagoensis

Galinieri *gal-in-ee-AIR-eye*
以法属阿比西尼亚（现在的埃塞俄比亚）探险家约瑟夫·加利尼耶（Joseph Galinier）命名的，如猫鹛（*Parophasma galinieri*），俗名为 Abyssinian Catbird

Gallicolumba *gal-li-ko-LUM-ba*
Gallus 表示公鸡，*columba* 表示鸽子，如红喉鸡鸠（*Gallicolumba rufigula*），俗名为 Cinnamon Ground Dove

Gallinago *gal-li-NA-go*
Gallina 表示雌鸟，*gallus* 表示公鸡、鸡肉，如扇尾沙锥（*Gallinago gallinago*），俗名为 Common Snipe，这一名字的意思是这种鸟类长得像母鸡

Gallinula *gal-li-NOO-la*
小母鸡，可缩写为 *gallina*，如黑水鸡（*Gallinula chloropus*），俗名为 Common Moorhen

Gallirallus *gal-li-RAL-lus*
Galli 表示鸡，*rallus* 表示秧鸡或稀薄的，如横斑秧鸡（*Gallirallus torquatus*），俗名为 Barred Rail，英语中有一句俗语叫 "thin as a rail" 意思是单薄得像一只秧鸡，这里的 "rail" 指鸟类扁平的身体，而不是铁道

Gallopavo gal-lo-PA-vo
Galli 表示鸡、鸡肉，pavus 表示孔雀，如火鸡（*Meleagris gallopavo*），俗名为 Wild Turkey

Galloperdix gal-lo-PER-diks
Galli 表示鸡，perdix 表示山鹑，如赤鸡鹑（*Galloperdix spadicea*），俗名为 Red Spurfowl

Gallus GAL-lus
Galli 表示鸡，如红原鸡（*Gallus gallus*），俗名为 Red Junglefowl；*Gallus gallus domesticus* 就是大家所熟知的家鸡

Gambeli, -ii GAM-bel-eye/gam-BEL-ee-eye
以美国博物学家和采集家威廉·甘贝尔（William Gambel）命名的，如北美白眉山雀（*Poecile gambeli*），俗名为 Mountain Chickadee；再如黑腹翎鹑（*Callipepla gambelii*），俗名为 Gambel's Quail

Gambensis gam-BEN-sis
指冈比亚（Gambia），如距翅雁（*Plectropterus gambensis*），俗名为 Spur-winged Goose

Gampsonyx gamp-SON-iks
希腊语，gampso 表示弯曲的，onux 指脚爪、爪子，如娇鸢（*Gampsonyx swainsonii*），俗名为 Pearl Kite

距翅雁
Plectropterus gambensis

Gampsorhynchus gamp-so-RINK-us
希腊语 gampso 表示弯曲的，拉丁语 rhynchus 指喙，如领鹛鹛（*Gampsorhynchus torquatus*），俗名为 Collared Babbler，它的上喙稍稍有些带钩

Garleppi GAR-lep-pye
以德国采集家古斯塔夫·加勒普（Gustav Garlepp）命名的，如科恰歌鹀（*Compospiza garleppi*），俗名为 Cochabomba Mountain Finch

Garrula, -us gar-ROO-la/lus
表示咔哒声，如栗翅小冠雉（*Ortalis garrula*），俗名为 Chestnut-winged Chachalaca

Garrulax gar-ROO-laks
希腊语，来源于拉丁语 garrulus，表示饶舌的、健谈的、咔哒声，如画眉（*Garrulax canorus*），俗名为 Chinese Hwamei 或 Chinese Melodious Laughing Thrush

Garzetta gar-ZET-ta
在印第安语中是白鹭的意思，如白鹭（*Egretta garzetta*），俗名为 Little Egret

Gaudichaud GAW-di-show-d
以法国药剂师、探险家查尔斯·戈迪绍-博普雷（Charles Gaudichaud-Beupre）命名的，如棕腹笑翠鸟（*Dacelo gaudichaud*），俗名为 Rufous-bellied Kookaburra

Gavia GAV-ee-a
海鸟、潜鸟，如红喉潜鸟（*Gavia stellata*），俗名为 Red-throated Loon 或 Red-throated Diver

Gayi GAY-eye
以法国动物学家、采集家克劳德·盖伊（Claude Gay）命名的，如棕腹籽鹬（*Attagis gayi*），俗名为 Rufous-bellied Seedsnipe

Geelvinkiana, -um gel-vink-ee-AN-a/um
指荷兰的船或家庭，如吉温侏鹦鹉（*Micropsitta geelvinkiana*），俗名为 Geelvink Pygmy Parrot

Gelochelidon je-lo-KEL-ih-don
希腊语，gelo 表示笑，chelidon 表示吞下、燕子，如鸥嘴噪鸥（*Gelochelidon nilotica*），俗名为 Gull-billed Tern，这种鸟类主要吃飞行中的昆虫（像燕子一样），且其鸣叫声听起来像笑声

Genei JEN-nay-eye
以意大利博物学家朱塞佩·吉恩（Guiseppe Gene）命名的，如细嘴鸥（*Chroicocephalus genei*），俗名为 Slender-billed Gull

Genibarbis jen-ih-BAR-bis
Gena 表示脸颊或下巴，barbus 指触须或须，如棕喉孤鸫（*Myadestes genibarbis*），俗名为 Rufous-throated Solitaire

潜鸟属

很多人对潜鸟属（Gavia）中的潜鸟（loons或divers）十分熟悉，比如普通潜鸟（G. immer）。Gavia是海鸟的拉丁文名字，最初是用于描述在海洋里生活的鸭子。"loon"这个词看似和月亮（lunar）相关，实际上是来源于挪威语 loom 或 lum，意为笨拙的。潜鸟在陆地上是笨拙的，因为它们带蹼的足位于其身体后方。虽然这样在水里游很方便，但在陆地行走很麻烦。这个名字也可能来源于丹麦文 loen，是"疯狂的人"的意思，比如有"像潜鸟一样疯狂"的说法。这种鸟类发出的声音非常奇怪，听起来像疯狂大笑，因此有时这个名字也用来表示精神失常的人。

潜鸟属于潜鸟目（Gaviiformes）潜鸟科（Gaviidae），仅分布于北美和欧亚大陆。在欧洲，它们通常被称为潜鸟（diver），因为它们需要潜入水中取食，有时它们用带尖角的喙去刺穿食物。它们的食物主要是鱼类，但是也会捕食青蛙和虾。潜鸟捕食十分依赖于视觉，因此只有在水质清澈的湖泊中才能见到它们。在捕捉猎物时它们能够潜到水下60米，这不仅得益于它们向后的扁平足和带蹼的脚掌，而且也和它们长有实心的骨头有关，而其他大部分鸟类的骨头都是空心的。此外，它们还可以压平羽毛排出气泡，甚至可以调整浮力，仅让头部露出水面。在消化食物时，它们会摄取小石头（即胃石）来帮助磨碎胃中的食物。潜鸟是比较笨重的鸟类，体重可以达到6千克，在水面起飞时需要长距离的助跑。因

普通潜鸟
Gavia immer

此在躲避天敌时，它们会选择潜水而不是飞行。

潜鸟共有4（或5，视情况而定）种，所有的种类都在北美和欧亚大陆的淡水湖中筑巢。在进行繁殖之后，它们会迁徙到大西洋或太平洋的近海区域越冬。冬末或早春，大多数潜鸟都会在很短的时间之内脱掉身上所有的羽毛，在新的飞羽长好之前的几个星期内它们都不能飞行（这被称为蚀羽，译者注）。

上面这幅图中的鸟类为普通潜鸟（学名为 *Gavia immer*，俗名为 Great Northern Loon 或 Great Northern Diver），是北美数量最多且分布最广的潜鸟。下面这幅图中，左中是红喉潜鸟（学名为 *Gavia stellata*，俗名为 Red-throated Loon），右中是黄嘴潜鸟（学名为 *Gavia adamsii*，俗名为 Yellw-billed Loon），底部为太平洋潜鸟（学名为 *Gavia pacifica*，俗名为 Pacific Loon）。

地啄木鸟
Geocolaptes olivaceus

Gentilis *jen-TIL-is*
表示同一个科或者宗族，如苍鹰（*Accipiter gentilis*），俗名为 Northern Goshawk，其俗名来自于古英语 *gōsheafoc*，表示鹅—鹰

Geobates *jee-o-BAT-eez*
希腊语，*geo* 表示地面，*bates* 表示行走或出没的，如岸掘穴雀（*Geobates peruviana*，现在的学名为 *Geositta peruviana*），俗名为 Coastal Miner

Geococcyx *jee-o-KOKS-siks*
希腊语 *geo* 表示地面，*coccyx* 为拉丁语，源自希腊语 *kokkyx*，表示杜鹃，据说人类的尾椎骨很像杜鹃的喙，如走鹃（*Geococcyx californianus*），俗名为 Greater Roadrunner

Geocolaptes *jee-o-ko-LAP-teez*
希腊语，*geo* 表示地面，*colapt-* 表示凿、啄，如地啄木鸟（*Geocolaptes olivaceus*），俗名为 Ground Woodpecker

Geoffroyi *JEF-froy-eye*
以法国博物学家杰弗莱·森特-希莱尔（Geoffroy Saint-Hilaire）命名的，如红脸鹦鹉（*Geoffroyus geoffroyi*），俗名为 Red-cheeked Parrot

Gelochelidon *jel-o-KEL-ih-den*
希腊语，*gelao* 表示欢乐地笑，*chelidon* 表示吞下或燕子，如鸥嘴噪鸥（*Gelochelidon nilotica*），俗名为 Gull-billed Tern，这种鸟类的鸣声和笑声有类似之处，其翅膀与燕子的相似

Geopelia *jee-o-PEL-ee-a*
希腊语，*geo* 表示地面，*pelia* 表示斑鸠，如斑姬地鸠（*Geopelia striata*），俗名为 Zebra Dove

Geophaps *JEE-o-faps*
希腊语，*geo* 表示地面，*phaps* 表示斑鸠或者鸽子，如冠翎岩鸠（*Geophaps plumifera*），俗名为 Spinifex Pigeon

Geopsittacus *jee-op-SIT-ta-kus*
希腊语，*geo* 表示地面，*psittakos* 表示鹦鹉的样子，如夜鹦鹉（*Geopsittacus occidentalis*，现在的学名为 *Pezoporus occidentalis*），俗名为 Night Parrot，这是一种夜行性和强领域性鸟类，是非常稀有的欧洲特有种

Georgiana, -us *jor-jee-AN-a/us*
以美国的乔治亚州（Georgia）命名的，如沼泽带鹀（*Melospiza georgiana*），俗名为 Swamp Sparrow

Georgica, -us *JOR-ji-ka/us*
以南乔治亚州（South Georgia）命名的，如黄嘴针尾鸭（*Anas georgica*），俗名为 Yellow-billed Pintail

Geositta *jee-o-SIT-ta*
希腊语 *geo* 表示地面，旧英语 *sittan* 表示坐下、让坐，如岸掘穴雀（*Geositta peruviana*），俗名为 Coastal Miner，这种鸟类常栖息在无植被、贫瘠的砾石地面

Geospiza *jee-o-SPY-za*
希腊语，*geo* 表示地面，*spiz-a* 指雀，如大仙人掌地雀（*Geospiza conirostris*），俗名为 Large Cactus Finch，这是一种达尔文雀

拉 丁 学 名 小 贴 士

地雀属（*Geospiza*）和其他四个属的鸟类（一共14种）组成了加拉帕戈斯群岛上的鸟类种群，它们被称为达尔文雀（Darwin's Finches）。很多年里，达尔文雀——那些从南美洲历经1 000公里远洋建立种群的祖先——被认为是鹀科（Emberizidae）的鸟类，这个科包括旧世界的鹀和新世界的麻雀。现在，我们知道达尔文雀属于唐纳雀科（Thraupidae）的鸟类。达尔文观察和采集了除拟鴷树雀（*Camarhynchus pallidus*，俗名为 Woodpecker Finch）以外的其他所有鸟类，他认为它们是不同的物种。但英国著名鸟类学家约翰·古尔德认为它们事实上是同一种鸟类，只是为适应不同的生存环境而发生了变化。

Geothlypis jee-o-thi-LIP-is
希腊语，geo 表示地面，thlypis 指小型鸟类，如纳氏黄喉地莺（Geothlypis nelsoni），俗名为 Hooded Yellowthroat，相比于其他新世界柳莺来说，Geothlypis 属所栖息的植被比较矮

Geotrygon jee-o-TRY-gon
希腊语，gaia 表示地球，trygon 的意思是甜言蜜语的人，如绿顶鹌鸠（Geotrygon chrysia），俗名为 Key West Quail-Dove

Geranoaetus jer-an-o-EE-tus
希腊语，geranos 表示鹤，aetus 表示鹰，如白尾鵟（Geranoaetus albicaudatus），俗名为 White-tailed Hawk

Geranospiza jer-an-o-SPY-za
希腊语，geranos 表示鹤，spiza 表示雀，如鹤鹰（Geranospiza caerulescens），俗名为 Crane Hawk，这种鸟类不是严格意义上的雀，但其灰色的翅膀和声音和鹤有类似之处

Gerygone ger-IH-gon-ee
希腊语，goryo 表示声音、演讲，gone 表示后代、出生，如灰头噪刺莺（Gerygone chloronota），俗名为 Green-backed Gerygone

Gigantea, -us jye-GAN-tee-a/us
巨大的，如大骨顶（Fulica gigantea），俗名为 Giant Coot

Gigas JYE-gas
巨大的，如巨蜂鸟（Patagona gigas），俗名为 Giant Hummingbird

Gilvus JIL-vus
浅黄色，如歌莺雀（Vireo gilvus），俗名为 Warbling Vireo

Githagineus gith-a-JIN-ee-us
Githagineus 可能是一种常见的欧洲花卉植物麦仙翁（Agrostemma githago），如沙雀（Bucanetes githagineus），俗名为 Trumpeter Finch，这种鸟类取食植物的种子

Glacialis gla-see-AL-is
表示冰冷的，如暴雪鹱（Fulmarus glacialis），俗名为 Northern Fulmar，这是太平洋和大西洋北部亚北极区域的一种常见鸟类

Glandarius glan-DAR-ee-us
Glandis 表示橡果，arius 表示数量，如松鸦（Garrulus glandarius），俗名为 Eurasian Jay，这是一种取食橡果的鸟类

Glareola glar-ee-O-la
Glarea 表示砾石，如领燕鸻（Glareola pratincola），俗名为 Collared Pratincole，该鸟在土壤或砾石的洼地筑巢，其俗名源自 prat- 和 col-，分别表示草甸和居住

Glaucescens GLAW-ses-senz
灰色，如灰翅鸥（Larus glaucescens），俗名为 Glaucous-winged Gull

Glaucidium, -us glaw-SID-ee-um/us
灰色的、灰中带蓝的，dium 表示开阔的天空，如花头鸺鹠（Glaucidium passerinum），俗名为 Eurasian Pygmy Owl

Glaucoides glaw-KOY-deez
Glaucus 表示灰色的、带蓝色的，oides 表示类似的，如冰岛鸥（Larus glaucoides），俗名为 Iceland Gull

Glaucus GLAW-kus
灰色的、灰中带蓝的，如灰绿金刚鹦鹉（Anodorhynchus glaucus），俗名为 Glaucous Macaw

Glossopsitta glos-sop-SIT-ta
希腊语，glosso 表示舌头，psitta 指鹦鹉，如红耳绿鹦鹉（Glossopsitta concinna），俗名为 Musk Lorikeet

Gnoma NOM-a
希腊语，表示侏儒或矮子，如山鸺鹠（Glaucidium gnoma），俗名为 Mountain Pygmy Owl 或 Northern Pygmy Owl

Gnorimopsar no-ri-MOP-sar
希腊语，gnorious 表示标记、判断，psar 表示椋鸟，如巴西拟鹂（Gnorimopsar chopi），俗名为 Chopi Blackbird，这种鸟类像椋鸟

Godeffroyi god-ef-FROY-eye
以德国动物学家约翰·塞萨尔·高德弗瑞伊（Johann Cesar Godeffroy）命名的，如马克岛翡翠（Todiramphus godeffroyi），俗名为 Marquesan Kingfisher

Godlewskii god-LOO-skee-eye
以波兰动物学家维克托·戈德莱夫斯基（Wiktor Godlewski）命名的，如戈氏岩鹀（Emberiza godlewskii），俗名为 Godlewski's Bunting

戈氏岩鹀
Emberiza godlewskii

鸟类的颜色

鸟类是色彩最为丰富的动物,其多彩羽毛的演化主要是对生殖的一种适应。许多物种比如蜂鸟、太阳鸟和唐纳雀通过利用其鲜艳的羽毛来吸引配偶,红翅黑鹂(*Agelaius phoeniceus*)通过其闪耀的"肩章"来建立并保卫领域。当然,在热带森林深处,可以通过鸟类特殊的颜色范围对其进行区分。而有些鸟类为了自我保护,演化出了破坏性的颜色和图案来打破其身体的轮廓,比如带环状图案的鸻类,而夜鹰和麻鸭这样的鸟类就演化出了伪装色。

羽毛的颜色由色素或(和)结构色决定。黑色素可以产生从黑色到土黄色之间的颜色;类胡萝卜素可以产生从黄色到橙黄色之间的颜色;卟啉色素则产生粉色、红色、黄色和绿色等多种

美洲麻鸭
Botaurus lentiginosus

色调的鲜艳颜色。结构色是通过羽毛的细胞折射光线而产生的。如果你将一只冠蓝鸦(*Cyanocitta cristata*,俗名为 Blue Jay)或蓝鸲的羽毛拿在手中,羽毛所展现出的是蓝色,因为通过入射光的折射,蓝色就被反射出来。但是如果你将羽毛对着光线,光线通过羽毛进行透射,羽毛呈现出来的颜色就是褐色。蜂鸟、太阳鸟等鸟类的羽毛呈现出五彩斑斓的颜色也是这样来的,观看鸟类羽毛的角度不同,看到的颜色也就不同。

刚开始观鸟的人通常认为应该通过颜色来识别鸟类,这是被鸟类的俗名所误导了。比如橙冠虫森莺(*Leiothlypis celata*,俗名为 Orange-crowned Warbler)的橙色冠羽并不明显,在野外很有可能看不出来。再比如青山雀(*Cyanistes caeruleus*,俗名为 Eurasian Blue Tit),也并非全身都是蓝色的。在不同的光线条件下,颜色可能会不同,因此花纹、体形、行为和生境才是鸟类识别的线索。在此基础之上,如果还能看到独特的颜色,那可真是好运气。

红翅黑鹂
Agelaius phoeniceus

不管怎么说，颜色是鸟类一个非常重要且明显的特征，许多鸟类的学名就源自它们的颜色。全身白色的白燕鸥学名为 *Gygis alba*，全身褐色的褐顶雀鹛学名为 *Alcippe brunnea*（俗名为 Dusky Fulvetta），全身黑色的太平洋文鸟学名为 *Lonchura melaena*（俗名为 Buff-bellied Mannikin）。蓝黑翡翠（俗名为 Blue-black Kingfisher）被很贴切地命名成 *Todiramphus nigrocyaneus*。有时名字只反映身体某一部位的颜色，如白额燕鸥（*Sternula albifrons*，俗名为 Little Tern）、绿头黄鹂（*Oriolus chlorocephalus*，俗名为 Green-headed Oriole）和绣眼蓝翅鹦哥（*Brotogeris cyanoptera*，俗名为 Cobalt-winged Parakeet）。鸟类的拉丁学名中常用前缀来描述颜色，比如 *alba-* 表示白色，而且这些前缀会被反复用于描述身体的不同部位，因此就有了 *albicapilla*（白发）、*albicauda*（白尾）、*albiceps*（白头）、*albicilla*（白尾）、*albicollis*（白领）、*albifrons*（白额）等；再比如 *xantho* 表示黄色，进而衍生出 *xanthogastra*（黄色腹部）、*xanthocollis*（黄色领）、*xanthophrys*（黄色过眼纹）等。

颜色的描述主要是基于成鸟雄性的羽毛，但是我们经常发现学名和英文俗名之间的描述不匹配。月斑澳蜜鸟的学名为 *Phylidonyris pyrrhopterus*（俗名为 Crescent Honeyeater），其意为红色或鲜红色的翅膀，而实际上这种鸟类的翅膀是鲜艳的黄色。黄腰白喉林莺（Myrtle Warbler）的学名 *Setophaga coronata* 所描述的是它的冠羽，而非腰部。黑嘴美洲鹃（Black-billed Cuckoo）的学名 *Coccyzus erythropthalmus* 所描述的是其红色的眼睛，白肩蚁鸟（White-shouldered Antbird）的学名 *Myrmeciza melanoceps* 所描述的是其黑色的头部。

绿头黄鹂
Oriolus chlorocephalus

鸟类羽毛的羽小枝细胞包含黄色和褐色的色素，通过光线在这些细胞上的反射和穿透细胞的折射，形成了绿色的不同色调和彩虹色。

人类看到的鸟类羽毛的颜色和鸟类看到的很可能不一样，因为鸟类的视觉系统更灵敏，不仅可以见到可见光还能看到紫外光。研究发现 90% 以上的鸟类的羽毛可以反射紫外光，因此鸟类之间会有更不一样的视角。雄性的青山雀在求偶时扬起反射紫外光的冠羽，斑翅蓝彩鸦（*Passerina caerulea*，俗名为 Blue Grosbeaks）蓝色羽毛所反射的紫外光最多的个体，繁殖也最成功。家麻雀的黑色围兜可以展示其优势，雌性仓鸮（*Tyto alba*，俗名为 Western Barn Owl）胸部斑点的数量可以向潜在的配偶展示其身上的寄生虫很少，以示其身体很健康。

蓝黑翡翠
Todiramphus nigrocyaneus

Goeldii GELD-ee-eye
以瑞士动物学家埃米尔·高尔蒂（Emil Goeldi）命名的，如高氏蚁鸟（*Myrmeciza goeldii*），俗名为 Goeldi's Antbird

Goeringi GE-ring-eye
以德国博物学家、画家安东·戈林（Anton Goering）命名的，如苍头鹟䴕（*Brachygalba goeringi*），俗名为 Pale-headed Jacamar

Goethalsia ge-TAL-see-a
以美国陆军军官、巴拿马运河总工程师乔治·戈瑟尔斯（George Goethals）命名的，如棕颊蜂鸟（*Goethalsia bella*），俗名为 Pirre Hummingbird

Goffiniana gof-fin-ee-AN-a
以荷兰海军军官安德烈亚斯·格芬（Andreas Goffin）命名的，如戈氏凤头鹦鹉（*Cacatua goffiniana*），俗名为 Tanimbar Corella

Goldiei GOLD-ee-eye
以苏格兰探险家安德鲁·戈尔迪（Andrew Goldie）命名的，如戈氏鹦鹉（*Psitteuteles goldiei*），俗名为 Goldie's Lorikeet

Goldmania, -mani gold-MAN-ee-a/GOLD-man-eye
以美国博物学家、兽类学家爱德华·戈德曼（Edward Goldman）命名的，如紫顶蜂鸟（*Goldmania violiceps*），俗名为 Violet-capped Hummingbird

Goliath go-LYE-ath
哥利亚、非利士人的战士，表示巨大的，如巨鹭（*Ardea goliath*），俗名为 Goliath Heron

Goodfellowi GOOD-fel-lo-eye
以英国鸟类学家、探险家沃尔特·古德费洛（Walter Goodfellow）命名的，如台湾戴菊（*Regulus goodfellowi*），俗名为 Flamecrest

Goodsoni GOOD-son-eye
以英国鸟类学家阿瑟·古德森（Arthur Goodson）命名的，如乌鸽（*Columba goodsoni*），俗名为 Dusky Pigeon

Goudotii goo-DOT-ee-eye
以法国动物学家贾斯丁·玛丽·古多（Justin-Marie Goudot）命名的，如褐镰翅冠雉（*Chamaepetes goudotii*），俗名为 Sickle-winged Guan

Gouldiae, -i GOULD-ee-ee/eye
以著名英国鸟类学家约翰·古尔德（John Gould）命名的，如七彩文鸟（*Erythrura gouldiae*），俗名为 Gouldian Finch，以约翰·古尔德命名的鸟类有 24 种

Graciae GRAY-see-ee
以艾略特·库斯（Elliot Coues）的妹妹格蕾丝·库斯（Grace Coues）命名的，前者首次发现了黄喉纹胁林莺（*Setophaga graciae*），俗名为 Grace's Warbler

Gracilirostris gra-sil-ee-ROSS-tris
Gracilis 表示细长的，*rostris* 指喙，如细嘴捕蝇莺（*Calamonastides gracilirostris*），俗名为 Papyrus Yellow Warbler

Gracilis gra-SIL-is
细长的，如细嘴吸蜜鸟（*Meliphaga gracilis*），俗名为 Graceful Honeyeater

Gracula, -us, -ina gra-KOOL-a/us/gra-kool-EE-na
Graculus 表示寒鸦，如鹩哥（*Gracula religiosa*），俗名为 Common Hill Myna

Gracupica gra-koo-PIKE-a
Graculus 表示寒鸦，*pica* 指鹊鸟，如斑椋鸟（*Gracupica contra*），俗名为 Pied Myna

Graduacauda gra-doo-a-CAW-da
Gradus 表示土坡、行走，*cauda* 指尾巴，如黑头拟鹂（*Icterus graduacauda*），俗名为 Audubon's Oriole，可能指其锥形的尾羽

Graeca GREE-ka
Graecus 表示希腊，如欧石鸡（*Alectoris graeca*），俗名为 Rock Partridge，其分布范围包括希腊

Grallaria, -us gral-LAR-ee-a/us
Grallae 表示腿长，*aria* 表示天空，如白腹舰海燕（*Fregetta grallaria*），俗名为 White-bellied Storm Petrel

巨鹭
Ardea goliath

Grallaricula gral-lar-ih-KOOL-a
Grallae 表示腿长，cula 表示小型的，如赭胸蚁鸫（Grallaricula flavirostris），俗名为 Ochre-breasted Antpitta，指其尾巴极短，从而显得脚不成比例的长

Grallina gral-LEEN-a
Grallae 表示腿长，如鹊鹨（Grallina cyanoleuca），俗名为 Magpie-lark，这种鸟类的腿也稍长

Gramineus grah-MIN-ee-us
草地、草多的，如姬大尾莺（Megalurus gramineus），俗名为 Little Grassbird

Graminicola grah-min-ih-KOL-a
Gramineus 表示草地，cola 表示居住，如南亚大草莺（Graminicola bengalensis），俗名为 Indian Grassbird

Grammacus GRAM-ma-kus
有纹理的、有条纹的，如鹨雀鹀（Chondestes grammacus），俗名为 Lark Sparrow

Grammiceps GRAM-mi-seps
Gramma 表示有纹理的、有条纹的，ceps 指头部，如纹顶鹟莺（Seicercus grammiceps），俗名为 Sunda Warbler，这种鸟类有棕色的头部与深色的条纹

Granadensis gra-na-DEN-sis
以地名新格拉纳达（New Granada）命名的，如灰姬啄木鸟（Picumnus granadensis），俗名为 Greyish Piculet，这是一种小型啄木鸟

Granatellus gra-na-TEL-lus
Granatus 表示石榴红色，如红胸鸥莺（Granatellus venustus），俗名为 Red-breasted Chat，该鸟胸部为亮红色

Granatina gra-na-TEEN-a
Granatus 表示石榴红色，如榴红八色鸫（Erythropitta granatina），俗名为 Garnet Pitta

Grandala gran-DAL-a
Grand 表示大的，ala 指翅膀，如蓝大翅鸲（Grandala coelicolor），俗名为 Grandala，这种鸟类有一双大的、壮观的蓝色翅膀

Grandis GRAN-dis
Grand 表示大的，如大织雀（Ploceus grandis），俗名为 Giant Weaver

Graueri, -ia GRAU-er-eye/grau-ER-ee-a
以澳大利亚探险家鲁道夫·格劳尔（Rudolph Grauer）命名的，他曾在刚果进行采集，如谷氏短翅莺（Bradypterus graueri），俗名为 Grauer's Swamp Warbler

Gravis GRA-vis
重的、重要的，如大鹱（Puffinus gravis），俗名为 Great Shearwater

蓝大翅鸲
Grandala coelicolor

Grayi GRAY-eye
以英国鸟类学家乔治·格雷（George Gray）命名的，如褐背鸫（Turdus grayi），俗名为 Clay-coloured Thrush；以乔治·格雷的哥哥，英国鸟类学家、昆虫学家约翰·格雷（John Gray）命名的，如格氏漠百灵（Ammomanopsis grayi），俗名为 Gray's Lark

Graysoni GRAY-son-eye
以美国鸟类学家、画家安德鲁·杰克逊·格雷森（Andrew Jackson Grayson）命名的，如索科罗嘲鸫 Mimus graysoni，俗名为 Socorro Mockingbird

Grimwoodi GRIM-wood-eye
以肯尼亚首席狩猎监督官伊恩·格里姆伍德（Ian Grimwood）命名的，如格氏长爪鹡鸰（Macronyx grimwoodi），俗名为 Grimwood's Longclaw

Grisea GRIS-ee-a
Griceus 表示灰色，如白羽缘蚁鹩（Formicivora grisea），俗名为 Southern White-fringed Antwren

Grisegena grins-e-JEN-a
Griceus 表示灰色，gena 指颏、脸颊，如赤颈䴙䴘（Podiceps grisegena），俗名为 Red-necked Grebe，这种鸟类有灰白色脸颊

Griseicapilla, -us gris-ee-eye-ka-PIL-la/us
Griceus 表示灰色，capilla 表示头上的须发，如绿鸸雀（Sittasomus griseicapillus），俗名为 Olivaceous Woodcreeper

Griseiceps gris-ee-EYE-seps
Griceus 表示灰色，ceps 指头部，如苏拉凤头鹰（Accipiter griseiceps），俗名为 Sulawesi Goshawk

Griseicollis gris-ee-eye-KOL-lis
Griceus 表示灰色，collis 指脖子，如马托窜鸟（Scytalopus griseicollis），俗名为 Pale-bellied Tapaculo

Griseigula, -gularis gris-ee-eye-GOO-la/ gris-ee-eye-goo-LAR-is
Griceus 表示灰色，gula 指喉部，如灰喉直嘴吸蜜鸟（Timeliopsis griseigula），俗名为 Tawny Straightbill

Griseipectus gris-ee-eye-PEK-tus
Griceus 表示灰色，pectis 指胸部，如灰胸鹦哥（Pyrrhura griseipectus），俗名为 Grey-breasted Parakeet

Griseiventris gris-ee-eye-VEN-tris
Griceus 表示灰色，ventris 指下侧、腹部，如北灰山雀（Melaniparus griseiventris），俗名为 Miombo Tit

Griseocephalus gris-ee-o-se-FAL-us
Griceus 表示灰色，拉丁语 cephala 指头部，如非洲灰啄木鸟（Dendropicos griseocephalus），俗名为 Olive Woodpecker

Griseoceps gris-ee-O-seps
Griceus 表示灰色，ceps 指头部，如黄脚小鹟（Microeca griseoceps），俗名为 Yellow-legged Flyrobin

Griseogularis gris-ee-o-goo-LAR-is
Griceus 表示灰色，gularis 指喉部，如漠鹑（Ammoperdix griseogularis），俗名为 See-see Partridge

Griseus GRIS-ee-us
灰色，如林鸱（Nyctibius griseus），俗名为 Common Potoo，其俗名源自其如"恸哭"般的鸣叫声

Grossus GRO-sus
Grossus 表示厚的，如灰蓝粗嘴雀（Saltator grossus），俗名为 Slate-coloured Grosbeak，其喙十分厚

Grus GRUSS
鹤，如美洲鹤（Grus americana），俗名为 Whooping Crane

Grylle GRIL-lee
白翅斑海鸽（Cepphus grylle）在苏格兰语中的名字，这种鸟的俗名为 Black Guillemot

Gryphus GRIF-us
希腊语，gryp- 表示鼻子带钩，如安第斯神鹫（Vultur gryphus），俗名为 Andean Condor

Guadalcanaria gwa-dal-kan-AR-ee-a
以所罗门群岛中的瓜达尔康纳尔岛（Guadalcanal Island）命名的，如瓜岛吸蜜鸟（Guadalcanaria inexpectata），俗名为 Guadalcanal Honeyeater

Guarauna gwa-RAWN-a
秧鹤（Aramus guarauna）在印第安语中的名字，俗名为 Limpkin，这种鸟类的俗名来自于其跛形的姿态

Gubernetes goo-ber-NEET-eez
掌舵者、统治者，如飘带尾霸鹟（Gubernetes yetapa），俗名为 Streamer-tailed Tyrant

Gujanensis goo-ja-NEN-sis
以地名法属几内亚（French Guinea）命名的，如云斑林鹑（Odontophorus gujanensis），俗名为 Marbled Wood Quail

Gularis goo-LAR-is
Gula 表示喉部、食管，如黄喉岩鹭（Egretta gularis），俗名为 Western Reef Heron 或 Western Reef Egret；Gularis 可能指这些鸟类的喉部，约有 24 种鸟类以这一种加词命名

Gurneyi GER-nee-eye
以英国银行家、业余鸟类学家约翰·格尼（John Gurney）命名的，如格氏雕（Aquila gurneyi），俗名为 Gurney's Eagle

美洲鹤
Grus americana

拉丁学名小贴士

鸟类学家们对棘头鹀（Pityriasis gymnocephala，俗名为 Bornean Bristlehead）所知甚少。现在，棘头鹀被认为是棘头鹀科（Pityriaseidae）棘头鹀属（Pityriasis）的唯一物种。以前，鸟类学家将其置于其他科中，其中就包括鸦科（Corvidae）。这是一种栖息于热带雨林的鸟类，但是由于采伐而导致的生境破坏和将这些鸟类作为宠物非法贸易，它们已经成为近危物种。这种标志性的鸟类是婆罗洲的观鸟爱好者们的最爱。

棘头鹀
Pityriasis gymnocephala

Guttata, -us *gut-TAT-a/us*
Gutta 表示滴、点、斑点，如鳞斑小冠雉（*Ortalis guttata*），俗名为 Speckled Chachalaca，俗名源自其鸣声

Guttaticollis *gut-ta-ti-KOL-lis*
Gutta 表示滴、点、斑点，*collis* 指脖颈，如点胸鸦雀（*Paradoxornis guttaticollis*），俗名为 Spot-breasted Parrotbill

Gutturalis *gut-ter-AL-is*
Guttu 指喉部，如斑喉鹨（*Anthus gutturalis*），俗名为 Alpine Pipit，其喉部有条纹

Guy *GEE*
以法国博物学家 J. 盖伊（J. Guy）命名的，如绿隐蜂鸟（*Phaethornis guy*），俗名为 Green Hermit

Gygis *JI-jis*
Guges 表示一种水鸟，如白燕鸥（*Gygis alba*），俗名为 White Tern

Gymnocephala, -us *jim-no-se-FAL-a/us*
希腊语 *gymno* 表示裸身的、裸体的，拉丁语 *cephala* 指头部，如棘头鹀（*Pityriasis gymnocephala*），俗名为 Bornean Bristlehead

Gymnocichla *jim-no-SICK-la*
希腊语，*gymno* 表示裸身的、裸体的，*cichla* 表示鸫，如裸顶蚁鸟（*Gymnocichla nudiceps*），俗名为 Bare-crowned Antbird

Gymnoderus *jim-no-DER-us*
希腊语，*gymno* 表示裸体的，*der-* 指脖颈部、隐藏，如裸颈果伞鸟（*Gymnoderus foetidus*），俗名为 Bare-necked Fruitcrow

Gymnoglaux *JIM-no-glawks*
希腊语，*gymno* 表示裸体的，*glaux* 指鸮、猫头鹰，如古巴角鸮（*Gymnoglaux lawrencii*），俗名为 Bare-legged Owl

Gymnogyps *JIM-no-jips*
希腊语，*gymno* 表示裸体的，*gyps* 指兀鹫，如加州神鹫（*Gymnogyps californianus*），俗名为 California Condor；Condor 源自美式西班牙语 *cuntur*，是这种鸟类在当地的名字

Gymnorhinus, -a *jim-no-RYE-nus/na*
希腊语，*gymno* 表示裸体的，*rhinos* 指鼻子，如蓝头鸦（*Gymnorhinus cyanocephalus*），俗名为 Pinyon Jay，这种鸟类的喙的基部没有被羽毛

Gypaetus *ji-PEE-tus*
希腊语，*gymno* 表示裸体的，*aetus* 指鹰，如胡兀鹫（*Gypaetus barbatus*），俗名为 Bearded Vulture

Gyps *JIPS*
希腊语，*gyps* 表示兀鹫，如兀鹫（*Gyps fulvus*），俗名为 Griffon Vulture

加州神鹫
Gymnogyps californianus

菲比·斯奈辛格

(1921—1999)

菲比·斯奈辛格（Phoebe Snetsinger）原名菲比·伯内特（Phoebe Burnett），1921年出生于伊利诺伊州苏黎世湖。她父亲里奥·伯内特（Leo Burnett）是一位广告总监，执导了著名的绿巨人（Jolly Green Giant）、万宝路男人（Marlboro Man）、巨嘴鸟山姆（Toucan Sam）、查理金枪鱼（Charlie the Tuna）、莫里斯猫（Morris the Cat）、皮尔斯伯里步兵（Pillsbury Doughboy）和托尼老虎（Tony the Tiger）等品牌的广告。她父亲的成功以及拥有的财富足以让菲比周游世界观鸟。历史上，全世界的观鸟者中曾看到已知的超过10 000种鸟类里的8 000种的仅有8位。菲比·斯奈辛格就是其中之一。

当菲比开始记录其个人观鸟清单时，世界上被正式命名的鸟类才8 500种。不过在当下，这个数字已达到10 000种左右。菲比的鸟种清单中有2 000个属以上的鸟类，遥遥领先于其他观鸟者。她尤其对单型属鸟类感兴趣，单型属即该属中仅包含了一个鸟种。她还对亚种和地理种群做了记录，有些在后来被提升为种。因此，虽然她的鸟种清单上的数字为8 400种，但是在她1999年去世后这个数字还在不停增长。

菲比的丈夫名叫大卫·斯奈辛格（David Snetsinger）是一位文员。他们11岁就已相识，然而斯奈辛格对他们的婚姻不太满意，她和她丈夫逐渐疏远但仍然保持着夫妻关系，没有离

你会不远万里去看一只鸟吗？

菲比·斯奈辛格

红肩钩嘴鹛
Calicalicus rufocarpalis

罕见的红肩钩嘴鹛是马达加斯加西南部的特有鸟种，可能因为是菲比·斯奈辛格看到的最后一种鸟而闻名。

婚。她曾经写了一首黑暗而绝望的诗来描写她的婚姻："一段庸俗、粗俗和幼稚的时光。"

当菲比34岁时，她的朋友介绍她去观鸟，第一次观鸟时看到的橙胸林莺（*Setophaga fusca*）改变了她的一生。她拥有过目不忘的记忆力和超强的学习意志，被公认为是一位杰出的鸟人。1981年，医生告诉菲比她患了恶性黑色素瘤，当她得知自己剩下的时间不多了之后，观鸟从爱好变成了热情。她拒绝接受治疗，而是来到阿拉斯加旅行，这是她第一次单纯为了观鸟的远距离旅行。这时，她49岁。

菲比认为自己是从"被从判了死刑开始"爱上鸟类的，"对于不同的人来说，观鸟有着不同的意义和目的，"菲比在给一个自然俱乐部撰写的一篇文章中写道，"但是对我来说，观鸟和生存错综复杂地交织在了一起。"

她的单次观鸟旅行花费超过5 000美金，而她在被诊断出癌症后的18年里一直坚持观鸟旅行。当然其中还是有挫折，比如黑色素瘤每5年会复发一次，但是总能一次又一次地进入缓

解期。她在一次去马达加斯加的观鸟旅行途中发生了交通事故，而在这之前她刚刚看到了一种极其罕见的盔䴗（*Euryceros prevostii*）。这一年她 68 岁。

好吧，有菲比（这个英语单词还有一个意思是"霸鹟"）这样一个名字，她注定要成为一个鸟人。在北美仅有 900 种鸟类，所以她必需环游世界才能达到 8 400 种鸟类这一目击数。虽然很少有人单纯追求目击数，然而全世界仅有 250 人达到了 5 000 大关，可能仅有 100 人达到了 6 000 种，而仅有 12 个左右的观鸟者达到了 7 000 种以上。

截至目前为止，一位在英国定居的西班牙人汤姆·古利克（Tom Gullick）是唯一一个看到过 9 000 种鸟类的人，他的第 9 000 种目击鸟种是印度尼西亚塔宁巴尔群岛、延德纳岛的特有种金肩果鸠（*Ptilinopus wallacii*）。他最终看到了 9 047 种鸟类。古利克 2008 年时成为世界鸟类目

橙胸林莺
Setophaga fusca

橙胸林莺并不容易被发现，因为它喜欢在树梢上取食，在树梢上寻找昆虫和蠕虫。

击数记录的保持者，并保持着在南美洲和非洲看到的鸟种记录，分别是 2 939 种和 2 081 种。

菲比·斯奈辛格因为她的热情、坚持和才能获得了大家的肯定，她成为那些为了追求鸟种数量的鸟友（也称"推车儿"）的偶像。她那些冒险经历和不幸，包括癌症的复发、在新几内亚被轮奸、海难、地震和政治问题，被详细地记录在了她写的书《用向上帝借来的时间来观鸟》（*Birding on Borrowed Time*）中，该书于 2003 年出版。

棕颈林秧鸡
Aramides axillaris

在 1995 年 9 月，菲比看到第一只棕颈林秧鸡后，她的观鸟清单突破了 8 000 大关。

H

Haastii HAAST-ee-eye
以在新西兰工作的德国地理学家约翰·弗朗兹·'尤利乌斯'·冯·哈斯特（Johann Franz 'Julius' von Haast）命名的，如大斑几维（*Apteryx haastii*），俗名为 Great Spotted Kiwi

Habia HA-bee-a
源自南美洲的一种土著语言（瓜拉尼语），如红头蚁唐纳雀（*Habia rubica*），俗名为 Red-crowned Ant Tanager

Habroptila ha-brop-TIL-a
希腊语，*habro* 表示娇小的、精致的，*ptila* 指羽毛，如华氏秧鸡（*Habroptila wallacii*），俗名为 Invisible Rail

Haemacephala hee-ma-se-FAL-a
希腊语 *haima* 表示血液，拉丁语 *cephala* 指头部，如赤胸拟啄木鸟（*Megalaima haemacephala*），俗名为 Coppersmith Barbet

Haemastica hee-MASS-tik-a
希腊语，*haima* 表示血液，如棕塍鹬（*Limosa haemastica*），俗名为 Hudsonian Godwit，这种鸟类的腹部是栗红色的

Haematoderus hee-ma-to-DER-us
希腊语，*haima* 表示血液，*dera* 指颈部、喉部，如绯红果伞鸟（*Haematoderus militaris*），俗名为 Crimson Fruitcrow

Haematogaster hee-ma-to-GAS-ter
希腊语，*haima* 表示血液，*gaster* 指胃，如朱腹啄木鸟（*Campephilus haematogaster*），俗名为 Crimson-bellied Woodpecker

Haematonota, -us hee-ma-toe-NO-ta/tus
希腊语，*haima* 表示血液，*noto* 指背部，如斑喉蚁鹩（*Epinecrophylla haematonota*），俗名为 Stipple-throated Antwren

Haematopus hee-ma-TO-pus
希腊语，*haima* 表示血液，*pous* 指足部，如南美蛎鹬（*Haematopus ater*），俗名为 Blackish Oystercatcher，但这种鸟类的血红色部位是喙，而不是足

Haematortyx hee-ma-TOR-tiks
希腊语，*haima* 表示血液，*ortux* 指鹌鹑，如红头林鹧鸪（*Haematortyx sanguiniceps*），俗名为 Crimson-headed Partridge

Haematospiza hee-ma-to-SPY-za
希腊语，*haima* 表示血液，*spiza* 指雀，如血雀（*Haematospiza sipahi*，现在的学名为 *Carpodacus sipahi*），俗名为 Scarlet Finch

Hainanus hye-NAN-us
以中国海南省（Hainan）命名的，如海南蓝仙鹟（*Cyornis hainanus*），俗名为 Hainan Blue Flycatcher

Halcyon HAL-see-on
希腊语中的意思是翠鸟，如林地翡翠（*Halcyon senegalensis*），俗名为 Woodland Kingfisher

Haliaeetus hal-ee-a-EE-tus
希腊语，*hals* 表示海洋，*aetus* 指雕，如白腹海雕（*Haliaeetus leucogaster*），俗名为 White-bellied Sea Eagle

Haliaetus ha-lee-EE-tus
表示海里的雕，鹗，如鹗（*Pandion haliaetus*），俗名为 Western Osprey

Haliastur ha-lee-AST-ur
希腊语，*hals* 表示海洋，*-astur* 指鹰，如栗鸢（*Haliastur indus*），俗名为 Brahminy Kite，这种鸟类常在海岸取食

Halli HALL-eye
以澳大利亚鸟类学家罗伯特·哈勒（Robert Hall）命名的，如霍氏巨鹱（*Macronectes halli*），俗名为 Northern Giant Petrel

华氏秧鸡
Habroptila wallacii

翠鸟属

全世界有 90 种翠鸟，分别属于 17 个属。其中翠鸟属（*Halcyon*）共 15 种，48 个亚种，分布范围极广。*Halcyon* 源于希腊神话中风神伊俄勒斯（Aeolus，风的标尺）的女儿阿尔雄（Alcyone）。她和克宇克斯（Ceyx）结婚，但后者在一次海难中去世了。阿尔雄十分难过，在海里自己溺亡，从那以后神将他俩都变成了翠鸟。当阿尔雄筑巢时，风神伊俄勒斯便可以安静一个星期。后来这 7 天就被称为"翠鸟日"。

翠鸟的俗名 Kingfisher 源自它们是"鱼类的统治者"的传说，但是树翠鸟也会取食小的两栖爬行动物、螃蟹，甚至小型鸟类和哺乳类动物。赤翡翠（*H. coromanda*）吃陆生蜗牛，会用"铁砧石"将其碾碎。翠鸟通常会在树枝上拍打大块的食物，在吞咽之前使其丧失运动能力，并将其软化。

树翠鸟会在啄木鸟啄出的树洞中巢筑，或将腐木挖出形成一个洞。一些翠鸟会将巢筑在白蚁洞中，还有一些会在河岸边挖掘隧道。和所有佛法僧目（Coraciiformes）（包括蜂虎、佛法僧和犀鸟）鸟类一样，它们的脚展现出来特殊的足型（融合的脚趾，被称为"并趾足"）。它们的第三和第四脚趾可以帮助它们挖洞筑巢。翠鸟多为一夫一妻，且都具有领域性；因为沿着河岸，它们的领域可能又长又窄，但是对于森林筑巢的鸟种来说，其领域是椭圆形或圆形的。翠鸟将卵

红林翡翠
Halcyon senegaloides

产在 50～100 厘米的树洞中，窝卵数一般为 4～20 个。

当食物极度缺乏时，树翠鸟可能会隔天产卵，但孵化会立即开始，所以小鸟孵化时，日龄和大小可能不同。日龄稍长的雏鸟在乞食时更有优势，因此与日龄短的小鸟相比，更容易活下来。猛禽和其他鸟类也采取这种异步孵化的策略，因为它们要确保一巢中至少要有 1～2 个个体可以成功初飞。

赤翡翠
Halcyon coromanda

海雕属

海雕属的拉丁名 *Haliaeetus* 源于希腊语，是海雕或海鹰的意思。该属共包含8个现生物种，是鸟类最古老的类群之一，通常被称为海雕。其中大部分海雕的尾巴是白色的，小部分海雕的头是白色的。可能其中最为著名的是体重6千克的美国国鸟白头海雕（*H. leucocephalus*，俗名为 Bald Eagle）。这种鸟类并不是真正的秃顶（bald）；它的名字来源于"有斑纹的"（*piebald*）这个词，指大块的颜色，即白色。

大多数海雕都以鱼类为食，但是也会猎捕其他猎物，而且它们并不拒绝吃腐肉。在没有秃鹫的阿拉斯加，你可以看到白头海雕到处寻找垃圾为食。海雕还会去骚扰其他鸟类，比如鹈鹕或海鸥，迫使其放弃它们所捕捉到的猎物。它们是高效的捕食者。白腹海雕（*H. leucogaster*，俗名为 White-bellied Sea Eagle）将爪子藏于下体在水面上飞行，拍打着翅膀，在水面可以迅速出击，努力去捕捉鱼类。

白头海雕
Haliaeetus leucocephalus

吼海雕（*H. vocifer*，俗名为 African Fish Eagle）则会从栖息的树上俯冲下来捉鱼，像所有海雕一样，它脚趾的腹面有刺，可以帮助它们抓住光滑的猎物。而白尾海雕（*H. albicilla*，俗名为 White-tailed Eagle）以各种鱼类为食，但是最常见的目标是水鸟，比如燕鸥、鸬鹚、潜鸟、鸭子，甚至贼鸥。

海雕一般会在约5岁时达到性成熟，有充分的证据表明，海雕一旦配对便会保持同一配偶多年，甚至一生。配对的鸟类会筑建巨大的巢，直径超过3米，重量可以达到3吨。它们的巢可以连用许多年，有时甚至可能连续几代使用。

海雕在北美和欧洲的种群都受到了威胁，因为它们是顶级捕食者，因此会积累毒素，比如杀虫剂和污染物。它们还会被农民、猎人和鸟卵收藏者射杀和骚扰，种群数量大幅下降。

吼海雕
Haliaeetus vocifer

Halobaena ha-lo-BEEN-a
希腊语，hals 表示海洋，baen 表示行走、步伐，如蓝鹱（Halobaena caerulea），俗名为 Blue Petrel，因为这种鹱有在海洋表面"用脚趾点水"的习性

Halocyptena ha-lo-sip-TEN-a
希腊语，hals 表示海洋，okus 表示迅速的，ptenos 表示有翅膀的、飞行的，如小海燕（Halocyptena microsoma，现在为 Oceanodroma microsoma），俗名为 Least Storm Petrel

Hamirostra ha-mee-ROSS-tra
Hamus 表示带钩的，rostris 指嘴，如黑胸钩嘴鸢（Hamirostra melanosternon），俗名为 Black-breasted Buzzard

Hammondii ham-MOND-ee-eye
以军医、生物采集家威廉·哈蒙德（William Hammond）命名的，如哈氏纹霸鹟（Empidonax hammondii），俗名为 Hammond's Flycatcher

Hapalopsittaca ha-pa-lop-SIT-ta-ka
希腊语，hapalo 表示温柔的、软的，拉丁语 psittaca 指鹦鹉，如锈脸鹦哥（Hapalopsittaca amazonina），俗名为 Rusty-faced Parrot

Hapaloptila ha-pa-lop-TIL-a
希腊语，hapalo 表示温柔的、软的，ptilon 指羽毛，如白脸鸮（Hapaloptila castanea），俗名为 White-faced Nunbird

Haplochelidon hap-lo-kel-EYE-don
希腊语，hapalo 表示温柔的、软的，chelidon 指燕子，如安第斯燕（Haplochelidon andecola），俗名为 Andean Swallow

Haplochrous hap-LO-krus
希腊语，hapalo 表示温柔的、软的，chroa 指皮肤、脸色，如白腹鹰（Accipiter haplochrous），俗名为 White-bellied Goshawk，因其羽毛表面是柔软的，尤其是其白色的腹部

Haplonota hap-lo-NO-ta
希腊语，hapalo 表示温柔的、软的，notos 指背部，如纯背蚁鸫（Grallaria haplonota），俗名为 Plain-backed Antpitta

Haplophaedia hap-lo-FEE-dee-a
希腊语，hapalo 表示温柔的、软的，phaedros 表示明亮的、辉煌的，如苍蓬腿蜂鸟（Haplophaedia lugens），俗名为 Hoary Puffleg

Haplospiza hap-lo-SPY-za
希腊语，hapalo 表示温柔的、软的，spiza 指雀，如蓝灰雀鹀（Haplospiza rustica），俗名为 Slaty Finch，源自这种鸟类柔软的羽毛表面

Hardwickii hard-WIK-ee-eye
以东印度公司的将军托马斯·哈德维克（Thomas Hardwicke）命名的，如橙腹叶鹎（Chloropsis hardwickii），俗名为 Orange-bellied Leafbird

Harpactes har-PAK-teez
希腊语，harpact 表示抢夺、抓住，如粉胸咬鹃（Harpactes ardens），俗名为 Philippine Trogon，据说，这些鸟类盗取白蚁等的巢穴为己用；在希腊语中 trogon 是白蚁的意思，它们啃咬树皮筑洞穴

Harpagus har-PAY-gus
希腊语，harpag 表示带钩的，如双齿鹰（Harpagus bidentatus），俗名为 Double-toothed Kite

Harpia HAR-pee-a
希腊语，harpi 表示镰、捕食鸟类，如角雕（Harpia harpyja），俗名为 Harpy Eagle，指神话中的鹰身女妖

Harpyhaliaetus har-pee-hal-ee-EE-tus
希腊语，harpi 表示镰、捕食鸟类，haliaet, -e, -us 表示海洋的雕、鹗，如冕雕（Harpyhaliaetus coronatus），俗名为 Crowned Solitary Eagle

Harpyopsis har-pee-OP-sis
希腊语，harpi 表示镰、捕食鸟类，opsis 指表面，如新几内亚角雕（Harpyopsis novaeguineae），俗名为 Papuan Eagle

Harterti, -tula HART-ert-eye/hart-er-TOO-la
以德国鸟类学家恩斯特·哈特尔特（Ernst Hartert）命名的，如黑喉棘尾雀（Asthenes harterti），俗名为 Black-throated Thistletail

Hartlaubi, -ii HART-laub-eye/hart-LAUB-ee-eye
以德国学者、探险家卡尔·哈特劳布（Karl Hartlaub）命名的，如蓝冠蕉鹃（Tauraco hartlaubi），俗名为 Hartlaub's Turaco

锈脸鹦鹉
Hapalopsittaca amazonina

拉丁学名小贴士

吸蜜蜂鸟 Mellisuga helenae（俗名为 Bee Hummingbird）是世界上最小的鸟，它曾被称为古巴吸蜜蜂鸟，其代谢率非常高，因为其身体才 5～6 厘米长，重 1.7 克，相当于一只大蜜蜂的大小。一些业余观鸟爱好者将这种蜂鸟误认为蜜蜂或飞蛾。这种鸟类的体积很小，仅能产生少量的身体热量，因此它们每天需要花 15% 的时间用于取食。白天它们的体温为 41℃，但是夜间会下降到 30℃ 以保存能量。它们如果不在晚上休眠是不可能存活下来的。属名 Mellisuga（意为吸蜂蜜）有歧义，事实上它们吸食的是花蜜而非蜂蜜，且不是通过吸吮，而是通过它们刷子一样的舌头采集花蜜。

Harwoodi HAR-wood-eye
以英国博物学家、动物标本剥制师伦纳德·哈伍德（Leonard Harwood）命名的，如海氏鹧鸪（Pternistis harwoodi），俗名为 Harwood's Francolin

Hasitata has-ih-TA-ta
犹豫，如黑顶圆尾鹱（Pterodroma hasitata），俗名为 Black-capped Petrel，暗指命名这种鸟类的第一个观察者的不确定性

Hauxwelli HAWKS-wel-lye
以英国鸟类采集者 J. 豪克斯维尔（J. Hauxwell）命名的，如豪氏鸫（Turdus hauxwelli），俗名为 Hauxwell's Thrush

Hawaiiensis ha-wy-ee-EN-sis
以地名夏威夷（Hawaii）命名的，如夏威夷乌鸦（Corvus hawaiiensis），俗名为 Hawaiian Crow，这种鸟类已在野外灭绝

Hedydipna hed-ee-DIP-na
希腊语，hedy 表示甜的，dipna 表示食物，如环颈直嘴太阳鸟（Hedydipna collaris），俗名为 Collared Sunbird，这种鸟类取食花蜜

Heermanni HAIR-man-nye
以美国军医、博物学家阿道弗斯·黑尔曼（Adolphus Heermann）命名的，如红嘴灰鸥（Larus heermanni），俗名为 Heermann's Gull

Heinrichia, -i hine-RICK-ee-a/eye
以德国动物学家歌德·海因里希（Gerd Heinrich）命名的，如大短翅鸫（Heinrichia calligyna），俗名为 Great Shortwing

Heinrothi HINE-rot-eye
以德国动物学家奥斯卡·海因罗特（Oskar Heinroth）命名的，如所罗门鹱（Puffinus heinrothi），俗名为 Heinroth's Shearwater

Heleia hel-LAY-ee-a
希腊语，美女海伦（Helen），如帝汶大嘴绣眼鸟（Heleia muelleri），俗名为 Spot-breasted Heleia

Helenae HEL-en-ee
希腊语，美女海伦（Helen），如吸蜜蜂鸟（Mellisuga helenae），俗名为 Bee Hummingbird，这是全世界最小的鸟类，Helenae 可能源自英国慈善家查尔斯·布斯（Charles Booth）的妻子海伦·布斯（Helen Booth）

Heliactin hel-ee-ACT-in
希腊语，helios 表示太阳，actis 表示射线、光束，如角蜂鸟（Heliactin bilophus），俗名为 Horned Sungem

Heliangelus hel-ee-an-JEL-us
希腊语，helios 表示太阳，angelus 指信使或天使，如橙喉领蜂鸟（Heliangelus mavors），俗名为 Orange-throated Sunangel

黑顶圆尾鹱
Pterodroma hasitata

长嘴星喉蜂鸟
Heliomaster longirostris

Helianthea *hel-ee-AN-thee-a*
希腊语，*helios* 表示太阳，*anthea* 表示花，如蓝喉星额蜂鸟（*Coeligena helianthea*），俗名为 Blue-throated Starfrontlet

Helias *HEL-ee-as*
希腊语，*helios* 表示太阳，如日鳽（*Eurypyga helias*），俗名为 Sunbittern，其展开翅膀时看起来像升起的太阳

Heliobates *hel-ee-o-BA-teez*
希腊语，*helios* 表示太阳，*bates* 表示行走或打猎的，如红树林树雀（*Camarhynchus heliobates*），俗名为 Mangrove Finch；这种鸟类生活在加拉帕戈斯群岛，一个非常晴朗的地方

Heliobletus *hel-ee-o-BLE-tus*
希腊语，*helios* 表示太阳，*bletos* 表示受影响、受伤，如尖嘴树猎雀（*Heliobletus contaminatus*），俗名为 Sharp-billed Treehunter；指阳光火辣辣地照在这种鸟身上

Heliodoxa *hel-ee-o-DOK-sa*
希腊语，*helios* 表示太阳，*doxa* 表示壮丽，如粉喉辉蜂鸟（*Heliodoxa gularis*），俗名为 Pink-throated Brilliant

Heliomaster *hel-ee-o-MASS-ter*
希腊语，*helios* 表示太阳，*master* 表示发光，如长嘴星喉蜂鸟（*Heliomaster longirostris*），俗名为 Long-billed Starthroat

Heliopais *hel-ee-o-PYE-is*
希腊语，*helios* 表示太阳，如亚洲鳍趾鹛（*Heliopais personatus*），俗名为 Masked Finfoot；这里指这种鸟有将幼鸟放入翼袋里一起飞行的能力

Heliornis *hel-ee-OR-nis*
希腊语，*helios* 表示太阳，*ornis* 指鸟类，如日鳽（*Heliornis fulica*），俗名为 Sungrebe，这个名字源于其翅膀下面的条纹像太阳一样

Heliothryx *hel-ee-O-thriks*
希腊语，*helios* 表示太阳，*thrix* 指须发，如黑耳仙蜂鸟（*Heliothryx auritus*），俗名为 Black-eared Fairy；*thrix* 可能是指其精致的羽毛

Hellmayri *HEL-mare-eye*
以德国动物学家查尔斯·赫尔麦尔（Charles Hellmayr）命名的，如赫氏鹨（*Anthus hellmayri*），俗名为 Hellmayr's Pipit

Helmitheros *hel-MIH-ther-os*
希腊语，*helmins* 表示蠕虫，*theros* 表示捕食，如食虫莺（*Helmitheros vermivorum*），俗名为 Worm-eating Warbler

Heloisa *hel-o-EE-sa*
法语，人名海洛伊丝（Heloise），如大瑰喉蜂鸟（*Atthis heloisa*），俗名为 Bumblebee Hummingbird

黑耳仙蜂鸟
Heliothryx auritus

灰黄啄木鸟
Hemicircus concretus

Hemicircus heh-mee-SIR-kus
希腊语，hemi- 表示一半，circus 指环、圈，如灰黄啄木鸟（*Hemicircus concretus*），俗名为 Grey-and-buff Woodpecker，这种鸟类翅膀的羽毛为扇贝型

Hemignathus heh-mig-NATH-us
希腊语，hemi- 表示一半，gnathus 表示颌，如夏威夷绿雀（*Hemignathus*，现在为 *Chlorodrepanis virens*），俗名为 Hawaii Amakihi，其下颌仅为上颌的一半

Hemileucurus heh-mi-loy-KOO-rus
希腊语，hemi- 表示一半，leucos 为白色，oura 指尾巴，如紫刀翅蜂鸟（*Campylopterus hemileucurus*），俗名为 Violet Sabrewing

Hemileucus heh-mi-LOY-kus
希腊语，hemi- 表示一半，leuc- 表示白色，如白腹宝石蜂鸟（*Lampornis hemileucus*），俗名为 White-bellied Mountaingem

Hemimacronyx heh-mi-ma-KRON-iks
希腊语，hemi- 表示一半，makros 为大的、长的，onux 指爪子，如黄胸鹨（*Hemimacronyx*，现在为 *Anthus chloris*），俗名为 Yellow-breasted Pipit；hemi- 指这种鸟类和近缘种但有争议的 *Macronyx* 属（一半 / 部分）的关系，而不是爪子

Hemiphaga heh-mee-FAY-ga
希腊语，hemi- 表示一半，phagein 表示吃，如查岛鸠（*Hemiphaga chathamensis*），俗名为 Chatham Pigeon，这是一种吃种子的鸟类，其学名描述的是它的取食习性

Hemiprocne heh-mee-PROK-nee
希腊语，hemi- 表示一半，拉丁语 progne 表示吞或者燕子，如凤头树燕（*Hemiprocne coronata*），俗名为 Crested Treeswift；它比较像燕子，但是在不同的科

Hemipus HEM-ih-pus
希腊语，hemi- 表示一半，pous 表示足，褐背鹟鵙（*Hemipus picatus*），俗名为 Bar-winged Flycatcher-shrike，其脚和足比同一个科中类似尺寸的鸟类的更小

Hemispingus hem-ee-SPIN-gus
希腊语，hemi- 表示一半，spingus 指麻雀，如灰顶拟雀（*Hemispingus reyi*），俗名为 Grey-capped Hemispingus，这是一种类似柳莺的唐纳雀

Hemitesia hem-ee-TESS-ee-a
希腊语，hemi- 表示一半，tesia 是地莺的一个属，如纽氏丛莺（*Hemitesia*，现在为 *Urosphena neumanni neumanni*），俗名为 Neumann's Warbler

Hemithraupis hem-ee-THRAW-pis
希腊语，hemi- 表示一半，thraupis 表示小型鸟类，如红头裸鼻雀（*Hemithraupis ruficapilla*），俗名为 Rufous-headed Tanager

Hemixantha hem-iks-AN-tha
希腊语，hemi- 表示一半，xanth 表示黄色，如金腹小鹟（*Microeca hemixantha*），俗名为 Golden-bellied Flyrobin

Hendersoni HEN-der-son-eye
以英国陆军军官、旅行家乔治·亨德松（George Henderson）命名的，如黑尾地鸦（*Podoces hendersoni*），俗名为 Henderson's Ground Jay

Henslowii henz-LOW-ee-eye
以英国植物学家约翰·亨斯洛（John Henslow）命名的，如亨氏草鹀（*Ammodramus henslowii*），俗名为 Henslow's Sparrow

Herberti HER-bert-eye
以英国采集家、博物学家 E.G. 赫伯特（E. G. Herbert），如乌穗鹛（*Stachyris herberti*），俗名为 Sooty Babbler

Herbicola her-bi-KO-la
Herbi 表示草地，cola 表示居住、栖息，如楔尾草鹀（*Emberizoides herbicola*），俗名为 Wedge-tailed Grass Finch

Herodias heh-ROD-ee-us
希腊语中是鹭的意思，如大蓝鹭（*Ardea herodias*），俗名为 Great Blue Heron

Herpetotheres her-pe-to-THER-eez
希腊语，herpeto 表示爬行动物，thero 表示捕食，如笑隼（*Herpetotheres cachinnans*），俗名为 Laughing Falcon

Herpsilochmus herp-si-LOK-mus
希腊语，herpso 表示爬行，lochmus 表示灌木丛，如原蚁鹩（*Herpsilochmus gentryi*），俗名为 Ancient Antwren

大蓝鹭
Ardea herodias

菲利普·克兰西
（1917—2001）

菲利普·克兰西（Phillip Clancey）1917年出生于苏格兰的格拉斯哥，毕业于格拉斯哥艺术学校（Glasgow School of Art），在这里他学习了艺术技能。他很早就展现出对鸟类的兴趣，而且在20岁时加入了英国鸟类学家联盟。随后的16年他发表了许多关于鸟类系统学的文章，尤其是关于苏格兰鸟类的文章。他采集的33个正模标本和5 500张西古北界鸟类的剥制标本现在保存在苏格兰博物馆。

在第二次世界大战期间，克兰西被分配到西西里岛上盟军的队伍中服役，在一次火炮爆炸中被炸聋了一只耳朵。尽管战事激烈，他还是坚持业余爱好，在西西里岛收集该地的林伯劳（*Lanius senator*，俗名为 Woodchat Shrike）的族群。

1948—1949年，克兰西作为野外助手陪同理查德·梅内特扎根上校（Col. Richard Meinertzhegen）在也门、亚丁、索马里、埃塞俄比亚、肯尼亚和南非进行了一次鸟类学考察。有一次梅内特扎根和克兰西就纳米比亚鸦的问题进行了激烈的争论，激烈到他们甚至互相用枪指着对方。鸟类标本制作师化解了这次危机。还有一次，当克兰西病重时，梅内特扎根竟然将他抛弃了。后来梅内特扎根在《沙特阿拉伯鸟类》（*Birds of Arabia*）中发表了这次考察的结果，只字未提克兰西对这次研究的重要贡献。

克兰西于1950年移居南非，虽然克兰西在中学毕业后就没有接受过正规教育，但是他被聘为彼得马里茨堡的纳塔尔博物馆（Natal Museum）馆长。1952年，他担任德班博物馆（Durban Museum）的主管，在这个职位上他一直工作到1982年。他还曾担任过南非博物馆协会（Southern African Museum Association）主席、南非鸟类学会（Southern African Ornithological Association）主

林伯劳
Lanius Senator

拉丁语 *Lanius* 意为屠夫，*Senator* 指的是雄鸟背部像参议院院长袍式的花纹。

席，并长期担任纳塔尔鸟类俱乐部（Natal Bird Club）主席，美国鸟类学家联盟将其列为通讯会员，以示尊敬。

克兰西担任德班博物馆主管期间，他参加、发起并主导了32次鸟类考察，收集了大量鸟类分布记录，为博物馆采集了许多标本。其中对莫桑比克的考察尤为重要，因为他成功地从这个国家带回了大量标本。他将近32 000张鸟类剥制标本（被认为是非洲最好的鸟类标本）捐赠给博物馆。这些剥制标本都由他亲手制作，他是标本制作领域的专家。然而，他并不是恪守道德的标本采集者；有人批评他无视采集许可的限制。有一次，他涉嫌未持许可证非法采集而被捕，采集所用的猎枪也同时被没收了。后来，在一场拍卖会上他又购买了一支同样的猎枪。

克兰西撰写并发表了大量的文章，出版了超过600本书籍，其中许多出版物都具有极高价值，比如《纳塔尔和祖鲁兰鸟类》（*The Birds of Natal and Zululand*, 1964）、《南非的珍稀鸟类》（*The Rare Birds of Southern Africa*, 1985）和《莫桑比克南部的鸟类》（*The Birds of Southern Mozambique*, 1996），这些著作中的插画都由他自己亲手绘制。克兰西还和其他人合著了《非洲鸟类

鹪鹩的一个亚种
Troglodytes troglodytes indigenus
俗名为 Eurasian Wren

该亚种由克兰西命名

图册》（*Atlas of Speciation of African Birds*），这本地图册于1978年由大英博物馆出版。

他被授予了纳塔尔大学（University of Natal）的荣誉博士，获得了南非鸟类学会的吉尔纪念奖章（Gill Memorial Medal），并成为伦敦博物馆协会（Museum Association in London）的会员。他命名了两百多个非洲鸟类的亚种，其他鸟学家为了纪念他而命名的鸟类亚种也有许多。他在德班博物馆和艺术走廊继续从事研究工作，直到2001年去世，83岁。

克兰西终身未娶，他将自己的精力完全投入到鸟类学和博物馆的工作中。克兰西非常擅长绘画，观察力也很强。曾有人为他画了一只鸟类，但克兰西觉得鸟的眼睛颜色不对，就下笔改动，一笔就纠正了。他的艺术才华不仅仅展现在由他绘制插画的书籍中，还表现在他为德班自然科学博物馆（Durban Natural Science Museum）中所绘制的实景画中。他有时重复绘制一幅画超过6次，直至达到他自己的标准。其鸟类插画深受收藏家们追捧。

"克兰西是少见的集科学家、作家、艺术家和管理者于一身的人"
大卫·阿伦（David Allan），《海雀》（*The Auk*, 2003）

Hesperiphona hess-pear-ih-PHONE-a
希腊语，hesperis 表示傍晚，phone 表示声音，如黄昏锡嘴雀（Hesperiphona vespertina），俗名为 Evening Grosbeak

Heterocercus he-ter-o-SIR-kus
希腊语，heteros 表示不同，cerco 指尾巴，如黄顶娇鹟（Heterocercus flavivertex），俗名为 Yellow-crested Manakin，这种娇鹟属鸟类的尾巴和其他娇鹟属鸟类的不同

Heterolaemus he-ter-o-LEE-mus
希腊语，heteros 表示不同，laemus 指喉部，如褐头缝叶莺（Phyllergates heterolaemus），俗名为 Rufous-headed Tailorbird，其喉部为白色

Heteromyias he-ter-o-MY-ee-as
希腊语，heteros 表示不同，muia 表示飞行，如地丛鹟（Heteromyias albispecularis），俗名为 Ashy Robin，可能指这种鸟和其他鹟稍不一样的食性

Heteronetta he-ter-o-NET-ta
希腊语，heteros 表示不同，netta 表示鸭子，如黑头鸭（Heteronetta atricapilla），俗名为 Black-headed Duck；这是一种不寻常的鸭子，有长而坚硬的尾羽

Heterophasia he-ter-o-FAZ-ee-a
希腊语，heteros 表示不同，phasia 表示演讲，如白耳奇鹛（Heterophasia auricularis），俗名为 White-eared Sibia；大概因其鸣声而命名

Heteroscelus heh-ter-os-SEL-us
希腊语，heteros 表示不同，skelos 表示腿，如灰尾漂鹬（Heteroscelus brevipes），俗名为 Grey-tailed Tattler，其腿的比例和其他鸟类不同，新的DNA证据将其纳入到鹬属（Tringa）

Heuglinii, -i hoy-GLIN-ee-eye/HOY-glin-eye
以德国工程师、鸟类学家特奥多尔·冯·霍伊格林（Theodor von Heuglin）命名的，如黑脸鸨（Neotis heuglinii），俗名为 Heuglin's Bustard

Hiaticula hy-at-ih-KUL-a
Hiatus 表示裂隙、开口，cula 表示栖息、居住，如剑鸻（Charadrius hiaticula），俗名为 Common Ringed Plover

Hildebrandti HIL-de-brant-eye
以德国采集家约翰·希尔德布兰特（Johann Hildebrandt）命名的，如希氏鹧鸪（Pternistis hildebrandti），俗名为 Hildebrandt's Francolin

Himantopus him-an-TO-pus
希腊语，himanto 表示带子，pou 表示足，如黑颈长脚鹬（Himantopus mexicanus），俗名为 Black-necked Stilt，这种鸟类的腿较长

Himantornis him-an-TOR-nis
希腊语，himanto 表示带子，ornis 指鸟类，如噪大秧鸡（Himantornis haematopus），俗名为 Nkulengu Rail

Himatione hih-ma-tee-OWN-ee
希腊语，表示斗篷，如白臀蜜雀（Himatione sanguinea），俗名为 Apapane，其羽毛看起来像红色斗篷

Hirsuta, -us her-SOOT-a/us
表示多毛的、粗糙的，如棕胸铜色蜂鸟（Glaucis hirsutus），俗名为 Rufous-breasted Hermit；其亚成鸟的喉部看起来像有许多毛发

Hirundapus here-un-DAP-us
Hirund 表示燕子，希腊语 pous 指足，如紫针尾雨燕（Hirundapus celebensis），俗名为 Purple Needletail，雨燕和燕子相似，且都有比较小的脚

Hirundinacea, -us, -um here-un-di-NACE-ee-a/us/um
表示像一只燕子，如黄喉歌雀（Euphonia hirundinacea），俗名为 Yellow-throated Euphonia

Hirundo here-UN-do
燕子，如家燕（Hirundo rustica），俗名为 Barn Swallow

Hispaniolensis hiss-pan-ee-o-LEN-sis
以伊斯帕尼奥拉岛（Hispaniola）命名的，如拉美绿霸鹟（Contopus hispaniolensis），俗名为 Hispaniolan Pewee

Histrionicus hiss-tree-ON-ih-kus
演戏，源自 histro，表示演员，如丑鸭（Histrionicus histrionicus），俗名为 Harlequin Duck，指其斑纹明显、小丑一样的羽毛

Hodgsoni HOJ-son-eye
以东印度公司的官员布里安·霍奇森（Brian Hodgson）命名的，如黑喉红尾鸲（Phoenicurus hodgsoni），俗名为 Hodgson's Redstart

黑颈长脚鹬
Himantopus mexicanus

HYDRANASSA

拉丁学名小贴士

多氏鸫鹛（*Horizorhinus dohrni*，俗名为 Dohrn's Thrush-Babbler）是一种分布范围非常受限的、孤立的鸟类，人们对它知之甚少。它还有一个名字，叫作 Principe Flycatcher-babbler，仅分布圣多美和几内亚西海岸的普林西比的小岛上。它是 *Horizorhinus*（意思是水平的喙）属的唯一物种，近期的分子证据将其放入 *Sylvia*（意为栖息在森林里）属，是一种旧世界的柳莺。

多氏鸫鹛
Horizorhinus dohrni

Hoffmanni, -ii HOF-man-nye/hof-MAN-nee-eye
以德国博物学家卡尔·霍夫曼（Karl Hoffmann）命名的，如黄翅鹦哥（*Pyrrhura hoffmanni*），俗名为 Sulphur-winged Parakeet

Holochlora, -us hol-o-KLOR-a/us
希腊语，holo 表示为全部，chlor 表示绿色，如绿鹦哥（*Psittacara holochlorus*），俗名为 Green Parakeet

Holosericeus hol-o-ser-ISS-ee-us
希腊语，holo 表示全部，seric 表示柔和的，如绿喉蜂鸟（*Eulampis holosericeus*），俗名为 Green-throated Carib，这种鸟类羽毛柔和平滑，覆盖身体的大部分区域

Homochroa, -us ho-mo-KO-a/us
希腊语，homo 表示像，chroa 表示皮肤，如灰叉尾海燕（*Oceanodroma homochroa*），俗名为 Ashy Storm Petrel，这种鸟类全身为灰白色

Horizorhinus hor-ih-zo-RINE-us
希腊语，horiz 表示平行的，rhinos 指喙，如多氏仙鹟（*Horizorhinus dohrni*），俗名为 Dohrn's Thrush-Babbler

Hornemanni HOR-ne-man-nye
以丹麦植物学家詹斯·赫内曼（Jens Hornemann）命名的，如极北朱顶雀（*Acanthis hornemanni*），俗名为 Arctic Redpoll

Horus HOR-us
埃及的太阳神，如白眉雨燕（*Apus horus*），俗名为 Horus Swift，这样的命名可能是因为它们飞翔的高度很高

Hottentottus hot-ten-TOT-tus
以南非的土著科伊族人（Khoi Khoi）命名的，如发冠卷尾（*Dicrurus hottentottus*），俗名为 Hair-crested Drongo

Hudsonia hud-SONE-ee-a
以加拿大的哈德逊海湾（Hudson's Bay）命名的，如黑嘴喜鹊（*Pica hudsonia*），俗名为 Black-billed Magpie

Hudsonicus, -a hud-SON-ih-kus/ka
以加拿大的哈德逊海湾（Hudson's Bay）命名的，如北山雀（*Poecile hudsonicus*），俗名为 Boreal Chickadee

Humboldti HUM-bolt-eye
以普鲁士博物学家、探险家贝伦·亚历山大·冯·洪堡（Baron Alexander von Humboldt）命名的，如秘鲁企鹅（*Spheniscus humboldti*），俗名为 Humboldt Penguin

Humei HEWM-eye
以《印度鸟类》（*Indian birds*）一书的作家阿伦·休姆（Allan Hume）命名的，如淡眉柳莺（*Phylloscopus humei*），俗名为 Hume's Leaf Warbler

Humeralis hoo-mer-AL-is
肩膀，如黄褐肩黑鹂（*Agelaius humeralis*），俗名为 Tawny-shouldered Blackbird，指其彩色的肩章

Humilis hoo-MIL-is
表示卑微的，如褐鸨（*Eupodotis humilis*），俗名为 Little Brown Bustard，这种鸟类不怎么飞

Hunteri HUN-ter-eye
以英国动物学家 H. C. V. 洪特尔（H. C. V. Hunter）命名的，如亨氏扇尾莺（*Cisticola hunteri*），俗名为 Hunter's Cisticola

Huttoni HUT-ton-eye
以采集家威廉·郝顿（William Hutton）命名的，如郝氏莺雀（*Vireo huttoni*），Hutton's Vireo

Hybrida hy-BRID-a
表示杂交的，如须浮鸥（*Chlidonias hybrida*），俗名为 Whiskered Tern，杂交可能指这个物种不同地理种群的羽毛和大小各不相同

Hydranassa hy-dra-NASS-sa
希腊语，hydro 表示水，anassa 表示女王，如三色鹭（*Hydranassa tricolor*，现改为 *Egretta tricolor*），俗名为 Tricoloured Heron

HYDROBATES

Hydrobates hy-ro-BA-teez
希腊语，hydro 表示水，bates 表示行走或捕猎的，如暴风海燕（Hydrobates pelagicus），俗名为 European Storm Petrel

Hydrocharis hy-dro-KAR-is
希腊语，hydro 表示水，charis 表示亲切、优雅，如阿鲁仙翡翠（Tanysiptera hydrocharis），俗名为 Little Paradise Kingfisher

Hydrophasianus hy-dro-fas-ee-AN-us
希腊语 hydro 表示水，拉丁语 phasianus 表示雉类，如水雉（Hydrophasianus chirurgus），俗名为 Pheasant-tailed Jacana，这是一种水鸟

Hydroprogne hy-dro-PROG-nee
希腊语 hydro 表示水，拉丁语 progne 为燕子，如红嘴巨鸥（Hydroprogne caspia），俗名为 Caspian Tern

Hydropsalis hy-drop-SAL-is
希腊语，hydro 表示水，psalis 表示剪刀，如剪尾夜鹰（Hydropsalis torquata），俗名为 Scissor-tailed Nightjar，这种鸟类在热带雨季时被淹没的草地取食

Hyemalis hy-eh-MAL-is
Hiems 表示冬天，也表示荒凉的，如灰蓝灯草鹀（Junco hyemalis），俗名为 Dark-eyed Junco，这种鸟类在北美的北部筑巢繁殖

Hylocharis hy-lo-KAR-is
希腊语，hyle 表示木头，charis 表示亲切、优雅，如白耳蜂鸟（Hylocharis，现在为 Basilinna leucotis），俗名为 White-eared Hummingbird

Hylocichla hy-lo-SICK-la
希腊语，hyle 表示木头，kichle 表示鸫，如棕林鸫（Hylocichla mustelina），俗名为 Wood Thrush

Hylocryptus hy-lo-KRIP-tus
希腊语，hyle 表示木头，crypt- 表示隐藏，如栗顶拾叶雀（Hylocryptus rectirostris），俗名为 Henna-capped Foliage-gleaner，这一命名大概是因为其棕色的身体很难被看到

Hylonympha hy-lo-NIM-fa
希腊语，hyle 表示木头，nympha 表示仙女，如剪尾蜂鸟（Hylonympha macrocerca），俗名为 Scissor-tailed Hummingbird

Hyperborea, -us hy-per-BOR-ee-a/us
希腊语，hyper 表示在上面、超过，bore 指北边的，如北极鸥（Larus hyperboreus），俗名为 Glaucous Gull，指其分布范围

Hyperythra, -thrus hy-per-IH-thra/thrus
希腊语，hyper 表示在上面、超过，erythros 表示红色，如棕胸蓝姬鹟（Ficedula hyperythra），俗名为 Snowy-browed Flycatcher，指其红色的胸部

剪尾蜂鸟
Hylonympha macrocerca

Hypocnemis hy-pok-NEM-ee-us
希腊语，hyper，表示在上面、超过，cnemi- 指短腿，如秘鲁歌蚁鸟（Hypocnemis peruviana），俗名为 Peruvian Warbling Antbird，这种鸟因其尾巴短而身体显得较长

Hypocondria hy-po-KON-dree-a
希腊语，hyper，表示在上面、超过，khondros 表示软骨（胸骨上的），如棕胁歌鹀（Poospiza hypocondria），俗名为 Rufous-sided Warbling Finch；指它胸部侧面为棕色

Hypogrammica hy-po-GRAM-mi-ka
希腊语，hyper，表示在上面、超过，grammikos 表示有纹理的，如黄翅斑腹雀（Pytilia hypogrammica），俗名为 Yellow- winged Pytilia，这种鸟类的羽毛上有斑点

Hypoleuca, -us hy-po-LOY-ka/kus
希腊语，hypo 表示少于，leukos 表示白色，如白腹海雀（Synthliboramphus hypoleucus），俗名为 Guadalupe Murrelet，因为其没有斑海雀那么白

Hypositta hy-po-SIT-ta
希腊语，hypo 表示少于，sitta 表示鸭，如红嘴钩嘴䴗（Hypositta corallirostris），俗名为 Nuthatch Vanga

Hypoxantha, -us hy-poks-ANTH-a/us
希腊语，hypo 表示少于，xanth 表示黄色，如黄腹扇尾鹟（Chelidorhynx hypoxantha），俗名为 Yellow-bellied Fantail

I

Ianthinogaster *eye-an-thin-o-GAS-ter*
希腊语，*ianthin-* 表示紫罗兰色的，*gaster* 表示胃，如紫蓝饰雀（*Uraeginthus ianthinogaster*），俗名为 Purple Grenadier

Ibericus *eye-BER-ih-kus*
以伊比利亚（Iberia）命名的，如伊比利亚柳莺（*Phylloscopus ibericus*），俗名的 Iberian Chiffchaff

Ibidorhyncha *eye-bid-o-RINK-a*
希腊语，*ibidos* 表示鹮，*rhynch-* 指喙，如鹮嘴鹬（*Ibidorhyncha struthersii*），俗名为 Ibisbill

Ibis *EYE-bis*
希腊语，*ibis* 表示像鹳的鸟类，如黄嘴鹮鹳（*Mycteria ibis*），俗名为 Yellow-billed Stork

Ibycter *eye-BICK-ter*
希腊语，*ibu* 表示叫喊，*ibukter* 表示歌手，如红喉巨隼（*Ibycter americanus*），俗名为 Red-throated Caracara，它的鸣叫声很大且很明显

Ichthyaetus *ik-thee-EE-tus*
希腊语，*icthy* 指鱼类，*aetus* 表示鹰，如黑头鸥（*Ichthyaetus melanocephalus*），俗名为 Mediterranean Gull

Ichthyophaga *ik-thee-o-FAY-ga*
希腊语，*icthy* 指鱼类，*phagein* 表示吃，如渔雕（*Ichthyophaga humilis*，现在是 *Haliaeetus humilis*），俗名为 Lesser Fish Eagle

Icteria *ik-TER-ee-a*
希腊语，*ikteros* 表示黄色的，如黄胸大鹀莺（*Icteria virens*），俗名为 Yellow-breasted Chat

Icterina, -us *ik-ter-EE-na/nus*
希腊语，*ikteros* 表示黄色的，如绿篱莺（*Hippolais icterina*），俗名为 Icterine Warbler，这是一种淡黄色的鸟类

Icterocephala, -us *ik-ter-o-se-FAL-a/us*
希腊语 *ikteros* 表示黄色的，拉丁语 *cephala* 指头部，如银喉唐加拉雀（*Tangara icterocephala*），俗名为 Silver-throated Tanager，这种鸟类的头部较黄

Icterophrys *ik-ter-O-friss*
希腊语，*ikteros* 表示黄色，*oprys* 指眉毛，如黄眉霸鹟（*Satrapa icterophrys*），俗名为 Yellow-browed Tyrant

Icteropygialis *ik-ter-o-pij-ee-AL-is*
希腊语，*ikteros* 表示黄色，*puge* 指腰部，如黄嘴孤莺（*Eremomela icteropygialis*），俗名为 Yellow-bellied Eremomela

Icterorhynchus *ik-ter-o-RINK-us*
希腊语 *ikteros* 表示黄色，拉丁语 *rhynchus* 指喙，如沙色角鸮（*Otus icterorhynchus*），俗名为 Sandy Scops Owl，它的喙是黄色的

Icterotis *ik-ter-O-tis*
希腊语，*ikteros* 表示黄色，*otid* 指耳朵，如黄耳鹦哥（*Ognorhynchus icterotis*），俗名为 Yellow-eared Parrot

Icterus *IK-ter-us*
希腊语，*ikteros* 表示黄色，如圃拟鹂（*Icterus spurius*），俗名为 Orchard Oriole；神话中说拟鹂的眼睛可以治愈黄疸

Ictinaetus *ik-tin-EE-tus*
希腊语，*iktinos* 表示鸢，*aetus* 指雕，如林雕（*Ictinaetus malaiensis*），俗名为 Black Eagle

圃拟鹂
Icterus spurius

拉丁学名小贴士

正如其学名 *Idiopsar brachyurus* 所描述的那样，短尾雀鹀（俗名为 Short-tailed Finch）是一种尾巴短且像椋鸟的鸟类。它是这个属的唯一物种，也是一种分布不广的鸟类，仅分布于秘鲁、玻利维亚和阿根廷的安迪斯山脉 3 300 ～ 4 600 米的高海拔区域，栖息在林线以上的裸石生境中。它现在属于鹀科（Emberizidae），鹀和麻雀），但曾被认为属于拟黄鹂科（Icteridae）。有关这种鸟类分类的争论从 1886 年，它首次被描述时，就已经开始了。

短尾雀鹀
Idiopsar brachyurus

Ictinia *ik-TIN-ee-a*
希腊语，*iktinos* 表示鸢，如南美灰鸢（*Ictinia plumbea*），俗名为 Plumbeous Kite。鸢是用小朋友们的玩具风筝来命名的，因为它们的飞行方式较像

Idiopsar *id-ee-OP-sar*
希腊语，*idio* 表示古怪的，*psar* 表示布满斑点的、椋鸟，如短尾雀鹀（*Idiopsar brachyurus*），俗名为 Short-tailed Finch，这种鸟类有些像椋鸟

Ifrita *eye-FRIT-a*
以伊夫利特（*Ifrit*）命名的，如蓝顶鹛鹟（*Ifrita kowaldi*），俗名为 Blue-capped Ifrit，这个属的鸟类是三个包含有毒鸟类的属之一

Igneus *IG-nee-us*
表示火热的，如火红山椒鸟（*Pericrocotus igneus*），俗名为 Fiery Minivet

Ignicapilla *ig-ni-ka-PIL-la*
Ignis 表示火，*capilla* 指头发，如火冠戴菊（*Regulus ignicapilla*），俗名为 Common Firecrest

Ignicauda *ig-ni-KAW-da*
Ignis 表示火，*cauda* 指尾巴，如火尾太阳鸟（*Aethopyga ignicauda*），俗名为 Fire-tailed Sunbird

Ignipectus *ig-ni-PEK-tus*
Ignis 表示火，*pectus* 指胸部，如红胸啄花鸟（*Dicaeum ignipectus*），俗名为 Fire-breasted Flowerpecker

Ignobilis *ig-NO-bil-is*
表示乏味的、低俗的、模糊的，如黑嘴鸫（*Turdus ignobilis*），俗名为 Black-billed Thrush，这种鸟类的羽毛颜色很浅

Iheringi *EER-ing-eye*
以德国鸟类学家赫尔曼·冯·伊赫林（Hermann von Ihering）命名的，如亚马孙蚁鹩（*Myrmotherula iheringi*），俗名为 Ihering's Antwren

Ijimae *ee-JEE-mee*
以日本鸟类学会第一任主席饭岛魁（I. Ijimae）命名的，如饭岛柳莺（*Phylloscopus ijimae*），俗名为 Ijima's Leaf Warbler

Iliaca, -us *il-ee-AK-a/us*
ilia- 表示胁部、腰脊，如狐色雀鹀（*Passerella iliaca*），俗名为 Fox Sparrow，这样命名是因为它们在北方的大多数群都是狐狸颜色，*iliaca* 表示条纹明显的胁部

Ilicura *il-ih-KOO-ra*
希腊语，*helix* 表示卷曲、扭曲，*oura* 指尾巴，如针尾娇鹟（*Ilicura militaris*），俗名为 Pin-tailed Manakin，因其羽毛和中央尖刺和军装类似而命名

Illadopsis *il-la-DOP-sis*
希腊语，*illis* 表示鸫，*opsis* 指外表，如黑头非洲雅鹛（*Illadopsis cleaveri*），俗名为 Blackcap Illadopsis

Immaculata, -us *im-mak-oo-LAT-a/us*
完美无瑕的，如纯色蚁鸟（*Myrmeciza immaculata*），俗名为 Blue-lored Antbird，这一命名可能源自其羽毛的颜色

Immer *IM-mer*
Immersus 表示跳水、跳入，如普通潜鸟（*Gavia immer*），俗名为 Great Northern Loon 或 Great Northern Diver

Immutabilis im-moo-TA-bil-is
表示永恒的，如黑背信天翁（*Phoebastria immutabilis*），俗名为 Laysan Albatross；其幼鸟和成鸟很像，所以这样命名

Impennis im-PEN-nis
没有羽毛的，如现在已经灭绝的大海雀（*Pinguinus impennis*），俗名为 Great Auk；虽然不是完全没有羽毛，但是这种鸟的羽毛不能用于飞行

Imperialis im-per-ee-AL-is
威严，如帝王鹦哥（*Amazona imperialis*），俗名为 Imperial Amazon，这种鹦鹉羽毛颜色很漂亮，呈绿色和紫色

Implicata im-pli-KAT-a
Implicatus 表示包含、涉及、缠住，如山啸鹟（*Pachycephala implicata*），俗名为 Hooded Whistler

Importunus im-por-TOON-us
不方便的、恼人的、固执的，如黄腹绿鹎（*Andropadus importunus*），俗名为 Sombre Greenbul，这样命名可能是因为其单调乏味的口哨式鸣叫声

Inca INK-a
以印加帝国（Inca Empire）命名的，如印加地鸠（*Columbina inca*），俗名为 Inca Dove；虽然这种鸟类以印加帝国命名，但在南非的印加地区没有分布

Incanum, -us, -a in-KAN-um/us/a
灰色，如漂鹬（*Tringa incana*），俗名为 Wandering Tattler，其背部为灰色

Incertus in-SERT-us
不确定的，如斑胸林鹟鹟（*Pseudorectes incertus*），俗名为 White-bellied Pitohui，人们对这种鸟类还知之甚少

Incognita in-kog-NEE-ta
伪装的、隐蔽的，如印尼蓝喉拟啄木（*Megalaima incognita*），俗名为 Moustached Barbet

Indica IN-di-ka
以印度（India）命名的，如绿翅金鸠（*Chalcophaps indica*），俗名为 Common Emerald Dove

Indicator in-di-KA-tor
表示这指出了、指示，如黑喉响蜜䴕（*Indicator indicator*），俗名为 Greater Honeyguide，这些鸟类取食蜂蜜，也会将人类带至蜂窝，将蜂窝曝光

Indicus IN-di-kus
以印度（India）命名的，如丛林夜鹰（*Caprimulgus indicus*），俗名为 Jungle Nightjar，这一俗名可能源自夜间这种鸟"jrrrrrrrrrrrr"的叫声

Indigo IN-di-go
Indicum 表示靛蓝色，如青仙鹟（*Eumyias indigo*），俗名为 Indigo Flycatcher

Indistincta in-dis-TINK-ta
模糊的，如褐岩吸蜜鸟（*Lichmera indistincta*），俗名为 Brown Honeyeater

大海雀
Pinguinus impennis

黑顶蒂泰霸鹟
Tityra inquisitor

Indus IN-dus
以印度（India）命名的，如栗鸢（*Haliastur indus*），俗名为 Brahminy Kite 或 Red-backed Sea Eagle

Inepta in-EP-ta
Ineptus 表示愚蠢的、荒谬的，如新几内亚秧鸡（*Megacrex inepta*），俗名为 New Guinea Flightless Rail，这样命名是因为它们遇到危险时无法飞走，显得很"愚蠢"

Inexpectata in-eks-pek-TA-ta
出乎意料的，如鳞斑圆尾鹱（*Pterodroma inexpectata*），俗名为 Mottled Petrel，这种鸟类是新西兰的留鸟，但有时也会出乎意料地出现在其他区域

Infelix in-FEL-liks
不高兴、不幸，如阿岛王鹟（*Symposiachrus infelix*），俗名为 Manus Monarch，这种鸟类命名所依据的模式标本模样很可怕，显然其生前遭到了严重的枪击

Infuscata, -us in-foos-KAT-a/us
暗淡的、黑暗的，如摩鹿加金丝燕（*Aerodramus infuscatus*），俗名为 Halmahera Swiftlet

Ingens IN-jenz
大的、显著的，如萨氏角鸮（*Megascops ingens*），俗名为 Rufescent Screech Owl，这是角鸮中较大的物种之一

Inornatus, -a in-or-NAT-us/a
普通的，如纯色冠山雀（*Baeolophus inornatus*），俗名为 Oak Titmouse，以前的俗名为 Plain Titmouse

Inquieta, -ius in-kwee-EH-ta/ee-us
坐立不安的、焦虑不安的，如嬉戏阔嘴鹟（*Myiagra inquieta*），俗名为 Restless Flycatcher

Inquisitor in-KWI-zi-tor
审判者、调查者，如黑顶蒂泰霸鹟（*Tityra inquisitor*），俗名为 Black-crowned Tityra；可能是根据它们取食时头部的移动方式而命名的

Insignis in-SIG-nis
显著的、卓越的，如白腹鹭（*Ardea insignis*），俗名为 White-bellied Heron 或 Imperial Heron

Insularis in-soo-LAR-is
Insula 表示岛屿的，如索岛麻雀（*Passer insularis*），俗名为 Socotra Sparrow，生活在印度洋的三个岛屿上

Intermedia in-ter-MEE-dee-a
Intermedius 表示中间型的，如中白鹭（*Egretta intermedia*），俗名为 Intermediate Egret，这是一种中等体型的鹭

Internigrans in-ter-NYE-granz
Inter 表示在……之间、在……之中，*nig* 表示暗的、黑的，如黑头噪鸦（*Perisoreus internigrans*），俗名为 Sichuan Jay，这种鸟类的羽毛呈灰色

Interpres IN-ter-press
Inter 表示在……之间，*pre-* 是在……之前，如翻石鹬（*Arenaria interpres*），俗名为 Ruddy Turnstone，因为其翻石头的习性

Involucris in-vo-LOO-kris
Involucre 表示包起来，如纹背苇鸭（*Ixobrychus involucris*），俗名为 Stripe-backed Bittern

纹背苇鸭
Ixobrychus involucris

Iodopleura *eye-o-doe-PLUR-a*
希腊语，*iodo* 表示紫色的，*pleura* 表示一侧，如黄喉紫须伞鸟（*Iodopleura pipra*），俗名为 Buff-throated Purpletuft

Iole *eye-O-lee*
希腊语，神话中欧律托斯（Eurgtus）的女儿，如黄眉绿鹎（*Iole virescens*），俗名为 Olive Bulbul，其俗名来自波斯语的夜莺

Iphis *EYE-fiss*
希腊语，强烈地、强壮地，如果鹟（*Pomarea iphis*），俗名为 Iphis Monarch

Irania *ee-RAHN-ee-a*
以伊朗（Iran）命名的，如白喉鸲（*Irania gutturalis*），俗名为 White-throated Robin（事实上这是一种旧世界的鸫）

Irena *ee-REN-a*
希腊语，和平之神，如和平鸟（*Irena puella*），俗名为 Asian Fairy-bluebird

Iriditorques *ih-rid-ih-TOR-kweez*
Iris 表示彩虹，*torques* 表示衣领，如铜颈鸽（*Columba iriditorques*），俗名为 Western Bronze-naped Pigeon

Iridophanes *ih-rid-o-FAN-eez*
Iris 表示彩虹，希腊语 *phane* 表示可见的，如金领旋蜜雀（*Iridophanes pulcherrimus*），俗名为 Golden-collared Honeycreeper

Iridoprocne *ih-rid-o-PROK-nee*
Iris 表示彩虹，*Procne* 是希腊神话中被神变成燕子的人，如双色树燕（*Iridoprocne*，现在为 *Tachycineta bicolor*），俗名为 Tree Swallow

Iridosornis *ih-rid-o-SOR-nis*
Iris 表示彩虹，*ornis* 指鸟类，如金顶彩裸鼻雀（*Iridosornis rufivertex*），俗名为 Golden-crowned Tanager

Iris *EYE-ris*
彩虹，如彩虹八色鸫（*Pitta iris*），俗名为 Rainbow Pitta

Isabellae *ih-sa-BEL-lee*
以西班牙女王伊斯贝尔（Queen Isabel）命名的，如淡色鹂（*Oriolus isabellae*），俗名为 Isabela Oriole

Isidori *iz-ih-DOR-eye*
以法国动物学家和采集家杰弗莱·森特－希莱尔（Geoffroy Saint-Hilaire）命名的，如黑栗雕（*Spizaetus isidori*），俗名为 Black-and-chestnut Eagle

Islandica *iss-LAN-dik-a*
以冰岛（Iceland）命名的，如巴氏鹊鸭（*Bucephala islandica*），俗名为 Barrow's Goldeneye

拉丁学名小贴士

布氏短脚鹎（*Ixos virescens*，俗名为 Sunda Bulbul）分布于印度尼西亚的苏门答腊岛和爪哇岛。Sunda 源自连接爪哇海和印度洋的海峡的名字。鹎（Bulbul）源于波斯语 *bolbol*，表示夜莺，实际上鹎不属于夜莺科，而是属于包括鹎和绿鹎的鹎科（Pycnonotidae）。虽然它以槲寄生（mistletoe）命名，但是同时它也取食各种各样的果实，还取食昆虫、蜘蛛和其他节肢动物。这是一种群居性鸟类，布氏短脚鹎常同种集群取食，也会加入混合鸟群中，它们似乎更倾向于加入混合鸟群。

布氏短脚鹎
Ixos virescens

Ispidina *iss-pi-DEEN-a*
源自 *hispidus*，表示粗鲁的、凌乱的、多毛的，如粉颊小翠鸟（*Ispidina picta*），俗名为 African Pygmy Kingfisher

Ixobrychus *iks-o-BRICK-us*
Iksos 为希腊语，*brykein* 表示吞食，如姬苇鳽（*Ixobrychus exilis*），俗名为 Least Bittern

Ixoreus *iks-OR-ee-us*
希腊语，*iksos* 表示槲寄生，*oro* 表示一座山，如杂色鸫（*Ixoreus naevius*），俗名为 Varied Thrush，这一俗名源自其喜爱的山地生境

Ixos *IKS-os*
希腊语，*iksos* 表示槲寄生，如布氏短脚鹎（*Ixos virescens*），俗名为 Sunda Bulbul

詹姆斯·邦德
(1900—1989)

观鸟者可能会惊讶地发现，伊恩·弗莱明（Ian Fleming）小说中的主人公詹姆斯·邦德（James Bond），竟然和他们一样也是观鸟爱好者。邦德于1900年1月4日出生于费城，当他母亲于1914年去世后，他便与父亲搬到了英格兰。在那里他上了私立学校，后来进入剑桥大学读书，并于1922年获得学位。

邦德毕业后不久，便参加了由他父亲发起的前往奥里若科河三角洲（Orinoco Delta）的考察，正是这次考察激起了他对鸟类学的兴趣。回到美国后，他当了3年的银行家，但由于他仍然对博物学感兴趣，便参加了由自然科学院（Academy of Natural Sciences）资助的一次考察活动，这次考察包括对西印度群岛的鸟类调查。在之后的几十年里，他多次来到这些岛屿上考察，还曾在古巴和伊斯帕尼奥拉（Hispaniola）驻扎过很长时间。"除了更南部的巴哈马群岛（Bahamas）外，我们对其他区域都进行了比较深入的考察，"他在1960年写道，"西印度群岛的当地鸟类物种和那些已知物种，我这一生已经见到了其中的大约98%。"

他主导了对整个加勒比海地区的一系列鸟类科学考察。令他比较着迷的一个岛屿是牙买加，在这里他注意到很多岛上的留鸟来自北美，而不是原本大家所设想的南美洲。后来到牙买加和其他加勒比岛屿的考察让他得出了一个理论，他认为：南北美洲物种的分界线位于委内瑞拉东北海岸和哥伦比亚，现在这一条线被称为"邦德线"（Bond Line）。邦德编著了一本开创性的观鸟书籍《西印度群岛的鸟类》（*Birds of the West Indies*），该书最初于1936年出版，并且在很多年里它都是那一地区唯一一本权威的鸟类鉴定手册。他去过一百多个岛屿，独木舟是他最常使用的交通工具，他最终采集了300种鸟类中的294种，发表了一百多篇关于加勒比岛鸟类的科学论文。

他的《西印度群岛的鸟类》一书深受加勒比地区观鸟者们的喜爱，其中一名观鸟名叫伊恩·弗莱明，他在牙买加北岸有一处庄园并用邦德的书作为他的观鸟指南。弗莱明选用邦德的名字来命名他所创作的谍战小说中的英雄。

短尾鸼
Todus todus

短尾鸼是牙买加的特有鸟类，拉丁语 *todillus* 是小型鸟类的意思。

"这个国家看起来真大！"

詹姆斯·邦德，当他第一次去费城西边旅行，途经密歇根时所说，时年 53 岁。

不是因为邦德这个人很著名，而是因为他喜欢这个名字的力量感和简洁感，他觉得邦德本人应该不会反对，虽然他并没有问过邦德。邦德甚至在很多年后才发现这事。

最后弗莱明的书流行才让这位鸟类学家感到有些惊愕。邦德的妻子玛丽（Mary）在写给弗莱明的信中打趣地说邦德他本人为《诺博士》（*Dr. No*）这本小说中狡猾的流氓被命名成詹姆斯·邦德而感到十分震惊。弗莱明回复说如果詹姆斯愿意，他可以起诉，或者"也许有一天他会发现他乐意以冒犯的方式用一些特别可怕的鸟种来取名"。有趣的是，弗莱明将巴哈马伊纳瓜岛的卡基岛（Crab Key）的鸟类保护区作为《诺博士》的背景。

1964 年，詹姆斯和他妻子玛丽又一次来到加勒比地区进行鸟类研究，并临时决定去拜访伊恩·弗莱明，其实早在他们的第一次信件交流中弗莱明就曾邀请他们到他牙买加的庄园来。英国广播公司偶然对弗莱明做了一次采访，这使他几乎和小说中的詹姆斯·邦德一样著名，于是英国广播公司决定拍摄一个关于这位小说家和鸟类学家会面的节目。开始弗莱明或多或少都对这位邦德的真实身份感到有些可疑，于是要邦德去识别在他住所看到的一些鸟类。结果邦德通过了测试，这可能是弗莱明生命当中的最美好的一天。

邦德曾是费城自然科学院（Academy of Natural Sciences of Philadelphia）的馆长、美国鸟类学家联盟的会员和英国鸟类学家联盟的会员。1952 年，他获得了牙买加研究所（Institute of Jamaica）授予的马斯格雷夫勋章（Musgrave Medal）；1954 年他获得了美国鸟类学的最高荣誉：威廉·布鲁斯特纪念奖（William Brewster Memorial Award），以表彰他对西印度群岛鸟类研究所做的贡献；1975 年他又获得了莱迪勋章（Leidy Medal）。他最终在费城去世，享年 89 岁。

大蓝鹭
Ardea herodias

加拉帕戈斯国家公园的一只大蓝鹭被称为詹姆斯·邦德，因为它的环号是 007。

J

Jabiru ja-BEER-oo
源自巴西土著语图皮语，表示膨胀的颈部，如裸颈鹳（*Jabiru mycteria*），俗名为 Jabiru，其头部和上颈部裸露且为黑色的，在其颈部的下方裸露着一个皮革样的红色膨胀囊

Jacamaralcyon jak-a-mar-AL-see-on
Jacamar 源自巴西土著语图皮语，希腊语 *alkuon* 表示翠鸟，如三趾鹟䴕（*Jacamaralcyon tridactyla*），俗名为 Three-toed Jacamar

Jacamerops ja-ka-MER-ops
Jacamar 源自巴西土著语言图皮语，*merops* 表示蜜蜂，如大鹟䴕（*Jacamerops aureus*），俗名为 Great Jacamar

Jacana ja-KA-na
图皮－瓜纳里语，如美洲水雉（*Jacana spinosa*，俗名为 Northern Jacana）

Jacarina ja-ka-REEN-a
图皮语，形容跳上跳下的人的名字，如蓝黑草鹀（*Volatinia jacarina*），俗名为 Blue-black Grassquit，该鸟的雄性鸣唱时会跳入空中

红尾鵟
Buteo jamaicensis

Jacksoni JAK-son-eye
以英国博物学家、鸟类学家弗雷德里克·杰克逊（Frederick Jackson）命名的，如杰氏弯嘴犀鸟（*Tockus jacksoni*），Jackson's Hornbill

Jacobinus ja-ko-BINE-us
道明会或雅各宾派修道士，如斑翅凤头鹃（*Clamator jacobinus*），俗名为 Jacobin Cuckoo 或 Pied Cuckoo，这种鸟和修道士一样都是白色，有一个黑色的"斗篷"

Jacquinoti jak-kwee-NOTE-eye
以法国探险家查尔斯·雅基诺（Charles Jacquinot）命名的，如所罗门鹰鸮（*Ninox jacquinoti*），俗名为 Solomons Boobook

Jacucaca ja-koo-KA-ka
巴西图皮人名，如白眉冠雉（*Penelope jacucaca*），俗名为 White-browed Guan

Jacula ja-KOO-la
Jacul- 表示投掷，如绿顶辉蜂鸟（*Heliodoxa jacula*），俗名为 Green-crowned Brilliant，这是一种体型较大的蜂鸟，它停在一根树枝上取食后会飞到另一根树枝上

Jamaicensis ja-may-SEN-sis
以牙买加（Jamaica）命名的，如红尾鵟（*Buteo jamaicensis*），俗名为 Red-tailed Hawk

Jambu JAM-boo
梵文，表示蒲桃树，如粉头果鸠（*Ptilinopus jambu*），俗名为 Jambu Fruit Dove

Jamesi JAMEZ-eye
以英国商人亨利·詹姆斯（Henry James）命名的，如秘鲁红鹳（*Phoenicoparrus jamesi*），俗名为 James's Flamingo

Jamesoni JAY-meh-son-eye
以爱尔兰博物学家詹姆斯·詹姆森（James Jameson）命名的，如杰氏饰眼鹟（*Platysteira jamesoni*），俗名为 Jameson's Wattle-eye

Jankowskii jan-KOW-skee-eye
以波兰动物学家迈克尔·扬科夫斯基（Michael Jankowski）命名的，如栗斑腹鹀（*Emberiza jankowskii*），俗名为 Jankowski's Bunting

Janthina jan-THEEN-a
希腊语，*ianthinos* 表示紫色的，如黑林鸽（*Columba janthina*），俗名为 Japanese Wood Pigeon

Japonica, -us ja-PON-ik-a/us
关于日本（Japan）的，如日本绣眼鸟（*Zosterops japonicus*），俗名为 Japanese White-eye

Jardineii, -i jar-DINE-ee-eye/jar-DINE-ee
以苏格兰鸟类学家威廉·贾丁（William Jardine）命名的，如箭纹鸫鹛（*Turdoides jardineii*），俗名为 Arrow-marked Babbler

Javanica, -us ja-VAN-ih-ka/kus
关于爪哇（Java）的，如斑扇尾鹟（*Rhipidura javanica*），俗名为 Malaysian Pied Fantail

Jelskii JEL-skee-eye
以波兰鸟类学家康斯坦蒂·叶利斯基（Konstanty Jelski）命名的，如杰氏唧霸鹟（*Silvicultrix jelskii*），俗名为 Jelski's Chat-Tyrant

Jerdoni JER-don-eye
以英国医生、博物学家托马斯·杰登（Thomas Jerdon）命名的，如褐冠鹃隼（*Aviceda jerdoni*），俗名为 Jerdon's Baza

Jocosus jo-KO-sus
充满乐趣的，如红耳鹎（*Pycnonotus jocosus*），俗名为 Red-whiskered Bulbul

Johannae jo-HAN-nee
以朱尔·韦罗（Jules Verreaux）的妻子约翰娜·韦罗（Johanna Verreaux）命名的，如猩红簇花蜜鸟（*Cinnyris johannae*），俗名为 Johanna's Sunbird

Jefferyi JEF-free-eye
以英国博物学家、专业采集者约翰·怀特黑德（John Whitehead）的父亲杰弗里·怀特黑德（Jeffery Whitehead）命名的，如菲律宾雕（*Pithecophaga jefferyi*），俗名为 Philippine Eagle

Johnstoni JON-stun-eye
以英国探险家哈里·约翰斯顿（Harry Johnston）命名的，如红胸蕉鹃（*Ruwenzorornis johnstoni*），俗名为 Rwenzori Turaco

Johnstoniae jon-STONE-ee-eye
以著名的养鸟者玛丽昂·约翰斯顿（Marion Johnstone）命名的，如台湾林鸲（*Tarsiger johnstoniae*），俗名为 Collared Bush Robin

Jonquillaceus jon-kwil-LACE-ee-us
法语，水仙花，如帝汶红翅鹦鹉（*Aprosmictus jonquillaceus*），俗名为 Jonquil Parrot，可能是因为其翅膀羽毛呈橄榄黄色

Josefinae/Josephinae jo-seh-FIN-ee
以德国鸟类学家弗里德里希·芬斯克（Friedrich Finsch）的妻子命名的，如约氏鹦鹉（*Charmosyna josefinae*），俗名为 Josephine's Lorikeet，又如阔嘴哑霸鹟（*Hemitriccus josephinae*），俗名为 Boat-billed Tody-Tyrant

Jourdanii joor-DAN-ee-eye
以特立尼达岛（Trinidad）的一位采集者命名的，如棕尾林蜂鸟（*Chaetocercus jourdanii*），俗名为 Rufous-shafted Woodstar

红胸蚁䴕
Jynx ruficollis

Jouyi JOO-ee-eye
以美国外交官、博物学家皮埃尔·茹伊（Pierre Jouy）命名的，如已灭绝的琉球银斑黑鸽（*Columba jouyi*），俗名为 Ryukyu Wood Pigeon

Jubata, -us, -ula joo-BAT-a/us/joo-ba-TOO-la
Jubatus 表示山顶或鬃，如鬃林鸭（*Chenonetta jubata*），俗名为 Australian Wood Duck/Maned Duck

Jugularis jug-oo-LAR-is
Jugularis 表示锁骨、喉部、颈部的，如橙颊鹦哥（*Brotogeris jugularis*），俗名为 Orange-chinned Parakeet

Julie JOO-lee
以朱莉·米尔桑（Julie Mulsant）命名的，她是法国博物学家马夏尔·米尔桑（Martial Mulsant）的夫人，如紫腹蜂鸟（*Damophila julie*），俗名为 Violet-bellied Hummingbird

Juncidis jun-SID-is
Juncus 表示匆忙，如棕扇尾莺（*Cisticola juncidis*），俗名为 Zitting Cisticola 或 Fan-tailed Warbler，这种鸟一般栖息在草地上

Junco JUNK-o
Juncus 表示匆忙，如灰蓝灯草鹀（*Junco hyemalis*），俗名为 Dark-eyed Junco，这是一个奇怪的属名，因为它们不是湿地鸟类

Jynx JINKS
歪脖子，如红胸蚁䴕（*Jynx ruficollis*），俗名为 Red-throated Wryneck，这种鸟类的脖子易弯曲

K

Kaempferi KEMP-fer-eye
以德国采集家埃米尔·肯普弗（Emil Kaempfer）命名的，如凯氏哑霸鹟（*Hemitriccus kaempferi*），俗名为 Kaempfer's Tody-Tyrant

Kaestneri KEST-ner-eye
以美国外交官彼得·克斯特纳（Peter Kaestner）命名的，如昆迪蚁鸫（*Grallaria kaestneri*），俗名为 Cundinamarca Antpitta

Kakamega ka-ka-MAY-ga
以肯尼亚的卡卡梅加雨林（Kakamega Rainforest）命名的，如灰胸雅鹛（*Kakamega poliothorax*），俗名为 Grey-chested Babbler

Kansuensis kan-su-EN-sis
以中国的甘肃省（Kansu/Gansu）命名的，如甘肃柳莺（*Phylloscopus kansuensis*），俗名为 Gansu Leaf Warbler

Kandti KANT-eye
以德国医生、探险家理查德·坎迪特（Richard Kandt）命名的，如坎氏梅花雀（*Estrilda kandti*），俗名为 Kandt's Waxbill

Kaupifalco kaw-pi-FAL-ko
以约翰·考普（Johann Kaup）命名的，*falco* 表示隼，如食蜥鹰（*Kaupifalco monogrammicus*），俗名为 Lizard Buzzard

Kawalli KA-wal-lye
以巴西养鸟人纳尔逊·卡瓦拉（Nelson Kawall）命名的，如白嘴基鹦哥（*Amazona kawalli*），俗名为 Kawall's Amazon 或 White-faced Amazon

Kelleyi KEL-lee-eye
以美国慈善家 W. V. 凯利（W. V. Kelley）命名的，如灰脸纹胸鹛（*Macronus kelleyi*），俗名为 Grey-faced Tit-Babbler

Kempi KEMP-eye
以美国博物学家、采集家罗伯特·肯普（Robert Kemp）命名的，如肯氏长嘴莺（*Macrosphenus kempi*），俗名为 Kemp's Longbill

Kennicotti KEN-ih-kot-tye
以美国博物学家罗伯特·肯尼科特（Robert Kennicott）命名的，如西美角鸮（*Megascops kennicottii*），俗名为 Western Screech Owl

Kenricki KEN-rik-eye
以英国军官 R. W. E. 肯里克（R. W. E. Kenrick）命名的，如肯氏狭尾椋鸟（*Poeoptera kenricki*），俗名为 Kenrick's Starling

肯氏长嘴莺
Macrosphenus kempi

Keraudrenii ke-raw-DREN-ee-eye
以法国医生皮埃尔·克罗德朗（Pierre Keraudren）命名的，如号声极乐鸟（*Phonygammus keraudrenii*），俗名为 Trumpet Manucode

Ketupu ke-TOO-poo
指这种鸟类的马来名，如马来渔鸮（*Ketupa ketupu*），俗名为 Buffy Fish Owl

Kienerii, -i kee-NAIR-ee-eye/KEEN-er-eye
以法国软体动物学家路易-查尔斯·基纳（Louis-Charles Kiener）命名的，如棕腹隼雕（*Lophotriorchis kienerii*），俗名为 Rufous-bellied Hawk-Eagle

Kilimensis ki-li-MEN-sis
以坦桑尼亚的乞力马扎罗山（Kilamanjaro）命名的，如长尾铜花蜜鸟（*Nectarinia kilimensis*），俗名为 Bronzy Sunbird

Kirhocephalus keer-ho-se-FAL-us
希腊语 *kirrhos* 表示黄褐色、橙色，拉丁语 *cephala* 指头部，如杂色林鸭鹩（*Pitohui kirhocephalus*），俗名为 Northern Variable Pitohui，这种鸟类的身体大部为橙色，头部黑色

Kirki KIRK-eye
以苏格兰医生、行政官员约翰·柯克（John Kirk）命名的，如科氏绣眼鸟（*Zosterops kirki*），俗名为 Kirk's White-eye

Kirtlandii kirt-LAN-dee-eye
以美国医生、博物学家、植物学家贾里德·柯特兰（Jared Kirtland）命名的，如黑纹背林莺（*Setophaga kirtlandii*），俗名为 Kirtland's Warbler

Klaas KLAAS
以发现这种鸟的人命名的，如白腹金鹃（*Chrysococcyx klaas*），俗名为 Klaas's Cuckoo

Klagesi KLAIGS-eye
以美国采集家塞缪尔·克拉格斯（Samuel Klages）命名的，如凯氏蚁鹩（*Myrmotherula klagesi*），俗名为 Klages's Antwren

Knipolegus ni-po-LAY-gus
希腊语，*knipos* 表示昆虫，*legus* 表示选择，如秘鲁丛霸鹟（*Knipolegus signatus*），俗名为 Andean Tyrant

Kochi KOCK-eye
以德国采集家、动物标本剥制家戈特雷波·冯·科吉（Gottleib von Koch）命名的，如吕宋八色鸫（*Erythropitta kochi*），俗名为 Whiskered Pitta

Koepckeae KEP-kee-ee
以秘鲁鸟类学之母玛利亚·克普克（Maria Koepcke）命名的，如秘鲁酋长鹂（*Cacicus koepckeae*），俗名为 Selva Cacique

Komadori kom-a-DOR-eye
这种红色歌鸲的日本名字，如琉球歌鸲（*Erithacus komadori*），俗名为 Ryukyu Robin

克氏䴓
Sitta krueperi

Kona KO-na
以夏威夷群岛（Hawaiian Islands）命名的，如科纳松雀（*Chloridops kona*），俗名为 Kona Grosbeak

Kori KOR-eye
源自塞茨瓦纳语（一种南非语言），如灰颈鹭鸨（*Ardeotis kori*），俗名为 Kori Bustard；"鸨"（Bustard）可能源自拉丁语 *aves tarda*，表示移动缓慢的鸟类

Kozlowi KOZ-low-eye
以俄国探险家彼得·科兹洛夫（Pyotr Kozlov）命名的，如贺兰山岩鹨（*Prunella koslowi*），俗名为 Mongolian Accentor

Kretschmeri KRETCH-mer-eye
以德国采集家欧根·克雷奇默（Eugen Kretschmer）命名的，如克氏长嘴莺（*Macrosphenus kretschmeri*），俗名为 Kretschmer's Longbill

Krueperi KRUE-per-eye
以德国鸟类学家特奥巴尔德·克如珀（Theobald Krüper）命名的，如克氏䴓（*Sitta krueperi*），俗名为 Krüper's Nuthatch

Kubaryi koo-BARY-eye
以波兰探险家扬·库巴里（Jan Kubary）命名的，如关岛乌鸦（*Corvus kubaryi*），俗名为 Mariana Crow

Kuehni KOON-eye
以德国博物学家海因里希·库恩（Heinrich Kuhn）命名的，如红巾摄蜜鸟（*Myzomela kuehni*），俗名为 Crimson-hooded Myzomela

Kupeornis koo-pee-OR-nis
以喀麦隆的库佩山（Mt.Kupe）命名的，希腊语 *ornis* 指鸟类，如白喉鹛鹛（*Kupeornis gilberti*），俗名为 White-throated Mountain Babbler

---

拉丁学名小贴士

吕宋八色鸫（*Erythropitta kochi*，俗名为 Whiskered Pitta）是一种非常漂亮的鸟类，胸腹部为明亮的红色，往上是色彩斑斓的胸部和喉部，以及棕色的头部和绿色的背部。八色鸫（Pitta）这一名字源自印度南部和斯里兰卡的一种语言，意为漂亮的小玩意儿；用来作为这种鸟的名字颇为贴切。

吕宋八色鸫
Erythropitta kochi

鸟类的羽毛

鸟类和哺乳类一样都是恒温（温血）动物；和许多爬行类、两栖类、鱼类和一些兽类一样，鸟类产卵。它们是亲代对后代进行抚育，这和哺乳类、鱼类以及一些爬行类相同；它们也和兽类、鱼类一样要迁徙。但是和其他动物类群不一样的是，鸟类很容易识别，因为它们的特征显著，而且只有它们有羽毛。如果一只动物有羽毛的话，那就是一只鸟。

始祖鸟通常被认为是鸟类的祖先，它的学名是 Archaeopteryx lithographica（其中 Archaeopteryx 意为古老的翅膀）。这是一种生活在 1.5 亿年前的生物。始祖鸟的 11 具化石出土于德国的一个石灰石采石场，其种加词 lithographica 指的是石灰石被用于制作版画。始祖鸟有牙齿、长长的尾椎骨、翼上具爪和其他爬行动物的特征，一般被认为是爬行动物到鸟类的中间类型。它们是否可以飞行，或者仅仅只能滑

附着在手掌骨上的初级飞羽用于推进，附着在尺骨的次级飞羽用于提升。

行，都还只是猜测，但是飞行状的羽毛确实是存在的。

鸟类最初演化出来羽毛是为了隔热和保温，不是为了飞行。有证据表明，历经几百万年演化的恐龙正在发展恒温能力——成为温血动物。要做到这一点，身体需要一些东西来防止热量的快速损失。鳞片和羽毛都是由角蛋白组成的，因此很可能是鳞片延长、分裂、变薄，演化成了羽毛，直到许多年后羽毛才延长到足够长可以支持滑翔，然后进行动力飞行。

随着羽毛的演化，它们根据不同的目的分化成不同的形式。正如我们所知，身体下部的羽毛发挥的是羽毛原始的保温功能。而在翅膀上的飞羽，则有助于推动鸟类通过空气（或者游泳的鸟类通过水）。其他附着在手臂上的羽毛为鸟类像机翼一样的翅膀提供了升力。尾羽则发挥着舵和制动的功能。覆盖鸟类身体的羽毛被称为轮廓羽，这些羽毛让鸟类光滑、具有气动力。半羽（覆羽和绒羽之间的羽毛结构）可以起到防水的作用。

鸟类用喙整理羽毛，并啄尾脂腺分泌的

始祖鸟
Archaeopteryx lithographica

始祖鸟和渡鸦大小相当，最近的证据表明它们的羽毛是黑色的。

油脂涂抹全身羽毛。有一种特化的绒羽叫作粉䎃，这种羽毛终生生长而不脱换，其端部的羽枝不断破碎为粉状颗粒，有助于清除正羽上的污物以及防水。通常缺乏尾脂腺的多有发达的粉䎃，比如鹭类。

像纤羽一样的特化羽毛（在鸡身上看到的那些"头发"）提供鸟类身体羽毛的位置信息。下颌两侧露齿的鬃毛显然有助于告诉飞行的鸟类它们在飞行时的位置和速度。

羽毛演化的用途最开始是为了隔热保温，其次是为了飞行，再次有伪装或求偶的功能。鸟类发展出极其聪明的方式将自己隐藏，通过神秘的颜色不让捕食者发现。比如，许多鸻类用胸带来扰乱它们的轮廓；许多雌鸟的颜色都是非常平淡的。另外一个极端是，许多雄鸟则拥有明亮的羽毛，甚至是彩虹色，这更有利于建立领域、吸引雌性和保卫巢址。鸟类用饰羽（plumes）、帆羽（fans）、鬃毛（bristles）、冠羽（crests）、细长的尾羽和变化无穷图案和颜色来装饰自己。琴鸟、吐绶鸡和孔雀都具有长而花哨的尾巴。皇霸鹟（*Onychorhynchus coronatus*，俗名为 Amazonian Royal Flycatcher）在生气时会展开其大而明亮的扇形冠羽，而鹭鹤（*Rhynochetos jubatus*，俗名为 Kagu）可以扬起其长长的一般披在脖子背部的头部羽毛。

鸟类的羽毛占鸟类重量的20%，它们显然是非常重要的。否则，为什么蜂鸟有 1 000 根、天鹅有 25 000 根羽毛呢？有许多拉丁文和希腊文的后缀都是用来描述羽毛的，例如：*petryl*、*ptero*、*ptilo*、*ptero*、*ptilo*、*ptin*、*pinna* 和 *penna* 指一种羽毛或翅膀；*pinnat-*、*ptin* 表示被羽的；*ala*、*ali-* 表示翅膀，*alat-*、*pten* 表示具翅膀的。

皇霸鹟
Onychorhynchus coronatus

雄性的皇霸鹟有一个艳丽的冠羽，只有在交配和梳理羽毛时才会扬起。

蓝孔雀
Pavo cristatus

孔雀带有"眼点"的尾羽每年都会脱落，随着成熟，尾羽的长度和数量都会增加。

LABRADORIUS

L

Labradorius la-bra-DOR-ee-us
以加拿大的拉布拉多地区（Labrador）命名的，如现在已经灭绝的拉布拉多鸭（*Camptorhynchus labradorius*），俗名为 Labrador Duck

Lactea LAK-tee-a
Lacte 表示奶油，如白腹蚋莺（*Polioptila lactea*），俗名为 Creamy-bellied Gnatcatcher

Laeta LEE-ta
愉快地，如威氏蚁鸟（*Cercomacra laeta*），俗名为 Willis's Antbird

Lafayetii la-fye-ET-eye
以马基·德·拉斐特（Marquis de Lafayette）命名的，如蓝喉原鸡（*Gallus lafayetii*），俗名为 Sri Lanka Junglefowl

Lafresnayi la-FREZ-nay-eye
以法国鸟类学家、采集家诺埃尔·安德烈·德·拉·弗伦（Noel Andre de La Fresne）命名的，如拉氏姬啄木鸟（*Picumnus lafresnayi*），俗名为 Lafresnaye's Piculet

Lagdeni LAG-den-eye
以英国外交官戈弗雷·莱格登（Godfrey Lagden）命名的，如中非丛鵙（*Malaconotus lagdeni*），俗名为 Lagden's Bushshrike

Lagonosticta la-go-no-STICK-ta
希腊语，*lagonos* 表示侧面，*stiktos* 表示点状的、斑点，如斑胸火雀（*Lagonosticta rufopicta*），俗名为 Bar-breasted Firefinch

Lagopus la-GO-pus
希腊语，*lagos* 表示飞驰，*pous* 指足，如柳雷鸟（*Lagopus lagopus*），俗名为 Willow Ptarmigan，这种鸟的脚上有羽毛，可以在柔软的雪地里行走

Lalage la-LA-jee
Lallo 可能是一个女子的名字，如黑鸣鹃鵙（*Lalage nigra*），俗名为 Pied Triller

Lampornis lam-POR-nis
希腊语，*lampro* 表示火炬、光，*ornis* 指鸟类，如绿喉宝石蜂鸟（*Lampornis viridipallens*），俗名为 Green-throated Mountaingem，这个名字可能是指它极具吸引力的羽毛

Lamprolaima lam-pro-LAY-ma
希腊语，*lampro* 表示闪亮，*laima* 指喉部，如红喉蜂鸟（*Lamprolaima rhami*），俗名为 Garnet-throated Hummingbird

Lamprolia lam-PROL-ee-a
希腊语，*lampro* 表示闪亮，如丝尾阔嘴鹟（*Lamprolia victoriae*），俗名为 Silktail，这种鸟类有一个突出的白色腰部，像闪亮的光一样

Lampropsar lam-PROP-sar
希腊语，*lampro* 表示闪亮，*psar* 表示椋鸟，如绒额拟鹩哥（*Lampropsar tanagrinus*），俗名为 Velvet-fronted Grackle，这是一种色彩斑斓的鸟类，看起来和椋鸟相似

Lamprospiza lam-pro-SPY-za
希腊语，*lampro* 表示闪亮，*spiza* 表示雀，如红嘴唐纳雀（*Lamprospiza melanoleuca*），俗名为 Red-billed Pied Tanager，这是一种色彩明亮的唐纳雀，稍微和雀有些相似

Lamprotornis lam-pro-TOR-nis
希腊语，*lampro* 表示闪亮，*ornis* 指鸟类，如丽辉椋鸟（*Lamprotornis ornatus*），俗名为 Principe Starling，这种鸟类的羽毛有金属光泽

Lanaiensis lan-eye-EN-sis
以夏威夷拉奈岛（Lanai）命名的，如拉奈孤鸫（*Myadestes lanaiensis*），俗名为 Olomao

Lanceolata, -us lan-see-o-LAT-a/us
表示形状像矛一样，如尖尾娇鹟（*Chiroxiphia lanceolata*），俗名为 Lance-tailed Manakin，这里暗指其中央尾羽

Langsdorffi LANGZ-dorf-fye
以德国内科医生、博物学家格奥尔格·冯·朗斯多夫（Georg von Langsdorff）命名的，如黑腹刺尾蜂鸟（*Discosura langsdorffi*），俗名为 Black-bellied Thorntail

Languida lan-GWEE-da
表示虚弱、微弱，如淡色篱莺（*Hippolais languida*），俗名为 Upcher's Warbler，这一命名可能源自其谨慎而缓慢的移动方式

Laniarius lan-ee-AR-ee-us
Lanius 表示屠夫，*arius* 表示属于，如红颈黑鵙（*Laniarius ruficeps*），俗名为 Red-naped Bushshrike

蓝喉原鸡
Gallus lafayetii

伯劳属

拉丁文 *Lanius*（LAN-ee-us）是屠夫的意思，这一拉丁名在伯劳科（Laniidae）中很常见。伯劳属总共有27个物种，其中大部分被称为 *Shrike*，这个名字可能来自旧英语的 *scric*，指的是有尖锐叫声的鸟类。这个属的有些鸟类被称为"fiscals"，这一名字源于阿非利堪斯语的"fiskaal"，指公共官员，特指刽子手。伯劳是食肉鸟类，在其上喙有一个用来捕食大昆虫和小脊椎动物的钩。它们在取食完后，会将猎物刺穿挂在荆棘、刺或者铁丝网上，因此人们将它们比作刽子手和屠夫。

麦氏伯劳
Lanius mackinnoni

伯劳需要两种类型的栖木，一种是用于狩猎，一种是夜栖的场所。鸟类坐在其昼行性的栖息树上，快速拍打翅膀俯冲进行捕食。它们的领域意识很强，需要多种多样的栖木制高点。在农田里，它们的领域更大，因为只有有限的栖木可供选择，而且潜在猎物的密度也很低。在繁殖季节，雄性伯劳会储存食物。对北伯劳（*L. excubitor*，俗名为 Northern Shrike 或 Great Grey Shrike）的研究发现，随着繁殖季节的来临，鸟类储存的食物量也会增加，在筑巢、孵卵时达到高峰，当雄鸟给雏鸟和雌鸟喂食时，食物储量减少。该研究的结论是，有更多食物储存的雄性伯劳在吸引雌性和抚育幼鸟中会更加成功。

大多数鸣禽仅在繁殖季节鸣唱，但是北伯劳的雄性和雌性都会在一年的大部分时间内鸣唱，甚至是冬天。因为北伯劳会模仿其他鸣禽的鸣叫，这些小鸟是伯劳的主要食物。伯劳的效鸣是为了吸引这些鸟类。作为食肉鸟类，伯劳除了吃鸟类之外还吃各种各样的无脊椎动物、兽类和两栖爬行类动物，体型一般都比自身小，但是偶尔也有比自身大的。和许多猛禽一样，伯劳会吐出食物中不消化的皮毛和骨骼，形成"食丸"。红背伯劳（*L. collurio*，俗名为 Red-backed Shrike）又被称为九重杀手（Nine-killer），因为它们曾一度被认为可以杀死9种动物，而且是在吃掉这些动物之前。

荒漠伯劳
Lanius isabellinus

Laniisoma lan-ee-eye-SO-ma
Lanius 是屠夫的意思，希腊语 soma 指身体，如鹂伞鸟（Laniisoma elegans），俗名为 Brazilian Laniisoma，体型像伯劳一样

Lanio LAN-ee-o
Lanius 是屠夫的意思，如暗黄唐纳鹂（Lanio fulvus），俗名为 Fulvous Shrike-Tanager

Laniocera lan-ee-o-SER-a
Lanius 是屠夫的意思，cera 指蜡，如点斑伞鸟（Laniocera rufescens），俗名为 Speckled Mourner；cera 指喙，源于希腊语 keras，表示角或喙，因为其喙是蜡状的

Lanioturdus lan-ee-o-TUR-dus
Lanius 是屠夫的意思，turdus 指鸫，如白尾鹂鸫（Lanioturdus torquatus），俗名为 White-tailed Shrike

Lanius LAN-ee-us
屠夫，如红尾伯劳（Lanius cristatus），俗名为 Brown Shrike

Lapponica, -us lap-PON-i-ka/kus
以地名拉普兰（Lapland）命名的，如斑尾塍鹬（Limosa lapponica），俗名为 Bar-tailed Godwit

Larosterna lar-o-STIR-na
Larus 表示海鸥，荷兰语 sterna 表示燕鸥，如印加燕鸥（Larosterna inca），俗名为 Inca Tern

Larus LA-rus
鸥，如太平洋鸥（Larus pacificus），俗名为 Pacific Gull

Larvatus, -a lar-VA-tus/ta
Lavare 表示疑惑、着迷，如巽他鹃鵙（Coracina larvata），俗名为 Sunda Cuckooshrike，这种鸟类的头部是灰色的

Lateralis lat-er-AL-is
Latus 表示侧面、胁部，如哨声扇尾莺（Cisticola lateralis），俗名为 Whistling Cisticola，这种鸟类的翅膀上有一个棕色的边缘，翅膀收起时形成一个棕色的斑

Laterallus lat-er-AL-lus
Latus 表示侧面、胁部，rallus 表示轨道，如棕脸田鸡（Laterallus xenopterus），俗名为 Rufous-faced Crake，在其胁部有白色的条状

Lathami LAY-them-eye
以英国内科医生、博物学家约翰·莱瑟姆（John Latham）命名的，如林鹧鸪（Peliperdix lathami），俗名为 Latham's Francolin 或 Forest Francolin

Lathamus LAY-them-us
以英国内科医生、博物学家约翰·莱瑟姆命名的，如红尾绿鹦鹉（Lathamus discolor），俗名为 Swift Parrot

Latirostris lat-ih-ROSS-tris
Latus 表示宽阔的，rostris 指喙，如小安岛绿霸鹟（Contopus latirostris），俗名为 Lesser Antillean Pewee

Latistriata, -us lat-ih-stree-AT-a/us
Latus 表示宽阔的，striatus 指沟或条纹，如班岛穗鹛（Zosterornis latistriatus），俗名为 Panay Striped Babbler，这个名字源于菲律宾班乃岛这一地名

Latrans LAY-tranz
Latrare 指吠，如皮氏皇鸠（Ducula latrans），俗名为 Barking Imperial Pigeon

Laudabilis law-DA-bi-lis
值得称赞的，如圣卢拟鹂（Icterus laudabilis），俗名为 Saint Lucia Oriole

Lawesii lawz-ee-eye
以英属新几内亚传教士威廉·劳斯（William Lawes）命名的，如劳氏六线风鸟（Parotia lawesii），俗名为 Lawes's Parotia

Lawrencei, -ii LAW-ren-sye/law-RENS-ee-eye
以美国商人、业余鸟类学家乔治·劳伦斯（George Lawrence）命名的，如加州金翅雀（Spinus lawrencei），俗名为 Lawrence's Goldfinch

Layardi lay-AR-dye
以意大利采集家、斯里兰卡自然博物馆长埃德加·莱亚德（Edgar Layard）命名的，如莱氏林莺（Sylvia layardi），俗名为 Layard's Warbler

Laysanensis lay-sa-NEN-sis
以莱桑岛（Laysan Islands）命名的，如莱岛鸭（Anas laysanensis），俗名为 Laysan Duck 或 Laysan Teal

Lazuli la-ZOO-lye
Lazul 表示天蓝色、蓝色，如南摩鹿加翡翠（Todiramphus lazuli），俗名为 Lazuli Kingfisher

圣卢拟鹂
Icterus laudabilis

勒氏弯嘴嘲鸫
Toxostoma lecontei

Leachii *LEACH-ee-eye*
以英国动物学家威廉·利奇（William Leach）命名的，如蓝翅笑翠鸟（*Dacelo leachii*），俗名为 Blue-winged Kookaburra

Leadbeateri *led-BEET-ter-eye*
以英国动物标本剥制师、鸟类学家本杰明·利德比特（Benjamin Leadbeater）命名的，如彩冠凤头鹦鹉（*Lophochroa leadbeateri*），俗名为 Major Mitchell's Cockatoo 或 Leadbeater's Cockatoo

Lecontei, -ii *le-CONT-eye/ee-eye*
以美国昆虫学家约翰·勒孔特（John LeConte）命名的，如勒氏弯嘴嘲鸫（*Toxostoma lecontei*），俗名为 Le Conte's Thrasher

Legatus *le-GAT-us*
大使、使者，如强霸鹟（*Legatus leucophaius*），俗名为 Piratic Flycatcher

Leiothrix *lay-EYE-o-thriks*
希腊语，*leios* 表示平整的，*thrix* 指头发，如红嘴相思鸟，也被称为"北京夜莺"（*Leiothrix lutea*），俗名为 Red-billed Leiothrix 或 Pekin Nightingale，指这种鸟类头部平整的羽毛

Leipoa *lay-eye-PO-a*
希腊语，*eipo* 表示离开，*oon* 指卵，如斑眼塚雉（*Leipoa ocellata*），俗名为 Malleefowl，这种鸟类将肥料堆积起来孵卵

Lentiginosus *len-ti-ji-NO-sus*
Lentigo 表示斑点，如美洲麻鸭（*Botaurus lentiginosus*），俗名为 American Bittern，这一名字源自其羽毛的图案

Lepida *le-PEE-da*
Lepidus 表示整齐、优雅，如帕劳扇尾鹟（*Rhipidura lepida*），俗名为 Palau Fantail，是一种优雅的鸟类

Lepidocolaptes *le-pi-doe-ko-LAP-teez*
Lepidus 表示整齐、优雅，*colaptes* 指凿子，如斑顶䴕雀（*Lepidocolaptes affinis*），俗名为 Spot-crowned Woodcreeper，是一种优雅的䴕雀

Lepidopyga *le-pi-doe-PI-ga*
Lepidus 表示整洁的，*pyga* 指臀部，如青腹蜂鸟（*Lepidopyga lilliae*），俗名为 Sapphire-bellied Hummingbird

Lepidothrix *le-pih-DOE-thrix*
Lepidus 表示鳞状的，*thrix* 指头发，如蓝冠娇鹟（*Lepidothrix coronata*），俗名为 Blue-crowned Manakin，是一种优雅的娇鹟

Leptasthenura *lep-tas-then-OO-ra*
希腊语，*leptos* 表示细长的、美好的，*asthenia* 表示虚弱，*oura* 则指尾巴，如安第斯针尾雀（*Leptasthenura andicola*），俗名为 Andean Tit Spinetail

Leptocoma *lep-toe-KO-ma*
希腊语，*leptos* 表示细长的、美好的，*kome* 指头发，如小花蜜鸟（*Leptocoma minima*），俗名为 Crimson-backed Sunbird，背部、肩部和冠羽像优雅的头发

拉 丁 学 名 小 贴 士

蓝冠娇鹟（*Lepidothrix coronata*，俗名为 Blue-crowned Manakin）是一种非常漂亮的鸟类。这种鸟类的冠羽呈鳞片状，雄鸟颜色鲜艳，雌鸟呈淡绿色。雌雄颜色不同称为"性二型"，这种现象的出现主要是因为雄鸟想吸引雌性，而雌性在孵卵时不那么显眼。娇鹟（Manakin）源自荷兰语 *mannekjin*，意为小个子，虽然不确定指的是这种鸟类的尺寸大小还是这种鸟类的行为使人想到矮小的人。娇鹟属于娇鹟科（Pipridae），共有 60 个物种，根据其鸣管的形状与其他相似的科相区分。

Leptodon lep-TOE-don
希腊语, *leptos* 表示细长的、美好的, *odon* 表示牙齿, 如白领美洲鸢 (*Leptodon forbesi*), 俗名为 White-collared Kite, 这种鸟有一个尖锐的向下弯曲的嘴尖

Leptopoecile lep-toe-poy-SIL-ee
希腊语, *leptos* 表示细长的、美好的, *poecil-* 则表示斑驳的、多颜色的, 如凤头雀莺 (*Leptopoecile elegans*), 俗名为 Crested Tit-warbler

Leptopogon lep-toe-PO-gon
希腊语, *leptos* 表示细长的、美好的, *pogon* 指须, 如棕胸窄嘴霸鹟 (*Leptopogon rufipectus*), 俗名为 Rufous-breasted Flycatcher

Leptosittaca lep-to-SIT-a-ka
希腊语, *leptos* 表示细长的、美好的, *psittaca* 指鹦鹉, 如金羽鹦哥 (*Leptosittaca branickii*), 俗名为 Golden-plumed Parakeet

Leptopterus lep-TOP-ter-us
希腊语, *leptos* 表示细长的、美好的, *pteron* 指羽毛或翅膀, 如黑钩嘴鹀 (*Leptopterus chabert*), 俗名为 Chabert Vanga; 其狭窄的翅膀差不多和燕子一样

Leptoptilos, -a lep-top-TIL-os/a
希腊语, *leptos* 表示细长的、美好的, *ptilon* 指翅膀, 如非洲秃鹳 (*Leptoptilos crumenifer*), 俗名为 Marabou Stork

Leptorhynchus lep-toe-RINK-us
希腊语, *leptos* 表示细长的、美好的, *rhynchos* 指喙, 如细嘴鹦哥 (*Enicognathus leptorhynchus*), 俗名为 Slender-billed Parakeet

Leptosomus lep-tow-SO-mus
希腊语, *leptos* 表示细长的、美好的, *soma* 指身体, 如鹃三宝鸟 (*Leptosomus discolor*), 俗名为 Cuckoo Roller, 其巨大的头部使得身体看起来比较细长

Lepturus lep-TOOR-us
希腊语, *leptos* 表示细长的、美好的, *oura* 指尾巴, 如白尾鹲 (*Phaethon lepturus*), 俗名为 White-tailed Tropicbird

Lesbia LEZ-bee-a
莱斯比亚 (Lesbia) 是伟大的罗马诗人盖约·瓦勒留斯·伽列里乌斯 (Gaius Valerius Catullus) 的笔名, 如黑带尾蜂鸟 (*Lesbia victoriae*), 俗名为 Black-tailed Trainbearer

Lessonia, -i, -ii les-SON-ee-a/eye/ee-eye
以法国鸟类学家练卫·莱森 (Rene Lesson) 命名的, 如萨氏小霸鹟 (*Lessonia oreas*), 俗名为 Andean Negrito

Leucocephala, -o, -us loy-ko-se-FAL-a/o/us
希腊语 *leuko* 表示白色, 拉丁语 *cephala* 指头部, 如白顶鸽 (*Columba leucocephala*, 现在为 *Patagioenas leucocephala*), 俗名为 White-crowned Pigeon

Leucochloris loy-ko-KLOR-is
希腊语, *leuko* 表示白色, *chloris* 表示绿色、新鲜, 如白喉蜂鸟 (*Leucochloris albicollis*), 俗名为 White-throated Hummingbird

Leucogaster, -ra loy-ko-GAS-ter/ra
希腊语, *leuko* 表示白色, *gaster* 指腹部, 如褐鲣鸟 (*Sula leucogaster*), 俗名为 Brown Booby

Leucogenys loy-ko-JEN-is
希腊语, *leuko* 表示白色, 拉丁语 *gena* 表示表示脸颊, 如白耳锥嘴雀 (*Conirostrum leucogenys*), 俗名为 White-eared Conebill

Leucolaema, -us loy-ko-LEE-ma/mus
希腊语, *leuko* 表示白色, *laemus* 表示喉部, 如恩加诺地鸫 (*Geokichla leucolaema*), 俗名为 Enganno Thrush, 这一俗名源自印度尼西亚的恩加诺 (Enganno) 岛这一地名

Leucolophus loy-ko-LO-fus
希腊语, *leuko* 表示白色, *lophus* 表示冠羽、一簇, 如白冠蕉鹃 (*Tauraco leucolophus*), 俗名为 White-crested Turaco

Leucomelas, -a loy-ko-MEL-as/a
希腊语, *leuko* 表示白色, *melas* 表示表示深色、黑色, 如斑拟䴕 (*Tricholaema leucomelas*), 俗名为 Acacia Pied Barbet

细嘴鹦哥
Enicognathus leptorhynchus

LEUCORODIA

雪鸽
Columba leuconota

Leuconota, -us loy-ko-NO-ta/tus
希腊语，*leuko* 表示白色，*notos* 表示表示黑色，如雪鸽（*Columba leuconota*），俗名为 Snow Pigeon

Leucopeza loy-ko-PEH-za
希腊语，*leuko* 表示白色，*peza* 表示足或边缘，如淡脚森莺（*Leucopeza semperi*），俗名为 possibly extinct Semper's Warbler

Leucophrys loy-KO-fris
希腊语，*leuko* 表示白色，*ophyrs* 表示表示额头或眉纹，如白冠带鹀（*Zonotrichia leucophrys*），俗名为 White-crowned Sparrow

Leucophthalma, -us loy-kof-THAL-ma/mus
希腊语，*leuko* 表示白色，*ophthalma* 表示眼睛，如白眼鹦哥（*Psittacara leucophthalmus*），俗名为 White-eyed Parakeet

Leucopleura, -us loy-ko-PLUR-a/us
希腊语，*leuko* 表示白色，*pleura* 指表示侧面，如沼泽鹎（*Thescelocichla leucopleura*），俗名为 Swamp Palm Bulbul

Leucopogon loy-ko-PO-gon
希腊语，*leuko* 表示白色，*pogon* 指表示须、胡子，如纹喉苇鹪鹩（*Cantorchilus leucopogon*），俗名为 Stripe-throated Wren

Leucopsar loy-KOP-sar
希腊语，*leuko* 表示白色，*psar* 表示椋鸟、八哥，如长冠八哥（*Leucopsar rothschild*），俗名为 Bali Myna

Leucopsis loy-KOP-sis
希腊语，*leuko* 表示白色，*opsis* 指外表，如白颊黑雁（*Branta leucopsis*），俗名为 Barnacle Goose

Leucoptera, -us loy-KOP-ter-a/us
希腊语，*leuko* 表示白色，*ptera* 指翅膀，如白翅交嘴雀（*Loxia leucoptera*），俗名为 Two-barred Crossbill

Leucopternis loy-kop-TER-nis
希腊语，*leuko* 表示白色，*pternis* 指隼，如黑脸南美鵟（*Leucopternis melanops*），俗名为 Black-faced Hawk

Leucopyga, -alis loy-ko-PIJ-a/loy-ko-pij-AL-is
希腊语，*leuko* 表示白色，*pyga* 来源于 *puge*，指臀部，如长尾鸣鹃鵙（*Lalage leucopyga*），俗名为 Long-tailed Triller

Leucorhoa loy-ko-RO-a
希腊语，*leuko* 表示白色，*orrhos* 表示臀部，如白腰叉尾海燕（*Oceanodroma leucorhoa*），俗名为 Leach's Storm Petrel

Leucorodia loy-kor-OH-dee-a
希腊语，*leuko* 表示白色，*rodo* 表示一朵玫瑰，如白琵鹭（*Platalea leucorodia*），俗名为 Eurasian Spoonbill，这种鸟几乎全身白色，但它吃下的食物中含有红色色素时，其羽毛会变成玫瑰色

白翅交嘴雀
Loxia leucoptera

Leucosarcia loy-ko-SAR-see-a
希腊语，leuko 表示白色，sarcia 指一包、一束，或 sarc- 表示肉，如巨地鸠（Leucosarcia melanoleuca），俗名为 Wonga Pigeon

Leucosticte loy-ko-STICK-tee
希腊语，leuko 表示白色，stictos 表示多样、混合，如高山岭雀（Leucosticte brandti），俗名为 Brandt's Mountain Finch

Leucotis loy-KO-tis
希腊语，leuko 表示白色，otos 指耳朵，如白耳蜂鸟（Basilinna leucotis），俗名为 White-eared Hummingbird

Leucurus loy-KOO-rus
希腊语，leuko 表示白色，oura 指尾巴，如白尾鸢（Elanus leucurus），俗名为 White-tailed Kite

Levaillantii le-va-LAN-tye
以法国采集家、博物学家弗朗索瓦·勒瓦扬（Francois Le Vaillant）命名的，如莱氏凤头鹃（Clamator levaillantii），俗名为 Levaillant's Cuckoo

Lewinii, -ia loo-WIN-ee-eye/ee-a
以英国博物学家约翰·卢因（John Lewin）命名的，如利氏吸蜜鸟（Meliphaga lewinii），俗名为 Lewin's Honeyeater

Lewis LOO-wis
以美国探险家梅里韦瑟·刘易斯（Meriwether Lewis）命名的，如刘氏啄木鸟（Melanerpes lewis），俗名为 Lewis's Woodpecker

Lichenostomis lye-ken-o-STOME-is
希腊语，leichen 表示舔，stoma 指表示嘴，如黄脸吸蜜鸟（Lichenostomis，现在为 Caligavis chrysops），俗名为 Yellow-faced Honeyeater

Lichmera lik-MER-a
希腊语，Lichmeres 表示表示轻拂舌头，如印尼岩吸蜜鸟（Lichmera limbata），俗名为 Indonesian Honeyeater

Lichtensteinii lik-ten-STINE-ee-eye
以德国外科医生和鸟类学家马丁·利希滕施泰因（Martin Lichtenstein）命名的，如里氏沙鸡（Pterocles lichtensteinii），俗名为 Lichtenstein's Sandgrouse

Limicola li-mi-KO-la
Limus 表示表示泥，cola 表示住，如弗吉尼亚秧鸡（Rallus limicola），俗名为 Virginia Rail

Limnocorax lim-no-COR-aks
希腊语，limne 表示池塘、沼泽或湖泊，如黑苦恶鸟（Limnocorax flavirostra，现在为 Amaurornis flavirostra），俗名为 Black Crake

Limnoctites lim-nok-TITE-eez
希腊语，limne 表示池塘、沼泽或湖泊，ktites 表示居住者，如直嘴芦雀（Limnoctites rectirostris），俗名为 Straight-billed Reedhaunter

Limnodromus lim-no-DRO-mus
希腊语，limne 表示池塘、沼泽或湖泊，dromeus 表示跑步者，如短嘴半蹼鹬（Limnodromus griseus），俗名为 Short-billed Dowitcher

Limnornis lim-NOR-nis
希腊语，limne 表示池塘、沼泽或湖泊，ornis 指鸟类，如弯嘴芦雀（Limnornis curvirostris），俗名为 Curve-billed Reedhaunter

Limnothlypis lim-no-THLIP-is
希腊语，limne 表示池塘、沼泽或湖泊，thlypis 指小型鸟类，如白眉食虫莺（Limnothlypis swainsonii），俗名为 Swainson's Warbler

Limosa li-MO-sa
Limus 表示泥，osus 表示表示全是、倾向于，如黑尾塍鹬（Limosa limosa），俗名为 Black-tailed Godwit，它的俗名可能来自旧英语，有擅长取食的意思

Lineatus, -a lin-ee-AH-tus/a
表示条纹或线条，如赤肩鵟（Buteo lineatus），俗名为 Red-shouldered Hawk

赤肩鵟
Buteo lineatus

红颈瓣蹼鹬
Phalaropus lobatus

Liocichla *lye-o-SIK-la*
希腊语，*lio* 表示光滑，*cichla* 指一种鸫，如红翅薮鹛（*Liocichla ripponi*），俗名为 Scarlet-faced Liocichla，这种鸟类的背部和脸颊部的羽毛比较光滑

Lioptilus *lye-op-TIL-us*
希腊语，*lio* 表示光滑、柔软的，*ptilion* 指羽毛或者翅膀，如黑顶鹎鹛（*Lioptilus nigricapillus*），俗名为 Bush Blackcap

Liosceles *ly-os-SEL-eez*
希腊语，*lio* 表示光滑、柔软的，*scelos* 表示指腿部，如锈纹窜鸟（*Liosceles thoracicus*），俗名为 Rusty-belted Tapaculo，这种鸟类的腿上鳞片较少，这使其看起来比较光滑

Littoralis *lit-to-RAL-is*
表示海岸线、岸边，如淡褐唧霸鹟（*Ochthornis littoralis*），俗名为 Drab Water Tyrant，这种鸟类栖息在河流和溪流附近

Livia *LIV-ee-a*
Livens 表示蓝色、苍白色，如原鸽（*Columba livia*），俗名为 Rock Dove

Lloydi *LOY-dye*
以伊朗裔美国鸟类采集家威廉·劳埃德（William Lloyd）命名的，如短嘴长尾山雀（*Psaltriparus lloydi*，现在为 *Psaltriparus minimus*），俗名为 American Bushtit

Lobatus *lo-BA-tus*
表示伸出脚趾，如红颈瓣蹼鹬（*Phalaropus lobatus*），俗名为 Red-necked Phalarope

Loboparadisea *lo-bo-par-a-DEES-ee-a*
希腊语，*lobos* 为裂片、叶，*paradise* 表示游乐场，如黄胸极乐鸟（*Loboparadisea sericea*），俗名为 Yellow-breasted Satinbird，其喙上有鼻孔，曾经被认为是天堂鸟

Lochmias *lock-MEE-as*
希腊语，*lokhmaios* 表示栖息在灌丛中，如尖尾溪雀（*Lochmias nematura*），俗名为 Sharp-tailed Streamcreeper

Locustella *low-kus-TEL-la*
Locusta 表示蝗虫，*-ellus* 指表示小的，如河蝗莺（*Locustella fluviatilis*），俗名为 River Warbler，这一命名可能是因为其鸣声和蝗虫类似

Loddigesia *lod-di-JEE-see-a*
以英国植物学家、著名的苗圃主乔治·洛迪治（George Loddiges）命名的，如叉扇尾蜂鸟（*Loddigesia mirabilis*），俗名为 Marvelous Spatuletail

Lomvia *LOM-vee-a*
瑞典语，表示海鸠、海鸦或潜水者，如厚嘴崖海鸦（*Uria lomvia*），俗名为 Thick-billed Murre 或 Brunnich's Guillemot

Lonchura *lon-KOO-ra*
希腊语，*lonkhe* 表示矛头，*oura* 指尾巴，如铜色文鸟（*Lonchura cucullata*），俗名为 Bronze Mannikin

Longicauda, -ta, -tus
lon-jee-KAW-da/lon-jee-kaw-DAT-a/us
Longus 表示长的，*cauda* 指尾巴，如高原鹬（*Bartramia longicauda*），俗名为 Upland Sandpiper

Longipennis *lon-ji-PEN-nis*
Longus 表示长的，*penna* 指羽毛，如姬隼（*Falco longipennis*），俗名为 Australian Hobby，它的翅膀很长

Longirostris *lon-ji-ROSS-tris*
Longus 表示长的，*rostris* 指喙，如长嘴秧鸡（*Rallus longirostris*），俗名为 Clapper Rail

Lophaetus *lo-FEE-tus*
希腊语，*lophus* 指表示有冠的，*aetos* 表示雕，如长冠鹰雕（*Lophaetus occipitalis*），俗名为 Long-crested Eagle

长嘴秧鸡
Rallus longirostris

Lophodytes lo-fo-DYE-teez
希腊语，lophus 指表示有冠的，dytes 表示潜水者，如棕胁秋沙鸭（Lophodytes cucullatus），俗名为 Hooded Merganser

Lophoictinia lo-fo-ik-TIN-ee-a
希腊语，lophus 指表示有冠的，iktinos 表示一种鸢，如方尾鸢（Lophoictinia isura），俗名为 Square-tailed Kite

Lopholaimus lo-fo-LAY-mus
希腊语，lophus 指表示有冠的，laimus 表示喉部，如髻鸠（Lopholaimus antarcticus），俗名为 Topknot Pigeon

Lophonetta lo-fo-NET-ta
希腊语，lophus 指表示有冠的，netta 表示鸭子，如冠鸭（Lophonetta specularioides），俗名为 Crested Duck

Lophophorus lo-fo-FOR-us
希腊语，lophus 指表示有冠的，phorus 表示传授者，如绿尾虹雉（Lophophorus lhuysii），俗名为 Chinese Monal

Lophortyx lo-FOR-ticks
希腊语，lophus 指表示有冠的，表示鹑鹑，如珠颈斑鹑（Lophortyx，现在为 Callipepla californica），俗名为 California Quail

Lophostrix lo-FO-stricks
希腊语，lophus 指表示有冠的，strix 表示鸮，如冠鸮（Lophostrix cristata），俗名为 Crested Owl

Lophotis, -tes lo-FO-tis/teez
希腊语，lophus 指表示有冠的，otis 表示鸨，如红冠鸨（Lophotis ruficrista），俗名为 Red-crested Bustard / Korhaan

Lophozosterops lo-fo-ZOS-ter-ops
希腊语，lophus 指表示有冠的，zoster 表示腰带，ops 指眼睛，如冠绣眼鸟（Lophozosterops dohertyi），俗名为 Crested White-eye

Lophura lo-FOOR-a
希腊语，lophus 指表示有冠的，oura 指尾巴，如蓝腹鹇（Lophura swinhoii），俗名为 Swinhoe's Pheasant

Lorentzi lo-RENTS-eye
以丹麦外交官昂德里克·洛伦茨（Hendrik Lorentz）命名的，如罗氏啸鹟（Pachycephala lorentzi），俗名为 Lorentz's Whistler

Loriculus lor-ih-KOO-lus
马来语，lori 表示鹦鹉，culus 指小的，如蓝顶短尾鹦鹉（Loriculus galgulus），俗名为 Blue-crowned Hanging Parrot；这种鹦鹉可以倒挂着睡觉

Lorius LOR-ee-us
马来语，lori 表示鹦鹉，如紫枕鹦鹉（Lorius domicella），俗名为 Purple-naped Lory

Loxia LOCK-see-a
希腊语，loxos 表示表示横向的，如苏格兰交嘴雀（Loxia scotica），俗名为 Scottish Crossbill，这是英国特有的鸟类，这种鸟弯曲、重叠的上喙，可以从球果中啄取种子

Loxops LOCKS-ops
希腊语，loxos 表示横向的，ops 表示眼睛，如红管舌雀（Loxops coccineus），俗名为 Akepa，指这种鸟类上下颌尖部的轻微交叉

拉丁学名小贴士

鸨（bustard）源自中古法语 bistarde，意为行动缓慢的鸟类，如红冠鸨（Lophotis ruficrista，俗名为 Red-crested Bustard，也被称为 Korhaan）。和其他的鸨不同，红冠鸨有一个可收缩自如的粉色的冠。它们主要分布在欧亚大陆和澳大利亚，是体型很大的鸟类，身长 40～150 厘米。大鸨（俗名为 Kori Bustart 或 Great Bustard）常被认为是世界上最重的可飞行鸟类，体重可以达到 20 千克，但它们不常飞行，有时甚至数月不离开地面。它们没有后趾，所以不能栖息在树枝上。所有鸨类都是杂食性的。几乎会吃任何可获得的食物。

红冠鸨
Lophotis ruficrista

Luciae LOO-see-ee
以斯潘塞·贝尔德（Spencer Baird）的女儿露西·贝尔德（Lucy Baird）命名的，如赤腰虫森莺（*Leiothlypis luciae*），俗名为 Lucy's Warbler

Lucidus loo-SID-us
Luci- 表示明亮、清楚、闪闪发光，如短镰嘴雀（*Hemignathus lucidus*），俗名为 Nukupuu

Lucifer LOO-si-fer
表示带来光明，如瑰丽蜂鸟（*Calothorax lucifer*），俗名为 Lucifer Sheartail，这一名字可能指这种鸟类靓丽的紫罗兰色的喉部

Ludlowi LUD-lo-eye
以英国教育家、植物学家和鸟类学家弗朗克·勒德洛（Frank Ludlow）命名的，如路德雀鹛（*Fulvetta ludlowi*），俗名为 Brown-throated Fulvetta

Ludoviciana, -us loo-doe-vee-see-AN-a/us
以路易斯安娜州（Louisiana）命名的，如黄腹丽唐纳雀（*Piranga ludoviciana*），俗名为 Western Tanager

Lugubris loo-GOO-bris
哀悼、悲痛的，如辉拟八哥（*Quiscalus lugubris*），俗名为 Carib Grackle，可能是因为其黑色的羽毛颜色令人联想到哀悼

Lullula lul-LOO-la
来自鸟类的叫声，如林百灵（*Lullula arborea*），俗名为 Woodlark

Lunata, -us loo-NA-ta/tus
Lunatus 表示新月形，如灰背燕鸥（*Onychoprion lunatus*），俗名为 Spectacled Tern，可能指其翅膀的形状

Lunda LOON-da
挪威语，指海雀，如簇羽海鹦（*Lunda cirrhata*，现在为 *Fratercula cirrhata*），俗名为 Tufted Puffin

Luscinia loo-SIN-ee-a
Lusinius 表示夜莺，如红喉歌鸲（*Luscinia calliope*），俗名为 Siberian Rubythroat

Lutea, -us LOO-tee-a/us
Luteus 表示表示黄色的，如红嘴相思鸟（*Leiothrix lutea*），俗名为 Red-billed Leiothrix 或 Pekin Nightingale，这种鸟类的胸部和喉部均为黄色

Luteifrons LOO-tee-eye-fronz
Luteus 表示表示黄色，*frons* 指前额，如淡额黑雀（*Nigrita luteifrons*），俗名为 Pale-fronted Nigrita

黄腹丽唐纳雀
Piranga ludoviciana

Luteiventris loo-te-eye-VEN-tris
Luteus 表示表示黄色，*ventris* 指底下，如黄腹大嘴霸鹟（*Myiodynastes luteiventris*），俗名为 Sulphur-bellied Flycatcher

Lutosa loo-TOW-sa
Lutum 表示泥浆，如已灭绝的瓜达卢长腿兀鹰（*Caracara lutosa*），俗名为 Guadalupe Caracara，这样命名可能是由于这种鸟类的羽毛呈深棕色

Lybius LIH-bee-us
以利比亚（Libya）命名的，如横斑拟䴕（*Lybius undatus*），俗名为 Banded Barbet

Lycocorax ly-ko-KOR-aks
希腊语，*lyco* 表示狼，*corax* 指乌鸦，如褐翅极乐鸟（*Lycocorax pyrrhopterus*），俗名为 Paradise-crow

Lymnocryptes lim-no-CRIP-teez
希腊语，*limne* 表示沼泽、池塘，*kruptos* 表示隐藏，如姬鹬（*Lymnocryptes minimus*），俗名为 Jack Snipe，这是一种罕见的鸟类

Lyrurus lye-ROO-rus
希腊语，*lura* 指竖琴，*oura* 指尾巴，如黑琴鸡（*Lyrurus tetrix*），俗名为 Black Grouse

路易斯·艾嘉西·福尔提斯
（1874—1927）

路易斯·艾嘉西·福尔提斯（Louis Agassiz Fuertes）是历史上最有才华的鸟类画家之一。他的作品为我们提供了一个鸟类知识的宝库。

1874年，福尔提斯出生于纽约伊萨卡（Ithaca），他的名字是为了纪念19世纪瑞士著名博物学家路易斯·艾嘉西（Louis Agassiz）。福尔提斯在很小的时候就展现出来对鸟类非同寻常的兴趣。当8岁的福尔提斯抓到一只猫头鹰并将其系在厨房的桌腿上时，他父亲才意识到这个孩子对鸟类有多么着迷。福尔提斯先生将他儿子带到伊萨卡公共图书馆，为他展示了奥杜邦的《美国鸟类》（Birds of America），这个男孩由此确立了自己的人生理想。

福尔提斯的父母担心这个男孩恐怕不能以绘制鸟类为生，于是他们强烈建议儿子选择建筑专业。1893年，福尔提斯不情愿地进入康奈尔大学建筑系就读。除了绘画课外，他的其他专业课成绩都不及格。在康奈尔大学就读期间，他向艾略特·库斯展示他的鸟类插画，后者后来成为美国顶尖鸟类学家和美国鸟类学家联盟的创始成员。库斯对他的插画印象十分深刻，他相信福尔提斯可以成为一位艺术家。在库斯的帮助下，路易斯进入鸟类学领域。

1896—1897年，福尔提斯为玛贝尔·奥斯古德·怀特（Mabel Osgood Wright）和艾略特·库斯的《公民鸟类学：初学者常见鸟类生活场景的英语解析》（Citizen Bird: Scenes from Bird-Life in Plain English for Beginners）绘制了超过100幅插画。1899年，富有的铁路大亨爱德华·哈里曼（Edward Harriman）安排福尔提斯参加了一次对阿拉斯加海岸的科学考察，和他同行的有很多受人尊敬的科学家，比如C.哈特·梅里亚姆（C. Hart Merriam）、约翰·米尔（John Muir）、罗伯特·李奇维（Robert Ridgway）等。

当福尔提斯出版了其精美、详尽的《阿拉斯加考察笔记》之后，他一下子就出名了，并且开始有人订购他的画作。随后他参与了以下鸟类学著作的插图绘制工作：弗兰克·查普曼的《北美西部鸟类手册》（Handbook of Birds of Western North America）、艾德温·桑迪思（Edwyn Sandys）和T. S. 范·戴克（T. S. van Dyke）的《高地狩猎鸟类》（Upland Game Birds，1902）、艾略特·库斯的《北美鸟类的关键》（Key to North American Birds，1903）、伊隆·霍华德·伊顿（Elon Howard Eaton）的《纽约鸟类》（Birds of New York，1910）。

虽然福尔提斯是建筑专业毕业，但他后来成了康奈尔大学鸟类学的讲师，之后他请假离

白兀鹫
Neophron percnopterus

福尔提斯绘制的白兀鹫。兀鹫主要取食腐肉。

开了讲台，和芝加哥菲尔德自然博物馆的维尔福雷德·奥斯古德博士（Dr. Wilfred Osgood）去埃塞俄比亚考察。在那里，福尔提斯创作出了他最好的作品。他拥有非凡的记忆力，仅仅看了几眼，就能凭记忆画出逼真的个体。

1927年（当时他刚从埃塞俄比亚考察归来不久），福尔提斯因为一起交通事故不幸去世。终其一生，他一共制作了3 500张鸟类剥制标本，绘制了超过1 000幅鸟类插图（超过400种鸟）。

福尔提斯被认为是他那个时代最高产的鸟类画家，而且他的作品现在仍然具有极高的价值。在2012年的一次拍卖中，他画的一幅火鸡图成交价格高达86 000美元。

纹腹鹰
Accipiter striatus

树鸭并不是真正的鸭科鸟类，而是一个单独的亚科。图中右边的鸟类是一只茶色树鸭（*Dendrocygna bicolor*，俗名为 Fulvous Whistling Duck）。

如果世界上的鸟类一定要选择一个人来最好地呈现鸟类的美丽和魅力……毫无疑问，它们一定会选择路易斯·福尔提斯。

查普曼博士在福尔提斯葬礼上的讲话，引自《美国国家传记》（*American National Biography*）

M

Macgillivrayi *mak-GIL-li-vray-eye*
以澳大利亚博物学家约翰·麦吉利夫雷（John MacGillivray）的儿子威廉·麦吉利夫雷（William MacGillivray）命名的，斐济圆尾鹱（*Pseudobulweria macgillivrayi*），俗名为 Fiji Petrel，这一命名是为了纪念威廉；而灰头地莺（*Geothlypis tolmiei*），俗名为 MacGillivray's Warbler，这一命名是为了纪念约翰。

Machetornis *mak-eh-TOR-nis*
希腊语，*makhetes* 表示斗士，*ornis* 指鸟类，如牛霸鹟（*Machetornis rixosa*），俗名为 Cattle Tyrant

Mackinlayi *mak-KIN-lee-eye*
以阿奇博尔德·麦金利（Archibald Mackinlay）命名的，如棕鹃鸠（*Macropygia mackinlayi*），俗名为 Mackinlay's Cuckoo-Dove

Macrocephalon *mak-ro-se-FAL-on*
希腊语 *macro* 表示大的、长的，拉丁语 *cephala* 指头部，如塚雉（*Macrocephalon maleo*），俗名为 Maleo

Macrodactyla *mak-ro-dak-TIL-a*
希腊语，*macro* 表示大的、长的，*dactylos* 指表示手指、脚趾，如可能已经灭绝的瓜岛叉尾海燕（*Oceanodroma macrodactyla*），俗名为 Guadalupe Storm Petrel，这种鸟类的中脚趾和脚爪的长度是其最近缘鸟类的两倍

哀鸽
Zenaida macroura

Macrodipteryx *mak-ro-DIP-ters-iks*
希腊语，*macro* 表示大的、长的，*di-* 表示两个，*pteryx* 指翅膀，如旗翅夜鹰（*Macrodipteryx longipennis*），俗名为 Standard-winged Nightjar

Macronectes *mak-ro-NEK-teez*
希腊语，*macro* 表示大的、长的，*nekes* 表示会游泳的，如巨鹱（*Macronectes giganteus*），俗名为 Southern Giant Petrel

Macronyx *mak-RON-iks*
希腊语，*macro* 表示大的、长的，*onux* 指脚爪，如红胸长爪鹡鸰（*Macronyx ameliae*），俗名为 Rosy-breasted Longclaw 或 Rosy-throated Longclaw

Macrorhynchus *mak-ro-RINK-us*
希腊语 *macro* 表示大的、长的，拉丁语 *rhynchus* 指喙，如大嘴石䳭（*Saxicola macrorhynchus*），俗名为 White-browed Bush Chat

Macroura, -us *mak-ROO-ra/rus*
希腊语，*macro* 表示大的、长的，*oura* 指尾巴，如哀鸽（*Zenaida macroura*），俗名为 Mourning Dove，指其哀愁的叫声；又如针尾维达雀（*Vidua macroura*），俗名为 Pin-tailed Whydah

Macularia, -us *mak-oo-LAR-ee-a/us*
Macula 指斑点，如斑腹矶鹬（*Actitis macularius*），俗名为 Spotted Sandpiper

Maculata, -um, -us *mak-oo-LAT-a/um/us*
Macula 指斑点，如红腰穗鹛（*Stachyris maculata*），俗名为 Chestnut-rumped Babbler，其胸部和腹部有很多斑点

Maculicauda, -us *mak-oo-li-KAW-da/dus*
Macula 指斑点，*cauda* 指尾巴，如斑尾蚁鸟（*Hypocnemoides maculicauda*），俗名为 Band-tailed Antbird，这种鸟类尾巴上有斑点

Maculicoronatus *mak-oo-li-cor-o-NAT-us*
Macula 指斑点，*corona* 表示冠，如斑冠须䴕（*Capito maculicoronatus*），俗名为 Spot-crowned Barbet

Maculifrons *mak-OO-li-fronz*
Macula 指斑点，*frons* 指前额、眉，如黄耳啄木鸟（*Veniliornis maculifrons*），俗名为 Yellow-eared Woodpecker，其前额有斑点

Maculipectus *mak-oo-li-PEK-tus*
Macula 指斑点，*pectus* 指胸部，如斑胸苇鹪鹩（*Pheugopedius maculipectus*），俗名为 Spot-breasted Wren

Maculipennis *mak-oo-li-PEN-nis*
Macula 指斑点，*penna* 指羽毛，如褐头鸥（*Chroicocephalus maculipennis*），俗名为 Brown-hooded Gull

Maculirostris mak-oo-li-ROSS-tris
Macula 指斑点，rostris 表示喙，如斑嘴地霸鹟（Muscisaxicola maculirostris），俗名为 Spot-billed Ground Tyrant

Maculosa, -us mak-oo-LO-sa/sus
表示斑点，如斑拟鹑（Nothura maculosa），俗名为 Spotted Nothura

Madagascariensis, -inus
mad-a-gas-kar-ee-EN-sus/EYE-nus
以马达加斯加（Madagascar）命名的，如马岛夜鹰（Caprimulgus madagascariensis），俗名为 Madagascan Nightjar

Magellanica, -us ma-jel-LAN-ih-ka/kus
以麦哲伦海峡（Straits of Magellan）命名的，如冠金翅雀（Spinus magellanica），俗名为 Hooded Siskin

Magna, -num MAG-na/num
大的，如东草地鹨（Sturnella magna），俗名为 Eastern Meadowlark，这一命名可能是指的这种鸟类与椋鸟相比，活动范围和尺寸都更大

Magnificens, -cus mag-NIF-ih-senz/kus
壮丽的、华丽的，如华丽军舰鸟（Fregata magnificens），俗名为 Magnificent Frigatebird

Magnirostris, -tre, -tra
mag-ni-ROSS-tris/tree/tra
Magna 表示大的，rostris 指表示喙，如沼泽噪刺莺（Gerygone magnirostris），俗名为 Large-billed Gerygone

Magnolia mag-NO-lee-a
以法国外科医生、植物学家皮埃尔·马尼奥尔（Pierre Magnol）命名的，如纹胸林莺（Setophaga magnolia），俗名为 Magnolia Warbler

Major MAY-jor
Maior 表示大的，如巨嘴短翅莺（Locustella major），俗名为 Long-billed Bush Warbler

Malabaricus, -ka mal-a-BAR-ih-kus/ka
以印度的马拉巴（Malabar）命名的，如白腰鹊鸲（Copsychus malabaricus），俗名为 White-rumped Shama

Malacca, -ensis mal-AK-ka/mal-a-KEN-sis
以马来西亚的马六甲（Malacca）命名的，如黑头文鸟（Lonchura malacca），俗名为 Tricoloured Munia

Malacocincla mal-a-ko-SINK-la
希腊语，malakos 表示软的，cincla 指鹟，如灰头雅鹛（Malacocincla cinereiceps），俗名为 Ashy-headed Babbler；这种鸟和鹟比较类似，有柔软的体表羽毛

纹胸林莺
Setophaga magnolia

Malaconotus mal-a-kon-O-tus
希腊语，malakos 表示软的，noton 指背部、南端，如红胸丛鵙（Malaconotus cruentus），俗名为 Fiery-breasted Bushshrike，其背部有柔软的羽毛

Malacopteron mal-a-KOP-ter-on
希腊语，malakos 表示软的，pteron 表示指翅膀，如灰头树鹛（Malacopteron albogulare），俗名为 Grey-breasted Babbler

Malacoptila mal-a-cop-TIL-a
希腊语，malakos 表示软的，ptila 表示指羽毛，如白须蓬头鴷（Malacoptila panamensis），俗名为 White-whiskered Puffbird

Malacorhynchus mal-a-ko-RINK-us
希腊语 malakos 表示软的，拉丁语 rhynchus 指喙，如红耳鸭（Malacorhynchus membranaceus），俗名为 Pink-eared Duck；这种鸟类大且呈勺子状的喙比较柔软

Maleo MAL-ee-o
源于印度尼西亚本地的名字，如塚雉（Macrocephalon maleo），俗名为 Maleo

Malherbi mal-ERB-ee-eye
以法国、博物学家阿尔弗雷德·马勒布（Alfred Malherbe）命名的，如橙额鹦鹉（Cyanoramphus malherbi），俗名为 Malherbe's Parakeet

Malurus mal-OO-rus
希腊语，malos 表示柔软的，oura 指尾巴，如华丽细尾鹩莺（Malurus cyaneus），俗名为 Superb Fairywren

Manacus man-AH-kus
源于荷兰语 manneken，表示侏儒，矮小的人，如白须娇鹟（Manacus manacus），俗名为 White-bearded Manakin

Manucodia man-oo-KO-dee-a
爪哇语，manuk dewata 是神鸟的意思，如卷冠辉极乐鸟（Manucodia comrii），俗名为 Curl-crested Manucode

Mareca mar-EK-a
源于葡萄牙语中对河鸭的称呼，如赤颈鸭（Mareca，现在为 Anas penelope），俗名为 Eurasian Wigeon

Margaritae mar-gar-EE-tee
以美国鸟类学家 E. G. 霍尔特（E. G. Holt）的妻子玛格丽特·霍尔特（Margaret Holt）命名的，如布氏蓬背鹟（Batis margaritae），俗名为 Margaret's Batis

Margaroperdix mar-gar-o-PER-diks
希腊语，margarodes 表示表示珠光，perdix 表示鹧鸪，如马岛鹑（Margaroperdix madagarensis），俗名为 Madagascan Partridge

Margarops MAR-ga-rops
希腊语，margarites 表示珍珠，opsis 表示表示外表，如珠眼嘲鸫（Margarops fuscatus），俗名为 Pearly-eyed Thrasher

Margarornis mar-gar-OR-nis
希腊语，margarodes 表示珠光，ornis 指鸟类，如鳞斑爬树雀（Margarornis squamiger），俗名为 Pearled Treerunner

Marginata, -us mar-jin-AT-a/us
Marginatus 表示边沿，如白额沙鸻（Charadrius marginatus），俗名为 White-fronted Plover

Marila mar-IL-a
希腊语，marile 表示深灰色，如斑背潜鸭（Aythya marila），俗名为 Greater Scaup，这种鸟类身体颜色很深

Marina mar-EE-na
海洋、海洋的，如白脸海燕（Pelagodroma marina），俗名为 White-faced Storm Petrel

Marinus mar-EE-nus
海洋、海洋的，如大黑背鸥（Larus marinus），俗名为 Great Black-backed Gull

Maritima, -mus mar-ih-TEE-ma/mus
海洋、海洋的，如海滨沙鹀（Ammodramus maritimus），俗名为 Seaside Sparrow

Markhami MARK-am-eye
以英国探险家、海军上将阿尔伯特·马卡姆（Albert Markham）命名的，如乌叉尾海燕（Oceanodroma markhami），俗名为 Markham's Storm Petrel

Marmoratus mar-mo-RA-tus
大理石、大理石的，如云石斑海雀（Brachyramphus marmoratus），俗名为 Marbled Murrelet

Martinica, -us mar-tin-EE-ka/kus
以加勒比海的马提尼克岛（Martinique）命名的，如（美国）青紫水鸡（Porphyrio martinicus），俗名为（American）Purple Gallinule，秧鸡的英文名 gallinule 源于拉丁语 gallina，是小母鸡的意思

Mauri MAW-rye
以意大利植物学家埃内斯托·毛里（Ernesto Mauri）命名的，如西方滨鹬（Calidris mauri），俗名为 Western Sandpiper

Maximiliani maks-i-mil-ee-AN-eye
以德国贵族、探险家菲利普·马克西米利安王子（Prince Philipp Maximilian）命名的，如鳞头鹦哥（Pionus maximiliani），俗名为 Scaly-headed Parrot

Maximus, -a MAKS-ee-mus/ma
最大的，如橙嘴凤头燕鸥（Thalasseus maximus），俗名为 Royal Tern

橙嘴凤头燕鸥
Thalasseus maximus

Mayri MARE-eye
以德国鸟类学家和演化生物学家恩斯特·迈尔命名的,如麦氏嗜蜜鸟(*Ptiloprora mayri*),俗名为 Mayr's Honeyeater

Mayrornis mare-OR-nis
以德国演化生物学家、鸟类学家恩斯特·迈尔命名的,希腊语 *ornis* 指鸟类,如杂色灰鹟(*Mayrornis versicolor*),俗名为 Versicoloured Monarch

Mccownii mak-KOWN-ee-eye
以美国陆军军官、博物学家约翰·麦科恩(John McCown)命名的,如麦氏铁爪鹀(*Rhynchophanes mccownii*),俗名为 McCown's Longspur

Meeki MEEK-eye
以英国探险家阿尔伯特·米克(Albert Meek)命名的,如阿默岛鹰鸮(*Ninox meeki*),俗名为 Manus Boobook 或 Manus Hawk-Owl

Megaceryle me-ga-sir-IL-ee
希腊语,*mega* 表示表示大的,*ceryle* 表示翠鸟,如带鱼狗(*Megaceryle alcyon*),俗名为 Belted Kingfisher

Megadyptes me-ga-DIP-teez
希腊语,*mega* 表示表示大的,*dyptes* 指潜水者,如黄眼企鹅(*Megadyptes antipodes*),俗名为 Yellow-eyed Penguin

Megalaima me-ga-LAY-ma
希腊语,*mega* 表示表示大的,*laima* 指喉部,如金须拟䴕(*Megalaima chrysopogon*),俗名为 Golden-whiskered Barbet(见右图)

Megalopterus me-ga-LOP-ter-us
希腊语,*mega* 表示表示大的,*ptery* 指有翅膀的,如山地巨隼(*Phalcoboenus megalopterus*),俗名为 Mountain Caracara

Megapodius me-ga-POD-ee-us
希腊语,*mega* 表示表示大的,*pous* 指腿,如马利塚雉(*Megapodius laperouse*),俗名为 Micronesian Megapode

Megarynchus, -a, -os me-ga-RINK-us/a/os
希腊语 *mega* 表示表示大的,拉丁语 *rhynchus* 指喙,如船嘴霸鹟(*Megarynchus pitangua*),俗名为 Boat-billed Flycatcher

Megascops MEG-a-skops
希腊语,*mega* 表示表示大的,*scop* 指鸮,如珠眉角鸮(*Megascops nudipes*),俗名为 Puerto Rican Screech Owl

Melaenornis mel-ee-NOR-nis
希腊语,*melas* 表示黑色的、深色的,*ornis* 指鸟类,如南非黑鹟(*Melaenornis pammelaina*),俗名为 Southern Black Flycatcher

---

拉 丁 学 名 小 贴 士

拟啄木鸟的脸颊上有硬的毛髭向前伸出,覆盖了鼻孔、下颌和颈部,很像胡须。因此,拟啄木鸟(barbet)的名字源自拉丁语 *barbatus*,意为有胡须的。金须拟䴕(俗名为 Golden-whiskered Barbet)属于拟䴕科(Megalaimidae),这个名字源于其宽大的喉部。拟䴕科的鸟类足为对趾形,一般为亮绿色,并带有红色、蓝色和黄色的斑点。金须拟䴕的学名为 *Megalaima chrysopogon*,意思是这种鸟类喉部有金色(*chryso*)的须(希腊语 *pogon*)。

金须拟䴕
Megalaima chrysopogon

Melancholicus mel-an-KOL-ih-kus
希腊语,*melas* 表示黑色的、深色的,*chol-e* 表示表示胆汁、愤怒,如热带王霸鹟(*Tyrannus melancholicus*),俗名为 Tropical Kingbird,这是一种具有侵略性的鸟类

Melanerpes mel-an-ER-peez
希腊语,*melas* 表示黑色的、深色的,*herpes* 指啄木鸟,如橡树啄木鸟(*Melanerpes formicivorus*),俗名为 Acorn Woodpecker

Melanitta mel-an-NIT-ta
希腊语,*melas* 表示黑色的、深色的,*netta* 指表示鸭子,如绒海番鸭(*Melanitta fusca*),俗名为 Velvet Scoter

Melanocephala, -us mel-an-o-se-FAL-a/us
希腊语 *melas* 表示黑色的、深色的，拉丁语 *cephala* 指头部，如黑翻石鹬（*Arenaria melanocephala*），俗名为 Black Turnstone

Melanoceps mel-AN-o-seps
希腊语 *melas* 表示黑色的、深色的，拉丁语 *ceps* 指头部的，如白肩蚁鸟（*Myrmeciza melanoceps*），俗名为 White-shouldered Antbird

Melanochlamys mel-an-o-KLAM-is
希腊语，*melas* 表示黑色的、深色的，*chlamy* 指表示斗篷，如黑背鹰（*Accipiter melanochlamys*），俗名为 Black-mantled Goshawk

Melanochlora mel-an-o-KLOR-a
希腊语，*melas* 表示黑色的、深色的，*khloros* 表示绿色的，如冕雀（*Melanochlora sultanea*），俗名为 Sultan Tit，这种鸟类的背部、颈部和喉部呈有光泽的黑绿色

Melanocorypha mel-an-o-kor-IF-a
希腊语，*melas* 表示黑色的、深色的，*koryphe* 指头部，如蒙古百灵（*Melanocorypha mongolica*），俗名为 Mongolian Lark

Melanocorys mel-an-o-KOR-is
希腊语，*melas* 表示黑色的、深色的，*korus* 表示表示云雀，如白斑黑鹀（*Calamospiza melanocorys*），俗名为 Lark Bunting

黑眉信天翁
Thalassarche melanophris

Melanogaster mel-an-o-GAS-ter
希腊语，*melas* 表示黑色的、深色的，*gastro-* 指胃部，如黑腹山织雀（*Ploceus melanogaster*），俗名为 Black-billed Weaver

Melanogenys mel-an-o-JEN-is
希腊语，*melas* 表示黑色的、深色的，*genys* 指脸颊，如鳞斑蜂鸟（*Adelomyia melanogenys*），俗名为 Speckled Hummingbird

Melanoleuca, -os, -us mel-an-o-LOY-kak/os/kus
希腊语，*melas* 表示黑色的、深色的，*leukos* 表示白色，如大黄脚鹬（*Tringa melanoleuca*），俗名为 Greater Yellowlegs

Melanolophus mel-an-o-LO-fus
希腊语，*melas* 表示黑色的、深色的，*lophus* 指表示冠羽，如黑冠鳽（*Gorsachius melanolophus*），俗名为 Malayan Night Heron

Melanonota, -us mel-an-o-NO-ta/us
希腊语，*melas* 表示黑色的、深色的，*nota* 表示符号，如黄胸裸鼻雀（*Pipraeidea melanonota*），俗名为 Fawn-breasted Tanager

Melanophris mel-an-O-friss
希腊语，*melas* 表示黑色的、深色的，*ophris* 指眉纹，如黑眉信天翁（*Thalassarche melanophris*），俗名为 Black-browed Albatross

Melanops MEL-an-ops
希腊语，*melas* 表示黑色的、深色的，*ops* 指眼睛，如黑脸鸦鹃（*Centropus melanops*），俗名为 Black-faced Coucal

Melanoptera, -us mel-an-OP-ter-a/us
希腊语，*melas* 表示黑色的、深色的，*pteron* 指翅膀，如黑头鹃鵙（*Coracina melanoptera*），俗名为 Black-headed Cuckooshrike

Melanospiza mel-an-o-SPY-za
希腊语，*melas* 表示黑色的、深色的，*spiza* 指雀，如圣卢西亚黑雀（*Melanospiza richardsoni*），俗名为 St. Lucia Black Finch

Melanotis mel-an-O-tis
希腊语，*melas* 表示黑色的、深色的，*otis* 指耳朵，如栗喉鵙鹛（*Pteruthius melanotis*），俗名为 Black-eared Shrike-babbler

Melanotos mel-an-O-tos
希腊语，*melas* 表示黑色的、深色的，*noton* 表示背部，如斑胸滨鹬（*Calidris melanotos*），俗名为 Pectoral Sandpiper

Melanura, -us mel-an-OO-ra/us
希腊语，*melas* 表示黑色的、深色的，*oura* 指尾巴，如黑尾蚋莺（*Polioptila melanura*），俗名为 Black-tailed Gnatcatcher

啄木鸟属

啄木鸟属（*Melanerpes*，读音为 mel-an-ER-peez）是啄木鸟 30 个属中最大的属，包含了 200 种啄木鸟中的 22 个物种。希腊语 *melas* 意为黑、暗色，*herpes* 是攀爬的意思。世界上只有澳大利亚、新西兰、马达加斯加和两极地区没有啄木鸟分布。所有的啄木鸟都有坚硬的尾巴和对趾足（两趾向前，两趾向后），它们垂直攀爬树木和啄树皮的习性使得它们很容易识别。

啄木鸟属鸟类的学名往往都具有描述性，比如 *M. aurifrons* 为金额啄木鸟（俗名为 Golden-fronted Woodpecker）、*M. formicivorus* 是食蚁的橡树啄木鸟（俗名为 Acorn Woodpecker）、*M. erythrocephalus* 为红头啄木鸟（俗名为 Red-headed Woodpecker）。还有很多以人名命名的啄木鸟，比如霍氏啄木鸟（*M. hoffmannii*）、刘氏啄木鸟（*M. lewis*）和黑颊啄木鸟（*M. pucherani*）。

金额啄木鸟
Melanerpes aurifrons

啄树皮和在树干上钻洞是啄木鸟的看家本领。啄木鸟以每秒 18～22 次的速度用喙反复凿木，它们的大脑在每次击打时需要缓冲 1.2 千克的力量。所以啄木鸟究竟有怎样的头骨才能让它们自我保护呢？

啄木鸟的喙十分坚硬但同时也具有弹性；其下喙在每次敲击时都会弯曲。啄木鸟的头骨由许多薄的、相互交叉的骨骼组成，这使它们的头部像海绵一样，可以发生轻微的变形。一块被称为舌骨的特殊骨骼支撑着啄木鸟的舌头，它环绕着整个头骨一直到鼻孔开口处。舌骨上因为附着了肌肉而发挥着像安全带一样的作用。

舌头的肌肉系统令啄木鸟的舌头和头部长度一样长，甚至更长。舌头因为唾液腺和舌头尖部的分泌物而具有黏性，并且长有倒刺和突起，因此啄木鸟可以轻松地捕捉昆虫或蠕虫。

除了其强大的适应性，啄木鸟还有一个重要的功能——为其他鸟类提供筑巢用的树洞。蓝鸲鸟（bluebird）、山雀（tit）、䴓（nuthatche）、鹪鹩（wren）等鸟类会依赖于啄木鸟所啄的洞来筑巢。

瓜岛啄木鸟
Melanerpes herminieri

啄木鸟是哥德洛普岛的特有鸟类。尽管它们的生境遭到了毁坏，其种群数量仍然比较稳定。

吐绶鸡属

这个属由2个物种组成：分布于美国的火鸡（Wild Turkey）和仅分布于中美洲尤卡坦半岛地区的眼斑火鸡（Oscellated Turkey）。吐绶鸡属（*Meleagris*，读音为 mel-ee-AH-gris）这一属名源自拉丁语，意思是几内亚家鸡；火鸡的种加词为 *gallopvo*（拉丁文 *gallo*，意为公鸡，*pavo* 意为孔雀），而眼斑火鸡的种加词为 *ocellata*。没有人知道"turkey"这个单词从何而来，可能是由于哥伦布（Columbus）将其称之为 *tuka* 或者 *tukki*。

我们也不知道17世纪北美的朝圣者和印第安人是否吃感恩节的火鸡，因为显然朝圣者将所有的野禽都称为火鸡。西班牙人将火鸡从北美引入西班牙后，它逐渐在整个欧洲流行开来，被冠以各种称谓：火鸡－家禽（turkey-fowl）、火鸡鸟（turkey bird）、公火鸡（turkey cock），甚至印度家

火鸡
Meleagris gallopavo

鸡（Indian Fowl），因为人们认为它来自西印度群岛。当美洲原住民将这种鸟类介绍给殖民者时，他们很惊讶地看到他们所熟悉的鸟类，因为在那时，火鸡已经在英格兰被繁育了许多世代了。

因为美洲的先驱者向西迁，砍伐森林，因此导致火鸡的生境遭到破坏。18世纪中期，火鸡的分布范围几乎减少到原来的一半，而到了19世纪早期，仅剩30 000只野生火鸡个体了。在19世纪末20世纪初，火鸡野生种群下降的趋势被遏制住了，因为保护措施得力，火鸡的种群数量上升至450万。

养殖的火鸡比野生火鸡的蛋白质含量更高、胸肌也更大块。美国人每年要吃掉将近30亿只火鸡，在感恩节那天要消耗大概5 000万只。这相当于每人每年8千克的量。在欧盟国家，每人每年大约吃掉3.5千克火鸡肉。在澳大利亚和南非，每年每人则仅仅吃掉1千克火鸡肉，主要是在圣诞节期间。

说句题外话，本杰明·富兰克林（Benjamin Franklin）希望火鸡成为美国的国家标志。虽然最后白头海雕在评选中胜出，但是在餐桌上火鸡更受人青睐。

眼斑火鸡
Meleagris ocellata

Meleagris mel-ee-AH-gris
希腊语，表示珍珠鸡，早期是火鸡、珍珠鸡和孔雀的同义词，如火鸡（*Meleagris gallopavo*），俗名为 Wild Turkey，再如珠鸡（*Numida meleagris*），俗名为 Helmeted Guineafowl

Melichneutes mel-ik-NOY-teez
希腊语，*meli* 表示蜂蜜，*ikhnos* 表示表示跟踪、脚步，如琴尾响蜜䴕（*Melichneutes robustus*），俗名为 Lyre-tailed Honeyguide

Melidectes mel-ee-DEK-teez
希腊语，*meli* 表示蜂蜜，*dektes* 指乞丐，如白额寻蜜鸟（*Melidectes leucostephes*），俗名为 Vogelkop Melidectes，它是吸蜜鸟科的一员

Melierax mel-ee-AIR-aks
希腊语，*melos* 表示歌声，*hierax* 指表示鸢或隼，如淡色歌鹰（*Melierax canorus*），俗名为 Pale Chanting Goshawk

Melilestes mel-ee-LES-teez
希腊语，*meli* 表示蜂蜜，*lestes* 表示表示一个小偷，如巨嘴盗蜜鸟（*Melilestes megarhynchus*），俗名为 Long-billed Honeyeater

Meliphaga mel-ee-FA-ga
希腊语，*meli* 表示蜂蜜，*phagein* 表示表示吃，如细嘴吸蜜鸟（*Meliphaga gracilis*），俗名为 Graceful Honeyeater

Melithreptus mel-ee-THREP-tus
希腊语，*meli* 表示蜂蜜，*threptos* 表示表示饲养、营养，如白喉抚蜜鸟（*Melithreptus albogularis*），俗名为 White-throated Honeyeater

Mellisuga mel-li-SOO-ga
Mel 表示蜂蜜，*sugo* 表示表示吸吮，如吸蜜蜂鸟（*Mellisuga helenae*），俗名为 Bee Hummingbird

Melodia mel-O-dee-a
希腊语，*melodos* 表示表示悦耳动听的，如歌带鹀（*Melospiza melodia*），俗名为 Song Sparrow

Melodus mel-O-dus
希腊语，*melodos* 表示表示悦耳动听的，如笛鸻（*Charadrius melodus*），俗名为 Piping Plover

Melophus mel-O-fus
希腊语，*mela* 表示黑色、深色，*lophus* 指表示凤冠，如凤头鹀（*Melophus*，现在为 *Emberiza lathami*），俗名为 Crested Bunting

Melopsittacus mel-op-SIT-ta-kus
希腊语 *melos* 表示表示歌声，拉丁语 *psittacus* 指鹦鹉，如虎皮鹦鹉（*Melopsittacus undulatus*），俗名为 Budgerigar 或 Common Parakeet

Melopyrrha mel-o-PEER-a
希腊语，*melas* 表示黑色、暗色，*pyrrha* 表示红色、火焰色，如古巴黑雀（*Melopyrrha nigra*），俗名为 Cuban Bullfinch

Melospiza mel-o-SPY-za
希腊语，*melas* 表示黑色、深色，*spiza* 指雀，如林氏带鹀（*Melospiza lincolnii*），俗名为 Lincoln's Sparrow

Membranaceus mem-bra-NAY-see-us
Membrana 表示膜状的，如红耳鸭（*Malacorhynchus membranaceus*），俗名为 Pink-eared Duck；其学名描述的是这种鸟类勺状的、易弯曲的喙具有可以过滤食物的膜

Menckei MENK-ee-eye
以德国动物学家布鲁诺·门克（Bruno Mencke）命名的，如新几内亚穆绍岛的白胸王鹟（*Symposiachrus menckei*），俗名为 Mussau Monarch

Mentalis men-TAL-is
下巴，如白喉钟鹊（*Cracticus mentalis*），俗名为 Black-backed Butcherbird，这种鸟类的头部和颈部几乎都是黑色的，但喉部为白色

笛鸻
Charadrius melodus

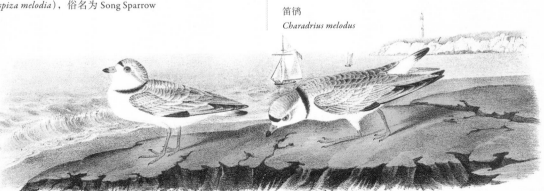

Menura men-OO-ra
希腊语，*mene* 表示月亮，*oura* 表示指尾巴，如艾氏琴鸟（*Menura alberti*），俗名为 Albert's Lyrebird，这种鸟类的外侧尾羽上有月牙形（弧形）的标记

Merganetta mer-gan-ET-ta
Mergus 表示潜水者，*netta* 指表示鸭子，如湍鸭（*Merganetta armata*），俗名为 Torrent Duck

Merganser mer-GAN-zer
Merger 表示潜水，*anser* 指鹅，如普通秋沙鸭（*Mergus merganser*），俗名为 Common Merganser

Meropogon mer-o-PO-gon
希腊语，*merops* 表示一种蜂虎，*pogon* 指表示胡须，如须蜂虎（*Meropogon forsteni*），俗名为 Purple-bearded Bee-eater 或 Celebes Bee-eater

Merops MER-ops
希腊语，*merops* 表示一种蜂虎，如黄喉蜂虎（*Merops apiaster*），俗名为 European Bee-eater

Merrilli MER-ril-eye
以美国植物学家埃尔默·梅尔（Elmer Merrill）命名的，如梅氏果鸠（*Ptilinopus merrilli*），俗名为 Cream-breasted Fruit Dove

Mexicana, -us, -um mecks-ih-KAN-a/us/um
以墨西哥（Mexico）这一地名命名的，如西蓝鸲（*Sialia mexicana*），俗名为 Western Bluebird

Meyeri, -ianus MY-er-eye/my-er-ee-AN-nus
以德国人类学家、鸟类学家阿道夫·迈尔（Adolf Meyer）命名的，如褐镰嘴风鸟（*Epimachus meyeri*），俗名为 Brown Sicklebill

Micrastur my-KRAS-ter
希腊语 *micros* 表示小的，拉丁语 *astur* 指鹰，如斑林隼（*Micrastur ruficollis*），俗名为 Barred Forest Falcon

Microcochlearius my-kro-ko-klee-AR-ee-us
希腊语 *micros* 表示小的，拉丁语 *cochlear* 指勺子，如阔嘴哑霸鹟（*Microcochlearius josephinae*，现在为 *Hemitriccus josephinae*），俗名为 Boat-billed Tody-Tyrant

Microhierax my-kro-HY-er-aks
希腊语，*micros* 表示小的，*hierax* 表示鹰或者隼，如白腿小隼（*Microhierax melanoleucos*），俗名为 Pied Falconet

Micromegas my-kro-MAY-gas
希腊语，*micros* 表示小的，*mega* 表示大的，如安岛姬啄木鸟（*Nesoctites micromegas*），俗名为 Antillean Piculet，因为这种鸟类比其他任何姬啄木鸟（小啄木鸟的一个亚科）都大一倍

Micromonacha my-kro-mo-NAK-a
希腊语，*micros* 表示小的，*monakhos* 表示僧人，如矛蓬头䴕（*Micromonacha lanceolata*），俗名为 Lanceolated Monklet；有些人认为这种鸟长矛形状的喙看起来像僧人

Micropalama my-kro-pa-LAM-a
希腊语，*micros* 表示小的，*palama* 表示手掌，如高跷鹬（*Micropalama*，现在为 *Calidris himantopus*），俗名为 Stilt Sandpiper，指这种鸟类的脚趾之间的蹼较少

Micropsitta my-krop-SIT-ta
希腊语 *micros* 表示小的，拉丁语 *psittacus* 指鹦鹉，如吉温侏鹦鹉（*Micropsitta geelvinkiana*），俗名为 Geelvink Pygmy Parrot

Microptera, -us my-KROP-ter-a/us
希腊语，*micros* 表示小的，*pteron* 指翅膀，如缅甸歌百灵（*Mirafra microptera*），俗名为 Burmese Bush Lark

Microrhynchus, -um my-kro-RINK-us/um
希腊语 *micros* 表示小的，拉丁语 *rhynchus* 指喙，如非洲灰鹟（*Bradornis microrhynchus*），俗名为 African Grey Flycatcher

Microsoma my-kro-SO-ma
希腊语，*micros* 表示小的，*soma* 指身体，如小海燕（*Oceanodroma microsoma*），俗名为 Least Storm Petrel

西蓝鸲
Sialia mexicana

Migratorius my-gra-TOR-ee-us
Migrare 表示移动，如旅鸫（*Turdus migratorius*），俗名为 American Robin

Militaris mil-ih-TAR-is
Militar- 表示士兵，如军金刚鹦鹉（*Ara militaris*），俗名为 Military Macaw

Milvago mil-VA-go
Milvus 鸟类猎物，-ago 表示类似，如叫隼（*Milvago chimango*），俗名为 Chimango Caracara

Milvus MIL-vus
Milvus 鸟类猎物，如黑鸢（*Milvus migrans*），俗名为 Black Kite

Mimus MIM-us
模拟、模仿，如小嘲鸫（*Mimus polyglottos*），俗名为 Northern Mockingbird，这种鸟类可以模仿其他鸟类的叫声

Mindanensis min-da-NEN-sis
以菲律宾的棉兰老岛（Mindinao）命名的，如黑胸鹃鵙（*Coracina mindanensis*），俗名为 Black-bibbed Cicadabird

Minimus, -um, -a MIN-ih-mus/mum/ma
表示最少的、最小的，如短嘴长尾山雀（*Psaltriparus minimus*），俗名为 American Bushtit

Mino MY-no
Mino 表示来自印度北部，maina 表示八哥，如金冠树八哥（*Mino coronatus*，现在为 *Ampeliceps coronatus*），俗名为 Golden-crested Myna

Minor MY-nor
表示下级、年龄较小的，如美洲夜鹰（*Chordeiles minor*），俗名为 Common Nighthawk，它是一种中等体型的夜鹰，可能在它被命名时，人们认为它的体型比较小

Minutilla myn-oo-TIL-la
Minutus 表示小的，如姬滨鹬（*Calidris minutilla*），俗名为 Least Sandpiper

Minutus, -a my-NOO-tus/a
非常小，如小鸥（*Hydrocoloeus minutus*），俗名为 Little Gull

Mirabilis mir-AH-bi-lis
表示精彩的，如彩毛腿蜂鸟（*Eriocnemis mirabilis*），俗名为 Colourful Puffleg

Mirafra mir-AF-ra
Miras 表示精彩的，*afra* 指非洲的，如棕颈歌百灵（*Mirafra africana*），俗名为 Rufous-naped Lark

---

拉丁学名小贴士

云雀（Lark）源自中古英语 *Iaferce*，意为鸣禽。它的体型及羽色略似麻雀，雄性和雌性的相貌相似，背部呈花褐色和浅黄色，胸腹部呈白色至深棕色。云雀以植物种子、昆虫等为食，常集群活动；繁殖期雄鸟鸣啭洪亮动听，是鸣禽中少数能在飞行中歌唱的鸟类之一。求偶炫耀飞行复杂，能"悬停"于空中；在地面筑巢，每窝产卵 3～5 枚，孵化期 10～12 天。云雀喜欢栖息于开阔的环境，在草原地方和沿海一带的平原区尤为常见。云雀是丹麦、法国的国鸟。

棕颈歌百灵
Mirafra africana

Mississippiensis mis-si-sip-pee-EN-sis
以密西西比（Mississippi）命名的，如密西西比灰鸢（*Ictinia mississippiensis*），俗名为 Mississippi Kite

Mniotilta nee-o-TIL-ta
希腊语，*mnion* 表示苔藓，*tiltos* 表示拔、摘，如黑白森莺（*Mniotilta varia*），俗名为 Black-and-white Warbler，这种鸟类用苔藓等筑巢

Modesta, -tus mo-DES-ta/tus
Modestus 表示克制的、温和的、适度的，如加岛崖燕（*Progne modesta*），俗名为 Galapagos Martin，这种鸟类的羽毛色彩简单、暗淡

Mollissima mol-LISS-sim-a
Mollis 表示柔软的，如欧绒鸭（*Somateria mollissima*），俗名为 Common Eider，人们用这种鸟类的绒毛来做枕头

雅岛王鹟
Monarcha godeffroyi

Molluccensis mol-luk-SEN-sis
以摩鹿加群岛（Moluccas）命名的，如蓝翅八色鸫（*Pitta moluccensis*），俗名为 Blue-winged Pitta

Molothrus mol-O-thrus
希腊语，*molobrus* 表示乞讨或寄生，如褐头牛鹂（*Molothrus ater*），俗名为 Brown-headed Cowbird，这是一种寄生鸟类

Momotus mo-MO-tus
源自鸟类的鸣叫声，表示翠鴗，如亚马孙翠鴗（*Momotus momota*），俗名为 Amazonian Motmot

Monachus mo-NAK-us
僧侣，如和尚鹦哥（*Myiopsitta monachus*），俗名为 Monk Parakeet，这种鸟类头顶的斑纹很像僧侣的帽子

Monarcha mo-NAR-ka
希腊语，*monarkhos* 指君王、国王，如雅岛王鹟（*Monarcha godeffroyi*），俗名为 Yap Monarch

Monasa mo-NAS-a
希腊语，*monases* 表示独自，如黄嘴黑鹭（*Monasa flavirostris*），俗名为 Yellow-billed Nunbird，这是一种不喜欢移动的鸟类，它们生活在小且具有领域性的群体里，各自保持独立

Mongolica mon-GO-lik-a
以蒙古（Mongolia）命名的，如蒙古百灵（*Melanocorypha mongolica*），俗名为 Mongolian Lark

Monias mo-NYE-as
希腊语，*monases* 表示独自，如本氏拟鹑（*Monias benschi*），俗名为 Subdesert Mesite；这种鸟类的学名是一种误用，因为它们也被发现生活在群体中

Monocerata mon-o-ser-AH-ta
希腊语，*monos* 表示单一、一个，*keras* 指角，如角嘴海雀（*Cerorhinca monocerata*），俗名为 Rhinoceros Auklet

Montana, -us mon-TAN-a/us
和山有关，如岩鸻（*Charadrius montanus*），俗名为 Mountain Plover

Montani mon-TAN-eye
以法国人类学家约瑟夫·蒙塔诺（Joseph Montano）命名的，如黑嘴斑犀鸟（*Anthracoceros montani*），俗名为 Sulu Hornbill

Montezumae mon-te-ZOOM-ee
墨西哥的阿芝台克帝国（Aztec emperor）的拉丁化形式，如彩鹑（*Cyrtonyx montezumae*），俗名为 Montezuma Quail

Monticola mon-ti-KO-la
Montis 表示山，*colo* 表示栖息，如短趾矶鸫（*Monticola brevipes*），俗名为 Short-toed Rock Thrush

Montifringilla mon-ti-frin-JIL-la
Montis 表示山，*fringilla* 指雀，如燕雀（*Fringilla montifringilla*），俗名为 Brambling

Morinellus mor-ih-NEL-lus
希腊语，*moros* 表示愚蠢的、荒谬的，*ella* 表示微小的，如小嘴鸻（*Charadrius morinellus*），俗名为 Eurasian Dotterel，这是一种很容易接近的鸟类

Morus MOR-us
希腊语，*moros* 表示愚蠢的、荒谬的，如北鲣鸟 *Morus bassanus*，俗名为 Northern Gannet，这样命名可能是因为其奇特的潜水取食姿态

Motacilla mo-ta-SIL-la
Motus 表示移动，*cilla* 错误地用来指尾巴，如白鹡鸰（*Motacilla alba*），俗名为 White Wagtail，这种鸟类常频繁地摆动尾巴

Muelleri MEW-ler-eye
以荷兰博物学家萨洛蒙·米勒（Salomon Mueller）命名的，如奥岛秧鸡（*Lewinia muelleri*），俗名为 Auckland Rail

Multistriata, -us mul-ti-stree-AT-a/us
Multi 表示许多，*striata* 表示条纹、沟，如纵纹鹦鹉（*Charmosyna multistriata*），俗名为 Striated Lorikeet

Muscicapa mus-si-KAP-a
Musca 表示飞行，*capio* 表示抓住，如白腹蓝鹟（*Muscicapa*，现在为 *Cyanoptila cyanomelana*），俗名为 Blue and White Flycatcher

Muscisaxicola mus-si-saks-ih-KO-la
Musca 表示飞行，*saxum* 指石头，*colo* 指栖息，如斑嘴地霸鹟（*Muscisaxicola maculirostris*），俗名为 Spot-billed Ground Tyrant，这是一种在石头上筑巢的鹟

Muscivora mus-si-VOR-a
Musca 表示飞行，*vorus* 表示吞食，如剪尾王霸鹟（*Muscivora forficatus*，现在为 *Tyrannus forficatus*），俗名为 Scissor-tailed Flycatcher

Musophaga moo-so-FAY-ga
Musa 表示相交，*phagus* 表示吃，如短冠紫蕉鹃（*Musophaga rossae*），俗名为 Ross's Turaco

Mustelina mus-tel-EE-a
指像一只鼬鼠，如棕林鸫（*Hylocichla mustelina*），俗名为 Wood Thrush，这种鸟类的颜色和鼬鼠类似

Muta MOO-ta
表示静音、安静，如岩雷鸟（*Lagopus muta*），俗名为 Rock Ptarmigan，这种雷鸟会哇哇叫

Myadestes my-a-DEST-eez
希腊语，*muia* 表示飞行、叮，*edestes* 指吃……的，如坦氏孤鸫（*Myadestes townsendi*），俗名为 Townsend's Solitaire

Mycteria mik-TER-ee-a
希腊语，*mukter* 指鼻子、猪鼻，如黄嘴鹮鹳（*Mycteria ibis*），俗名为 Yellow-billed Stork

Myiagra my-AG-ra
希腊语，*muia* 表示飞行、叮，*agra* 表示抓住、夺取，如比岛阔嘴鹟（*Myiagra atra*），俗名为 Biak Black Flycatcher

Myiarchus my-ee-ARK-us
希腊语，*muia* 表示飞行、叮，*archos* 指统治者，如大冠蝇霸鹟（*Myiarchus crinitus*），俗名为 Great Crested Flycatcher

Myioborus my-ee-o-BOR-us
希腊语，*muia* 表示飞行、叮，*borus* 表示吃，如金额鸲莺（*Myioborus ornatus*），俗名为 Golden-fronted Whitestart

Myiodynastes my-ee-o-dye-NAST-eez
希腊语，*muia* 表示飞行、叮，*dynastes* 指统治者、首领，如黄腹大嘴霸鹟（*Myiodynastes luteiventris*），俗名为 Sulphur-bellied Flycatcher

Myioparus my-ee-o-PAR-us
希腊语 *muia* 表示飞行、叮，拉丁语 *parus* 表示山雀，如灰雀鹟（*Myioparus plumbeus*），俗名为 Grey Tit-Flycatcher

Myiopsitta my-ee-op-SIT-ta
希腊语 *muia* 表示飞行、叮，拉丁语 *psittacus* 表示鹦鹉，如灰胸鹦哥（*Myiopsitta monachus*），俗名为 Monk Parakeet；这种鸟类并不是严格的食虫鸟类，这个属名似乎不合适

Myiornis my-ee-OR-nis
希腊语，*muia* 表示飞行、叮，*ornis* 指鸟类，如短尾侏霸鹟（*Myiornis ecaudatus*），俗名为 Short-tailed Pygmy-Tyrant，这是世界上最小的雀形目鸟类

Myiozetetes my-ee-o-ze-TET-eez
希腊语，*muia* 表示飞行、叮，*zetetes* 表示探索者、捕食者，如灰顶短嘴霸鹟（*Myiozetetes granadensis*），俗名为 Grey-capped Flycatcher

Myrmeciza mer-meh-size-a
希腊语，*myrmec* 表示蚂蚁，*izo* 表示埋伏，如高氏蚁鸟（*Myrmeciza goeldii*），俗名为 Goeldi's Antbird

Myrmecocichla mer-meh-ko-SICK-la
希腊语，*myrmec* 表示蚂蚁，*cichla* 表示像鸫一样的鸟类，如暗色蚁鸥（*Myrmecocichla nigra*），俗名为 Sooty Chat

Myrmornis mir-MOR-mis
希腊语，*myrmec* 表示蚂蚁，*ornis* 指鸟类，如斑翅蚁鸟（*Myrmornis torquata*），俗名为 Wing-banded Antbird

Myrmotherula mir-mo-ther-OO-la
希腊语，*myrmec* 表示蚂蚁，*theras* 指捕食者，如白胁蚁鹩（*Myrmotherula axillaris*），俗名为 White-flanked Antwren

Mystacalis miss-ta-KAL-is
表示髭，如须刺花鸟（*Diglossa mystacalis*），俗名为 Moustached Flowerpiercer

Mystacea miss-TACE-ee-a
希腊语，*mystac* 表示上唇、髭，如门氏林莺（*Sylvia mystacea*），俗名为 Menetries's Warbler，这一俗名是以法国动物学家爱德华·蒙娜特斯（Edouard Menetries）命名的

Myzomela my-zo-MEL-a
希腊语，*muzo* 表示吸吮，*meli* 表示蜜，如红头摄蜜鸟（*Myzomela erythrocephala*），俗名为 Red-headed Myzomela

Myzornis my-ZOR-nis
希腊语，*muzo* 表示吸吮，*ornis* 指鸟类，如火尾绿鹛（*Myzornis pyrrhoura*），俗名为 Fire-tailed Myzornis；这种鸟取食花蜜和树汁

鸟类的鸣唱和鸣叫

在温带地区，大多数鸟类的繁殖季节是在春季；只有热带地区鸟类为全年繁殖。可能一整年你都能听到鸟类发出的鸣声，但是在求偶炫耀和筑巢期鸟类之间的鸣声交流是更加明显而频繁的。鸟类的鸣唱（songs）是比较复杂的声音，通常在繁殖季节用于吸引配偶和保卫领域。鸣叫（calls）是比较简单的声音，一般意味着传达诸如鸟类位置、将鸟群集中或发出警报这样的信息，比如，迁徙的大雁发出的集群声或者鸟类喂食器周围的咔嗒声。鸣唱只有鸣禽（雀形目大约占世界上所有鸟类的50%）才能发出，但也不是所有雀形目的鸟类都可以发出鸣唱，比如乌鸦就不能发出鸣唱。"鸣禽"（songbirds）是一个常用术语，但是雀形目是根据其解剖学和生理学的相似性，比如上颚、足和翅膀的结构，而不是根据其鸣唱的能力来进行归类的。不在雀形目（非雀形目）的鸟类可以发出鸣叫或其他的叫声，甚至是有旋律的，但是常常仅仅只是鸣笛声（honk）、嘎嘎声（quack）、咕哝声（grunts）、喘息声（wheezes）或咆哮（growls）。

人类的喉部由气管顶部的一组肌肉和软骨组成，一直通到肺部，空气在其间流动从而产生声音。鸟类也拥有类似的发声结构鸣管，但是鸣管位于气管的底部，更接近肺部和气囊，从而可以更高效地产生声音。在鸟类世界里有许多和声音相关的演化。天鹅的鸣管很长，弯曲到胸骨，可以产生比较低频率的声音。油鸱和金丝燕产生的声音和声呐类似，都是用于导航，因此它们可以在黑暗中飞行。还有一些鸟类比如丛鵙和鹟类，会进行二重唱：即一对鸟类的其中一只先鸣唱，然后另一只也开始回应，听起来像一只鸟在鸣唱。

如果我们要通过鸟类的鸣唱或鸣叫来识别鸟类，需要一些练习，最好的方式是向那些熟悉鸟类叫声的人学习。也有一些光盘和网络资源可以帮助你学习这些鸣声，但是要意识到鸟类和人类一样也有地方方言。不同种群的鸣禽的鸣声是不同的，有时甚至大不相同。北美东部和西部的雀鹀的叫声可能就是不同的。所以学习鸣声的最佳方式是学习你所在地区的鸟类的鸣声。

一些博物学家可能会不同意，但是鸟类的鸣唱不是纯粹为了娱乐。鸟类鸣唱是一种生殖活

金丝雀
Serinus canaria

金丝雀，原产于加那利群岛和马德拉群岛，一直被驯养且繁育成不同的颜色。

动,是一个物种生存的必要条件,为了将基因传递给下一代。但是鸣唱也是危险的,因为鸣唱会引来竞争者和捕食者。通常情况下,只有羽毛颜色鲜艳的雄鸟才会鸣唱;雌鸟很少鸣唱,而且通常羽毛颜色比较暗淡。鸣唱通常发生在繁殖季节。如果鸣唱确实是一种表达快乐的方式,那么雄性和雌性都应该会鸣唱,而且会全年鸣唱。我们欣赏着歌鸫那悠扬而带有颤音歌声,觉得这是鸟类在表达它的幸福,这是一件很棒的事情。实际上生存才是驱动它鸣唱的因素,而不是情绪。

鸟类的鸣声部分来自遗传,另一部分是通过学习得来的。试验表明与亲鸟隔离的幼鸟可以鸣唱,但是鸣唱并不完整,只有部分是这个物种的正确鸣唱方式。只有当幼鸟听到亲鸟的鸣唱,它们才能学会全部的鸣唱。

20世纪40年代美国的电台节目精选了十多只金丝雀的鸣声放入了古典的音乐唱片中。你可以在家播放金丝雀鸣唱的录音来教你的金丝雀歌唱。会唱歌的金丝雀一度流行开来,让无良的宠物店老板向雌性和雄性的金丝雀注射睾酮,这是一种雄性激素,可以诱导歌唱(和其他求偶行为)。不用说,几个星期后金丝雀因为激素,水平回落而停止歌唱,新的主人一定会感到非常失望。

多年来,鸟类鸣唱是一种识别物种的方式。外形类似的鸟类鸣叫的差异向鸟类学家提供了暗示,它们可能是不同的物种。以长嘴沼泽鹪鹩(*Cistothorus palustris*,俗名为 Marsh Wren)为例,其东部和西部种群的鸣声不同,因此有

四色丛林伯劳
Telophorus quadricolor

四色丛林伯劳的单调的鸣唱增强了其壮丽的颜色的吸引力。

研究认为这是两个不同的物种。和其他的鸟类特征一起,鸟类鸣声提供的新信息为分类学的研究带来很多新的考量。

长嘴沼泽鹪鹩
Cistothorus palustris

长嘴沼泽鹪鹩编织了一个圆顶带侧开口的鸟巢,沼泽植物支撑着鸟巢。

N

辉绿花蜜鸟
Nectarinia famosa

Naevius, -a, -oides
NEE-vee-us/a/nee-vee-OID-eez
Naevus 表示点状、斑点，如杂色鸫（*Ixoreus naevius*），俗名为 Varied Thrush

Naevosa *nee-VO-sa*
Naevus 表示点状、斑点，如澳洲斑鸭（*Stictonetta naevosa*），俗名为 Freckled Duck

Nahani *na-HAN-eye*
以比利时旅行家 P. F. 纳亨（P. F. Nahan）命名的，如纳氏鹧鸪（*Ptilopachus nahani*），俗名为 Nahan's Partridge

Nana, -nus *NA-na/nus*
Nanus 表示侏儒、矮小的，如小刺嘴莺（*Acanthiza nana*），俗名为 Yellow Thornbill，这种鸟类的喙像一根尖刺

Napensis *na-PEN-sis*
希腊语，*nape* 表示木头，*-ensis* 表示属于，如纳波角鸮（*Megascops napensis*），俗名为 Napo Screech Owl

Napothera *na-po-THER-a*
希腊语，*nape* 表示木头，*therao* 表示捕猎，如黑喉鹪鹛（*Napothera atrigularis*），俗名为 Black-throated Wren-Babbler

Natalensis *na-ta-LEN-sis*
Natal 指南非，特指纳塔尔（Natal），*-ensis* 表示属于，如蛙声扇尾莺（*Cisticola natalensis*），俗名为 Croaking Cisticola，这是一种分布在撒哈拉沙漠南部的鸟类

Natalis *na-TAL-is*
生日，如圣诞岛鹰鸮（*Ninox natalis*），俗名为 Christmas Boobook，为印度洋的圣诞岛（Christmas Island）所特有

Nativitatis *na-tiv-ih-TAT-us*
Nativitas 表示出生，如黑鹱（*Puffinus nativitatis*），俗名为 Christmas Shearwater，其俗名来源于太平洋（基里巴斯）的圣诞岛（Christmas Island）

Nattererii *NAT-er-er-ee-eye*
以澳大利亚博物学家、采集家约翰·奈特尔（Johann Natterer）命名的，如蓝伞鸟（*Cotinga nattererii*），俗名为 Blue Cotinga

Naumanni *NOY-man-eye*
以德国农场主、博物学家约翰·瑙曼（Johann Naumann）命名的，如黄爪隼（*Falco naumanni*），俗名为 Lesser Kestrel

Nebouxii *ne-BOUKS-ee-eye*
以法国外科医生、博物学家阿道夫·内博克斯（Adolphe Neboux）命名的，如蓝脚鲣鸟（*Sula nebouxii*），俗名为 Blue-footed Booby

Nebularia *neb-oo-LAR-ee-a*
Nebula 表示有雾的、多云的，*aria* 表示属于，如青脚鹬（*Tringa nebularia*），俗名为 Common Greenshank，其越冬期的羽毛是灰棕色的

Nebulosa *neb-oo-LOS-a*
Nebula 表示有雾的、多云的，如乌林鸮（*Strix nebulosa*），俗名为 Great Grey Owl，暗指其灰色的羽色

Necropsar *ne-KROP-sar*
希腊语，*necro* 表示死亡，*psar* 指椋鸟，如已经灭绝的罗迪椋鸟（*Necropsar rodericanus*），俗名为 Rodrigues Starling

Nectarinia *nek-tar-IN-ee-a*
希腊语，*nectar* 表示花蜜，*inus* 表示属于，如辉绿花蜜鸟（*Nectarinia famosa*），俗名为 Malachite Sunbird

乌林鸮
Strix nebulosa

Neergaardi NER-gard-eye
以威特沃特斯兰德（Witwatersrand）矿山的招聘专员 P. 内高（P. Neergaard）命名的，如尼氏花蜜鸟（Cinnyris neergaardi），俗名为 Neergaard's Sunbird

Neglecta, -us ne-GLEK-ta/tus
忽略，如西美草地鹨（Sturnella neglecta），俗名为 Western Meadowlark，人们认为这种鸟是东草地鹨（俗名为 Eastern Meadowlark）的西部种群

Nehrkorni NAIR-korn-eye
以德国鸟类学家、鸟卵学家阿道夫·内博克斯（Adolphe Neboux）命名的，如红冠啄花鸟（Dicaeum nehrkorni），俗名为 Crimson-crowned Flowerpecker

Nelsoni NEL-son-eye
以美国鸟类学会创始人、学会主席爱德华·纳尔逊（Edward Nelson）命名的，如侏莺雀（Vireo nelsoni），俗名为 Dwarf Vireo

Nemoricola nem-or-ih-KO-la
Nemus 表示树林，colo 表示栖息，如林沙锥（Gallinago nemoricola），俗名为 Wood Snipe；其俗名沙锥（Snipe）源自古诺斯语 snipa

Nemosia ne-MO-see-a
Nemus 表示树林，如黑顶唐纳雀（Nemosia pileata），俗名为 Hooded Tanager

Neochelidon nee-o-KEL-ih-don
希腊语，neo 表示新的，chelidon 指燕子，如白腿燕（Neochelidon tibialis），俗名为 White-thighed Swallow

Neochen NEE-o-ken
希腊语，neo 表示新的，chen 指大雁，如绿翅雁（Neochen jubata），俗名为 Orinoco Goose

Neocichla nee-o-SICK-la
希腊语，neo 表示新的，cichla 指鸫，如白翅噪椋鸟（Neocichla gutturalis），俗名为 Babbling Starling

Neodrepanis nee-o-dre-PAN-is
希腊语，neo 表示新的，drepane 指镰刀，如弯嘴裸眉鸫（Neodrepanis coruscans），俗名为 Common Sunbird-Asity，这种鸟类的喙像镰刀

Neomorphus nee-o-MOR-fus
希腊语，neo 表示新的，morphe 表示形式、形状，如棕翅鸡鹃（Neomorphus rufipennis），俗名为 Rufous-winged Ground Cuckoo

Neophema nee-o-FEEM-a
希腊语，neo 表示新的，Euphema 以前的鸟类属，已不再使用，如蓝眉鹦鹉（Neophema elegans），俗名为 Elegant Parrot

Neopsittacus nee-op-SIT-ta-kus
希腊语 neo 表示新的，拉丁语 psittacus 指鹦鹉，如翠绿鹦鹉（Neopsittacus pullicauda），俗名为 Orange-billed Lorikeet，可能是指命名时这是一个新发现的属

Neospiza nee-o-SPY-za
希腊语，neo 表示新的，spiza 指雀，如圣多美蜡嘴雀（Neospiza concolor，现在为 Crithagra concolor），俗名为 Sao Tome Grosbeak

Neotis nee-O-tis
希腊语，neo 表示新的，otis 指鸨，如黑冠鸨（Neotis denhami），俗名为 Denham's Bustard

Nereis NER-ee-is
指海神，如眼斑燕鸥（Sternula nereis），俗名为 Fairy Tern

Nesasio ne-SAS-ee-o
希腊语，nesos 表示岛屿，asio 指小角鸮，如所罗门鸮（Nesasio solomonensis），俗名为 Fearful Owl

Nesocichla ne-so-SICK-la
希腊语 nesos 表示岛屿，拉丁语 cichla 指鸫，如特里斯坦鸫（Nesocichla eremita），俗名为 Tristan Thrush

Nesoctites ne-sock-TITE-eez
希腊语，nesos 表示岛屿，ktites 指栖息，如安岛姬啄木鸟（Nesoctites micromegas），俗名为 Antillean Piculet

黑冠鸨
Neotis denhami

Nesofregetta ne-so-fre-GET-ta
希腊语，*nesos* 表示岛屿，*fregetta* 是英国护卫舰的拉丁化形式，如白喉海燕（*Nesofregetta fuliginosa*），俗名为 Polynesian Storm Petrel

Nesomimus ne-SOM-ih-nus
希腊语，*nesos* 是表示岛屿，*mimus* 指模仿，如查尔斯嘲鸫（*Nesomimus trifasciatus*，现在为 *Mimus trifasciatus*），俗名为 Floreana Mockingbird

Nesospiza ne-so-SPY-za
希腊语，*nesos* 是表示岛屿，*spiza* 指雀，如夜莺岛雀（*Nesospiza questi*），俗名为 Nightingale Island Finch

Nesotriccus ne-so-TRIK-kus
希腊语，*nesos* 是表示岛屿，*trikkos* 指小型鸟类，如科岛霸鹟（*Nesotriccus ridgwayi*），俗名为 Cocos Flycatcher

Nestor NES-tor
希腊神话中的英雄，如白顶啄羊鹦鹉（*Nestor meridionalis*），俗名为 New Zealand Kaka，这是鹦鹉的毛利名字

拉丁学名小贴士

Kaka 和 Nestor 都是不同寻常的名字，但二者来源不同。白顶啄羊鹦鹉的俗名为 New Zealand Kaka，毛利人根据其鸣声将其命名为"Kaka"，Nestor 是希腊神话中的英雄，特洛伊战争中的名将。从林奈开始，就偶尔有用经典的神话来给鸟类命名的传统。其种加词 *meridionalis* 单纯指南部的意思。这种鹦鹉是一种非常古老的物种，刷状的舌尖是该物种的特征，可以让它们取食花蜜和各种水果。

白顶啄羊鹦鹉
Nestor meridionalis

Netta NET-ta
希腊语，*netta* 或 *nessa* 指鸭子，如灰嘴潜鸭（*Netta erythrophthalma*），俗名为 Southern Pochard

Nettapus NET-ta-pus
希腊语，*netta* 或 *nessa* 指鸭子，*pous* 表示足，如绿棉凫（*Nettapus pulchellus*），俗名为 Green Pygmy Goose

Neumanni NOY-man-nye
以德国鸟类学家奥斯卡·诺伊曼（Oskar Neumann）命名的，如纽氏丛莺（*Urosphena neumanni*），俗名为 Neumann's Warbler

Neumayer NOY-mare
以奥地利植物学家弗朗兹·诺伊迈尔（Franz Neumayer）命名的，如岩䴓（*Sitta neumayer*），俗名为 Western Rock Nuthatch

Newelli noo-WEL-lee-eye
以夏威夷传教士马蒂亚斯·纽厄尔（Matthias Newell）命名的，如夏威夷鹱（*Puffinus newelli*），俗名为 Newell's Shearwater

Newtonia, -iana noo-TONE-ee-a/noo-tone-ee-AN-a
以英国动物学家阿尔弗莱德·牛顿（Alfred Newton）命名的，如暗牛顿莺（*Newtonia amphichroa*），俗名为 Dark Newtonia

Niger, -ra NY-jer/gra
黑色的，如黑浮鸥（*Chlidonias niger*），俗名为 Black Tern

Nigrescens nee-GRESS-sens
呈黑色的，源自 *niger* 表示黑色，如黑喉灰林莺（*Setophaga nigrescens*），俗名为 Black-throated Grey Warbler

Nigricans NEE-gri-kans
Nigrico 表示变成黑色，源自 niger 表示黑色，如黑长尾霸鹟（Sayornis nigricans），俗名为 Black Phoebe

Nigricapillus, -ocapillus
nee-gri-ka-PIL-lus/nee-gro-ca-PIL-lus
Niger 表示黑色，capillus 表示头上的头发，如黑头蚁鸫（Formicarius nigricapillus），俗名为 Black-headed Antthrush

Nigricauda nee-gri-KAW-da
Niger 表示黑色，cauda 指尾巴，如埃斯蚁鸟（Myrmeciza nigricauda），俗名为 Esmeraldas Antbird

Nigriceps NEE-gri-seps
Niger 表示黑色，ceps 指头部，如埃塞俄比亚丝雀（Serinus nigriceps），俗名为 Ethiopian Siskin

Nigricollis nee-gri-KOL-lis
Niger 表示黑色，collis 指颈部、领部，如黑颈鹤（Grus nigricollis），俗名为 Black-necked Crane

Nigrifrons NEE-gri-fronz
Niger 表示黑色，frons 指前面、前额，如黑额丛鵙（Chlorophoneus nigrifrons），俗名为 Black-fronted Bushshrike

Nigripectus nee-gri-PEK-tus
Niger 表示黑色，pectus 指胸部，如黑胸船嘴鹟（Machaerirhynchus nigripectus），俗名为 Black-breasted Boatbill

Nigripennis nee-gri-PEN-nis
Niger 表示黑色，penna 指羽毛，如黑翅黄鹂（Oriolus nigripennis），俗名为 Black-winged Oriole

Nigripes nee-GRIP-eez
Niger 表示黑色，pes 指足，如黑脚信天翁（Phoebastria nigripes），俗名为 Black-footed Albatross

Nigrirostris nee-gri-ROSS-tris
Niger 表示黑色，rostris 指嘴或喙，如黑嘴山巨嘴鸟（Andigena nigrirostris），俗名为 Black-billed Mountain Toucan

Nigrita nee-GRIT-a
Niger 表示黑色，如栗胸黑雀（Nigrita bicolor），俗名为 Chestnut-breasted Nigrita

Nigrogularis nee-gro-goo-LAR-is
Niger 表示黑色，gularis 指喉部，如黑喉齿鹑（Colinus nigrogularis），俗名为 Yucatan Bobwhite

Nigropectus nee-gro-PEK-tus
Niger 表示黑色，pectus 指胸部，如白须蚁鵙（Biatas nigropectus），俗名为 White-bearded Antshrike

黑胸船嘴鹟
Machaerirhynchus nigripectus

Nigrorufa, -fus nee-gro-ROO-fa/fus
Niger 表示黑色，rufus 表示红色，如黑棕姬鹟（Ficedula nigrorufa），俗名为 Black-and-orange Flycatcher

Nigroventris nee-gro-VEN-tris
Niger 表示黑色，ventris 指腹部，如黑臀巧织雀（Euplectes nigroventris），俗名为 Zanzibar Red Bishop

Nilotica, -us nee-LOT-ih-ka/us
Niloticus 指尼罗河（Nile River），是鸥嘴噪鸥（Gelochelidon nilotica），俗名为 Gull-billed Tern，指的是这种鸟类首次被描述时所在之地

Ninox NY-noks
派生词，表示不知道，如所罗门鹰鸮（Ninox jacquinoti），俗名为 Solomons Boobook 或 Solomons Hawk-Owl

Nipalensis ni-pa-LEN-sis
以尼泊尔（Nepal）命名的，如鹰雕（Nisaetus nipalensis），俗名为 Mountain Hawk-Eagle

Nitens NI-tenz
Nitere 表示闪耀，如黑丝鹟（Phainopepla nitens），俗名为 Phainopepla，这是一种丝状羽毛的鸟类

Nitidus ni-TY-dus
表示优雅、装饰和闪耀，如灰纹鵟（Buteo nitidus），俗名为 Grey-lined Hawk

雪鹀
Plectrophenax nivalis

Nivalis *ni-VAL-is*
Nivis 指雪，如雪鹀（*Plectrophenax nivalis*），俗名为 Snow Bunting

Niveigularis *ni-vee-eye-goo-LAR-is*
Nivis 指雪，*gularis* 指喉部，如雪喉王霸鹟（*Tyrannus niveigularis*），俗名为 Snowy-throated Kingbird

Nivea *NI-vee-a*
Nivis 指雪，如雪鹱（*Pagadroma nivea*），俗名为 Snow Petrel

Nobilis *no-BIL-us*
表示有名的、著名的，如已灭绝的夏威夷吸蜜鸟（*Moho nobilis*），俗名为 Hawaii Oo

Nonnula *non-NOO-la*
希腊语，*nonna* 表示尼姑，*-ulus* 表示身材矮小，如棕顶小蓬头鸮（*Nonnula ruficapilla*），俗名为 Rufous-capped Nunlet，这种鸟类和鸮鸟（nunbirds）亲缘关系较近

Notabilis *no-TA-bil-is*
表示重要的、非凡的，如啄羊鹦鹉（*Nestor notabilis*），俗名为 Kea，俗名源于其鸣叫声

Notata, -us *no-TA-ta/tus*
Notat 表示明显的，如黄斑吸蜜鸟（*Meliphaga notata*），俗名为 Yellow-spotted Honeyeater

Nothocercus *no-tho-SIR-cus*
希腊语 *nothos* 表示伪造，拉丁语 *cerco* 指尾巴，如茶胸林鹬（*Nothocercus julius*），俗名为 Tawny-breasted Tinamou，这种鸟类的尾巴实际上是不存在的

Nothoprocta *no-tho-PROK-ta*
希腊语，*nothos* 表示伪造，*proktos* 指肛门，如丽色斑鹬（*Nothoprocta ornata*），俗名为 Ornate Tinamou，伪装是指的其隐藏的尾巴

Nothura *no-THUR-a*
希腊语，*nothos* 表示伪造，*oura* 指尾巴，如斑拟鹬（*Nothura maculosa*），俗名为 Spotted Nothura，伪装是指的其隐藏的尾巴

Notiochelidon *no-tee-o-KEL-ih-don*
希腊语，*notios* 表示南部的，*chelidon* 指燕子，如蓝白南美燕（*Notiochelidon cyanoleuca*），俗名为 Blue-and-white Swallow

Notornis *no-TOR-nis*
希腊语，*notos* 表示南方，*ornis* 指鸟类，如巨水鸡（*Notornis mantelli*，现在为 *Porphyrio mantelli*），俗名为 Mohoau

Novaeguineae *no-vee-GWIN-ee-ee*
指新几内亚（New Guinea），如笑翠鸟（*Dacelo novaeguineae*），俗名为 Laughing Kookaburra

Novaehollandiae *no-vee-hol-LAND-ee-ee*
以澳大利亚的旧名新荷兰（New Holland）命名的，如澳洲蛇鹈（*Anhinga novaehollandiae*），俗名为 Australasian Darter

巨水鸡
Notornis mantelli
（现在为 *Porphyrio mantelli*）

Novaeseelandiae no-vee-se-LAND-ee-eye
以泽兰地亚（Zeelandia）、泽兰（Zeeland）、荷兰（Netherlands）命名的，这些都是新西兰的旧称，如新西兰潜鸭（*Aythya novaeseelandiae*），俗名为 New Zealand Scaup

Noveboracensis no-va-bor-a-SEN-sis
纽约（New York）的拉丁化形式，如黄眉灶莺（*Seiurus noveboracensis*），俗名为 Northern Waterthrush

Nuchalis noo-KAL-is
Nucha 表示颈部、*-alis* 表示属于，如乌燕鸻（*Glareola nuchalis*），俗名为 Rock Pratincole，在其颈部有一个白色的领

Nucifraga noo-si-FRAG-a
Nux 表示坚果、松果，*frangere* 表示损坏，如北美星鸦（*Nucifraga columbiana*），俗名为 Clark's Nutcracker，俗名是为了纪念博物学家威廉·克拉克（William Clark）

Nudiceps NOO-di-seps
Nudus 表示裸的，*ceps* 指头部，如裸顶蚁鸟（*Gymnocichla nudiceps*），俗名为 Bare-crowned Antbird

Nudicollis noo-di-KOL-lis
Nudus 表示裸的，*collis* 指喉部，如裸喉钟伞鸟（*Procnias nudicollis*），俗名为 Bare-throated Bellbird

Nuditarsus noo-di-TAR-sus
Nudus 表示裸的，*tarsus* 指踝，如裸腿金丝燕（*Aerodramus nuditarsus*），俗名为 Bare-legged Swiftlet

Numenius noo-MEN-ee-us
希腊语，*noumenios* 表示杓鹬，如中杓鹬（*Numenius phaeopus*），俗名为 Whimbrel

Numida noo-MID-a
希腊语，*nomas* 表示流浪者，如珠鸡（*Numida meleagris*），俗名为 Helmeted Guineafowl，这种鸟类可以一天之内漫步数英里寻找食物

Nuttallii nut-TAL-lee-eye
以英国植物学家、动物学家托马斯·纳托尔（Thomas Nuttall）命名的，如加州啄木鸟（*Picoides nuttallii*），Nuttall's Woodpecker

Nuttingi NUT-ting-eye
以美国博物学家、采集家查尔斯·纳丁（Charles Nutting）命名的，如淡喉蝇霸鹟（*Myiarchus nuttingi*），俗名为 Nutting's Flycatcher

Nyctanassa nik-ta-NAS-sa
希腊语，*nyx* 表示晚上，*anassa* 表示王后，如黄冠夜鹭（*Nyctanassa violacea*），俗名为 Yellow-crowned Night Heron

乌燕鸻
Glareola nuchalis

Nyctibius nik-TIB-ee-us
希腊语，*nyx* 表示晚上，*bius* 表示生活在，如大林鸱（*Nyctibius grandis*），俗名为 Great Potoo，这是一种夜行性鸟类

Nycticorax nik-ti-KOR-aks
希腊语 *nyx* 表示晚上，拉丁语 *corax* 指渡鸦，如夜鹭（*Nycticorax nycticorax*），俗名为 Black-crowned Night Heron

Nycticryphes nik-ti-KRI-feez
希腊语，*nyx* 表示晚上，*cryptos* 表示隐藏，如半领彩鹬（*Nycticryphes semicollaris*），俗名为 South American Painted-snipe，这是一种在黄昏（傍晚）或夜间活动的鸟类

Nyctidromus nik-ti-DROM-us
希腊语，*nyx* 表示晚上，*dromos* 指奔跑者，如帕拉夜鹰（*Nyctidromus albicollis*），俗名为 Pauraque，一种夜行性鸟类，俗名源于其鸣叫声的西班牙译音

Nyctiprogne nik-tih-PROG-nee
希腊，*nyx* 表示晚上，普洛斯（Procne）在希腊神话中是一个变为燕子的人，如斑尾夜鹰（*Nyctiprogne leucopyga*），俗名为 Band-tailed Nighthawk

Nyctyornis nik-tee-OR-nis
希腊语，*nyx* 表示晚上，*ornis* 指鸟类，如蓝须夜蜂虎（*Nyctyornis athertoni*），俗名为 Blue-bearded Bee-eater，这一俗名源于其喉部的长羽毛

Nymphicus nim-FIK-us
Nympha 表示仙女，*-icus* 表示属于、源于，如鸡尾鹦鹉（*Nymphicus hollandicus*），俗名为 Cockatiel，这种鸟类是由第一位在澳大利亚看到这种鸟的欧洲人命名的，他认为这种鸟非常美丽

Nystalus nis-TAL-us
希腊语，*nustaleos* 表示困倦的，如斑背蓬头鴷（*Nystalus maculatus*），俗名为 Caatinga Puffbird，这样命名是因为它很爱打瞌睡

康纳德·洛伦茨
(1903—1989)

动物学家、动物行为学家和鸟类学家康纳德·洛伦茨（Konrad Lorenz）1903年出生于奥地利。他最显著的成就是和尼古拉斯·庭伯根（Nikolaas Tinbergen）、卡尔·冯·弗利（Karl von Frisch）一起获得了1973年的诺贝尔生理学或医学奖。洛伦茨研究鸟类的本能行为，他是动物行为学（ethology 或 animal behaviour）的创始人之一。他尤以对印记行为的解释而著名，印记行为是在没有任何的情况下发生的行为，而且在动物的一生都保留这种行为。洛伦茨认为他对动物一生的爱和鸟类的热情归功于他父母对他的"印记"。

洛伦茨在维也纳大学医学院获得了硕士学位，在1935年前他一直担任解剖学的副教授。后来他在同一个机构获得了动物学博士学位。洛伦茨是著名生物学家朱利安·赫胥黎（Julian Huxleg）爵士的朋友和学生。拿到博士学位之后，他遇到了尼古拉斯·庭伯根，两人成了好朋友和同事。他们都对动物的本能方面的研究感兴趣，一起合作对野生和家养雁类进行了研究。

1940年洛伦茨成为柯尼斯堡大学心理学系主任。一年后他被召进德国军队，成为德国陆军的军医。1944年，在第二次世界大战即将结束的前夕，他被送往俄罗斯前线，后来作了四年的战俘。即使他身处战俘营，他还是继续自己的研究，饲养了一只宠物椋鸟作为研究对象。

1958年洛伦茨受聘于德国马普学会行为生理学研究所（Max Planck Institute for Behavioural Physiology），并在此一直工作到1973年，即他和同事一起获得诺贝尔奖的这年。除了诺贝尔奖以外，洛伦茨还获得了其他的荣誉，包括奥地利科学和艺术勋章（Austrian Decoration for Science and Art, 1964）、洪堡学会金牌（Gold Medal of the Humboldt Society）。洛伦茨是许多书籍的作者。他最著名的著作可能是《所罗门王的戒指》（King Solomon's Ring）和《侵略》（On Aggression），这两本书都是写给大众读者的。在第一本书中，洛伦茨声称他与动物交流的能力和所罗门王相当。在《侵略》中，他辩称所有动物，尤其是雄性，都具有很强的攻击性，以此来作为一种获得资源和保护资源的方式。

和洛伦茨（右）走在一起的是尼古拉斯·庭伯根，研究鸟类的诺贝尔奖获得者。

KONRAD LORENZ

> 科学真理可以定义成以最好的方式研究假说，
> 从而提出下一个更好的假说。
>
> 康纳德·洛伦茨

寒鸦
Coloeus monedula

14世纪的英格兰的杰克（Jack），指的是一个低阶层和黎明之一，来自一个鸟类的古英语名字。

德国鸟类学家奥斯卡·海因罗特（Oskar Heinroth）和美国生物学家查尔斯·惠特曼（Charies Whitman）影响了洛伦茨在动物本能方面的观点，并将其运用到鸟类社会行为研究中。他抓了一只寒鸦（*Coloeus monedula*，俗名为Western Jackdaw），将其驯服，记录它的行为，最终在家里建立了一个鸟类的群体。他第一次发表的科学论文（1927年）描述了寒鸦的社会行为。

洛伦茨被认为是动物行为学之父，他撰写了大量这方面的书籍。他和庭伯根一起合作，提出了"先天释放机制"这一假说，来解释动物的本能行为。为了证明这个假说，他们研究鸟类的行为，并发表了一篇灰雁的滚卵行为的论文。他们发现，当灰雁看到有一枚卵在巢外时，灰雁会用喙将这枚卵滚到巢内，和其他卵放在一起。即使这枚卵被移除了，灰雁仍会将头向后，继续滚卵行为，就像仍然有一个卵在那里一样。

洛伦茨虽然是一位饱受争议的人物，但是他获得了许多鸟类学的重要奖项和好几所大学的荣誉博士学位。

灰雁
Anser anser

灰雁是所有家养大雁的祖先，包括餐桌上的那只白色的大雁。

155

Oatesi *OATS-eye*
以印度的英国政府官员尤金·奥茨（Eugene Oates）命名的，如栗头八色鸫（*Hydrornis oatesi*），俗名为 Rusty-naped Pitta

Oberholseri *ob-ber-HOLT-ser-eye*
以美国鸟类学家哈里·奥伯霍尔泽（Harry Oberholser）命名的，如暗纹霸鹟（*Empidonax oberholseri*），俗名为 American Dusky Flycatcher

Obscurus, -a *ob-SKUR-us/a*
表示模糊的，如蓝镰翅鸡（*Dendragapus obscurus*），俗名为 Dusky Grouse；模糊指暗淡的颜色

Obsoletus, -a *ob-so-LEE-tus/ta*
表示单色的、普通的，如岩鹪鹩（*Salpinctes obsoletus*），俗名为 Rock Wren

Obtusa *ob-TOO-sa*
Obtusus 表示枯燥、生硬的，如宽尾维达雀（*Vidua obtusa*），俗名为 Broad-tailed Paradise Whydah

Occidentalis *ok-si-den-TAL-is*
Occidere 表示落下，如同太阳从西边落下，因此表示西方，如西美鸥（*Larus occidentalis*），俗名为 Western Gull

Occipitalis *ok-si-pi-TAL-is*
Occiput 表示后脑勺，如马来树鹊（*Dendrocitta occipitalis*），俗名为 Sumatran Treepie，这种鸟类的颈部是白色的

Occulta *ok-KUL-ta*
Occultus 表示隐藏，如瓦努阿图圆尾鹱（*Pterodroma occulta*），俗名为 Vanuatu Petrel；其物种名指人们对这种鸟类知之甚少

Oceanica, -us *o-see-AN-ih-ka/kus*
Oceanus 表示海洋，如密克皇鸠（*Ducula oceanica*），俗名为 Micronesian Imperial Pigeon，这种鸟类生活在太平洋的岛屿上

Oceanicus, -a *o-see-AN-ih-kus/ka*
希腊语，*oceanic* 表示海洋，如烟黑叉尾海燕（*Oceanites oceanicus*），俗名为 Wilson's Storm Petrel

Oceanites *o-see-an-EYE-teez*
希腊语，表示海洋之神，如白臀洋海燕（*Oceanites gracilis*），俗名为 Elliot's Storm Petrel

Oceanodroma *o-see-an-o-DROM-a*
Oceanus 表示海洋，*dromos* 表示跑，如灰蓝叉尾海燕（*Oceanodroma furcata*），俗名为 Forked-tail Storm Petrel，这种鸟类可以在海洋的表面"奔跑"

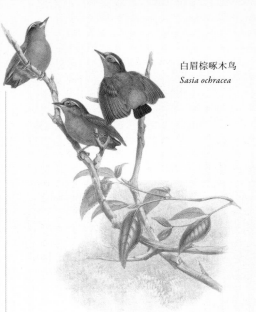

白眉棕啄木鸟
Sasia ochracea

Ocellata, -um, -us *o-sel-LAT-a/um/us*
Ocellus 指眼睛，*-ata* 表示有，如眼斑火鸡（*Meleagris ocellata*），俗名为 Ocellated Turkey，这种鸟类的尾巴上有像眼睛一样的斑点

Ochotensis *o-ko-TEN-sis*
希腊语，指鄂霍次克公海（Sea of Okhotsk），如北蝗莺（*Locustella ochotensis*），俗名为 Middendorff's Grasshopper Warbler，这种鸟类分布在亚洲

Ochracea *o-KRACE-ee-a*
Ochra 表示浅黄色，白眉棕啄木鸟（*Sasia ochracea*），俗名为 White-browed Piculet

Ochraceiceps *o-krace-ee-EYE-seps*
Ochra 表示浅黄色，*ceps* 指头部，如褐顶绿莺雀（*Hylophilus ochraceiceps*），俗名为 Tawny-crowned Greenlet

Ochraceifrons *o-krace-ee-EYE-fronz*
Ochra 表示浅黄色，*frons* 指前额，如赫额蚁鸫（*Grallaricula ochraceifrons*），俗名为 Ochre-fronted Antpitta

Ochraceiventris *ok-ra-see-eye-VEN-tris*
Ochra 表示浅黄色，*ventris* 指腹部，如赭腹棕翅鸠（*Leptotila ochraceiventris*），俗名为 Ochre-bellied Dove

Ochraceus, -a *ok-RACE-ee-us/a*
表示浅黄色，赭色绿霸鹟（*Contopus ochraceus*），俗名为 Ochraceous Pewee

Ochrocephala *ok-ra-se-FAL-a*
Ochra 表示浅黄色，*cephala* 指头部，如黄冠鹦哥（*Amazona ochrocephala*），俗名为 Yellow-crowned Amazon

Ochrogaster ok-kro-GAS-ter
Ochra 表示浅黄色，希腊语 gaster 指胃，如栗腹冠雉（Penelope ochrogaster），俗名为 Chestnut-bellied Guan

Ochrolaemus o-kro-LEE-mus
Ochra 表示浅黄色，希腊语 laemus 表示喉部，如黄喉拾叶雀（Automolus ochrolaemus），俗名为 Buff-throated Foliage-gleaner

Ochthoeca ak-THO-ee-ka
希腊语，okhthos 表示土堆，oikos 表示家，如冠唧霸鹟（Ochthoeca，现在为 Silvicultrix frontalis），俗名为 Crowned Chat-Tyrant，这种鸟类在布满苔藓的土堆中取食

Ochthornis ak-THOR-nis
希腊语，okhthos 表示土堆，ornis 指鸟类，如淡褐唧霸鹟（Ochthornis littoralis），俗名为 Drab Water Tyrant，这种鸟类常出现在河岸裸露的树根或成堆的瓦砾旁边

Ocreatus, -ta o-kree-AH-tus/ta
Ocrea 表示覆盖腿部，如盘尾蜂鸟（Ocreatus underwoodii），俗名为 Booted Racket-tail

Ocularis a-koo-LAR-is
Oculus 表示眼睛、眼睛的，如眼斑织巢鸟（Ploceus ocularis），俗名为 Spectacled Weaver

Oculocincta o-koo-lo-SINK-ta
Oculus 表示眼睛、眼睛的，cinctus 指腰带、皇冠，侏绣眼鸟（Oculocincta squamifrons），俗名为 Pygmy White-eye

Ocyalus o-see-AL-us
希腊语，亚马孙河神话奥拉勒（Ocale），如斑尾拟椋鸟（Ocyalus latirostris），俗名为 Band-tailed Oropendola

Ocyceros o-see-SER-os
希腊语，oxy 表示尖锐，keras 是角，如灰犀鸟（Ocyceros birostris），俗名为 Indian Grey Hornbill

Ocyphaps O-see-faps
希腊语，oxy 表示尖锐，phaps 指斑鸠，冠鸠（Ocyphaps lophotes），俗名为 Crested Pigeon

Odontophorus o-don-toe-FOR-us
希腊语，odontos 表示牙齿，phoreus 表示搬运工，如黑耳林鹑（Odontophorus melanotis），俗名为 Black-eared Wood Quail，锯齿形下颚

Odontorchilus o-don-tor-KIL-us
希腊语，odontos 表示牙齿，cheilos 表示嘴唇像一个锯子一样，锯嘴鹪鹩（Odontorchilus cinereus），俗名为 Tooth-billed Wren

Odontospiza o-don-to-SPY-za
希腊语，odontos 表示牙齿，spiza 指雀，如灰头银嘴文鸟（Odontospiza griseicapilla），俗名为 Grey-headed Silverbill，这种鸟类有牙齿一样的喙

Oena o-EE-na
希腊语，oinas 表示鸠鸽，指近似成熟葡萄的紫红色，如小长尾鸠（Oena capensis），俗名为 Namaqua Dove，俗名源自非洲南部的那马部族（Nama）的族名

Oenanthe o-ee-NAN-thee
希腊语，oine 指藤蔓，anthus 表示开花，如山鸥（Oenanthe monticola），俗名为 Mountain Wheatear，这样命名是因为其在迁徙结束之后、在春天出现时是葡萄藤蔓开花的季节

Oglei O-gul-eye
以英国测绘师、采集家 M. J. 奥格尔（M. J. Ogle）命名的，如奥氏穗鹛（Stachyris oglei），俗名为 Snowy-throated

Oidemia oy-DEE-mee-a
希腊语，表示肿胀，如普通海番鸭（Oidemia nigra，现在为 Melanitta nigra），俗名为 Common Scoter，这种鸟类的喙是膨胀的

盘尾蜂鸟
Ocreatus underwoodii

Oleagineus o-lee-a-JIN-ee-us
表示橄榄色的，如赭腹霸鹟（*Mionectes oleagineus*），俗名为 Ochre-bellied Flycatcher

Olivacea, -um, -us o-liv-ACE-see-a/um/us
表示橄榄绿色，如绿金翅雀（*Spinus olivacea*），俗名为 Olivaceous Siskin

Olivii o-LIV-ee-eye
以澳大利亚博物学家、采集家埃德蒙·奥利沃（Edmund Olive）命名的，如黄胸三趾鹑（*Turnix olivii*），俗名为 Buff-breasted Buttonquail

Olor O-lor
天鹅，如疣鼻天鹅（*Cygnus olor*），俗名为 Mute Swan

Olrogi OL-rog-eye
以瑞典鸟类学家克拉斯·奥尔罗格（Claes Olrog）命名的，如奥氏抖尾地雀（*Cinclodes olrogi*），俗名为 Olrog's Cinclodes

Omissa o-MIS-sa
表示失踪、遗漏，如林织雀（*Foudia omissa*），俗名为 Forest Fody，这种鸟类常被误认为是其他鸟类，因此被忽视了

Oncostoma on-ko-STOM-a
希腊语，*onco* 表示体重，*stoma* 指嘴，如南弯嘴霸鹟（*Oncostoma olivaceum*），俗名为 Southern Bentbill

Onychognathus on-ee-kog-NA-thus
希腊语，*onycho-* 脚爪、指甲，*gnathos* 指下颌，如诺氏栗翅椋鸟（*Onychognathus neumanni*），俗名为 Neumann's Starling，这种鸟类的喙非常弯曲

Onychoprion on-ee-ko-PRY-on
希腊语，*onux* 表示脚爪、指甲，*prion* 表示看见，如灰背燕鸥（*Onychoprion lunatus*），俗名为 Spectacled Tern；这种鸟类的中间脚爪有小锯齿

Onychorhynchus on-ee-ko-RINK-us
希腊语 *onux* 脚爪、指甲，拉丁语 *rhynchus* 表示喙，如皇霸鹟（*Onychorhynchus coronatus*），俗名为 Amazonian Royal Flycatcher，这种鸟类的喙是钩状的

Ophrysia o-FRIS-ee-a
希腊语，*ophrys* 表示眼纹，如可能已经灭绝了的喜马拉雅鹑（*Ophrysia superciliosa*），俗名为 Himalayan Quail，这种鸟类有白色的眼纹

Opisthocomus o-pis-tho-KO-mus
希腊语，*opistho* 表示在……后面、向后，*comus* 指头发，麝雉（*Opisthocomus hoazin*），俗名为 Hoatzin，它的头顶有一个尖尖的冠羽

巨锥嘴雀
Oreomanes fraseri

Opisthoprora o-pis-tho-PRO-ra
希腊语，*opistho* 表示在……后面、向后，*prora* 表示船头，如反嘴蜂鸟（*Opisthoprora euryptera*），俗名为 Mountain Avocetbill；它的喙在蜂鸟里是不寻常的

Oporornis o-por-OR-nis
希腊语，*opora* 表示秋天，*ornis* 指鸟类，如灰喉地莺（*Oporornis agilis*），俗名为 Connecticut Warbler

Orchesticus or-KES-ti-kus
Orchestra 原来指表演舞蹈的场地，如褐唐纳雀（*Orchesticus abeiliei*），俗名为 Brown Tanager，这种鸟类非常罕见，其名字源自它的求偶炫耀行为

Oreocharis or-ee-o-KAR-is
Oros 表示山，*charis* 表示和蔼、感激和漂亮，如拟雀啄果鸟（*Oreocharis arfaki*），俗名为 Tit Berrypecker，这是一种引人注目的鸟类，通常生活在 2 200 米以上的山地森林中

Oreoica or-ee-O-ik-a
Oros 表示山，*-ica* 表示属于，如冠钟鹟（*Oreoica gutturalis*），俗名为 Crested Bellbird，这种鸟类生活在山地生境中

Oreomanes or-ee-o-MAN-eez
Oros 表示山，*manes* 表示灵魂，如巨锥嘴雀（*Oreomanes fraseri*），俗名为 Giant Conebill；这是一种山地鸟类，分布于安第斯山脉

Oreomystis or-ee-o-MIS-tis
Oros 表示山，*mysticus* 表示神秘主义者，如考岛悬木雀（*Oreomystis bairdi*），俗名为 Akikiki，这种鸟仅仅生活在夏威夷考艾岛（Kauai）山地高海拔的雨林生境中

Oreonympha or-ee-o-NIM-fa
Oros 表示山，*nympha* 表示仙女、山神，如须蜂鸟（*Oreonympha nobilis*），俗名为 Bearded Mountaineer

Oreophasis or-ee-o-FAY-sis
希腊语 oros 表示山，拉丁语 phasianus 是雉类，如角冠雉（Oreophasis derbianus），俗名为 Horned Guan，该鸟生活在山地生境中

Oreophilus or-ee-o-FIL-us
希腊语，oros 表示山，philos 表示喜爱、热爱，如山鵟（Buteo oreophilus），俗名为 Mountain Buzzard

Oreophylax or-ee-o-FYE-laks
希腊语，oros 表示山，phylax 表示保卫、保护，如巴西棘尾雀（Oreophylax，现在为 Asthenes moreirae），俗名为 Itatiaia Spinetail；伊塔蒂艾亚（Itatiaia）是巴西的一座城市

Oreopsittacus or-ee-op-SIT-ti-kus
希腊语 oros 表示山，拉丁语 psittacus 表示鹦鹉，如紫颊鹦鹉（Oreopsittacus arfaki），俗名为 Plum-faced Lorikeet，这种鸟类生活在山地生境中

Oreornis or-ee-OR-nis
希腊语，oros 表示山，ornis 指鸟类，如橙颊吸蜜鸟（Oreornis chrysogenys），俗名为 Orange-cheeked Honeyeater，这种鸟类生活在山地生境中

Oreortyx or-ee-OR-tiks
希腊语，oros 表示山，拉丁语 ortyx 表示鹑鹑，如山翎鹑（Oreortyx pictus），俗名为 Mountain Quail

Oreoscoptes or-ee-o-SCOP-teez
希腊语，oros 表示山，scoptes 表示模仿，如高山弯嘴嘲鸫（Oreoscoptes montanus），俗名为 Sage Thrasher Mockingbird 或 Mountain Mockingbird

Oreoscopus or-ee-o-SKO-pus
希腊语，oros 表示山，scopos 表示观察者，如蕨鹩刺莺（Oreoscopus gutturalis），俗名为 Fernwren

---

拉丁学名小贴士

山翎鹑（Oreortyx pictus，俗名为 Mountain Quail）是一种单型属鸟类，主要生活在美国西部的山区。Pictus 来源于拉丁语，是一个形容词，意为画或绣，当你看到这种鸟，你就会知道为什么这样命名了。它的胸部、项部和头顶为灰色，与锈红色和白色的腹部和胁部形成鲜明对比。凤头的长羽毛则让人想到惊叹号。它们一般分布于海拔高度为 700～3000 米的地方，在冬天则会向海拔低的地方迁移，以避免大雪覆盖的生境。这种鸟类在不同季节可以迁徙 32 公里，使自己一直栖息在适宜的生境中。

Oreothraupis or-ee-o-THRAW-pis
希腊语，oros 表示山，thraupis 表示一种小鸟，如拟唐纳雀（Oreothraupis arremonops），俗名为 Tanager Finch

Orientalis or-ee-en-TAL-is
表示东方，如绿喉蜂虎（Merops orientalis），俗名为 Green Bee-eater

Oriolus, -lia or-ee-O-lus/lee-a
Aureolus 表示黄金、金黄色的，如绿鹂（Oriolus flavocinctus），俗名为 Green Oriole

Ornata, -tus or-NA-ta/tus
表示绚丽的，如斯里兰卡蓝鹊（Urocissa ornata），俗名为 Sri Lanka Blue Magpie

Ornithion or-NITH-ee-on
希腊语，ornis 指鸟类，-ion 表示存在，如白眼先小霸鹟（Ornithion inerme），俗名为 White-lored Tyrannulet

Oroaetus or-o-EE-tus
希腊语，oros 表示山，aetos 指雕，如黑栗雕（Oroaetus，现在为 Spizaetus isidori），俗名为 Black-and-chestnut Eagle

山翎鹑
Oreortyx pictus

Ortalis or-TAL-is
希腊语，表示鸡，如纯色小冠雉（*Ortalis vetula*），俗名为 Plain Chachalaca，俗名是其叫声的拟声词

Orthogonys or-tho-GON-is
希腊语，*orthos* 表示直的，*genys* 指下颌，如巴西绿唐纳雀（*Orthogonys chlorichterus*），俗名为 Olive-green Tanager

Orthonyx or-THON-iks
希腊语，*orthos* 表示直的，*onux* 指脚爪，如巴布亚刺尾鸫（*Orthonyx novaeguineae*），俗名为 Papuan Logrunner

Orthopsittaca or-thop-SIT-tak-a
希腊语 *orthos* 表示直的，拉丁语 *psittaca* 指鹦鹉，如红腹金刚鹦鹉（*Orthopsittaca manilatus*），俗名为 Red-bellied Macaw

Orthorhyncus or-tho-RINK-us
希腊语，*orthos* 表示直的，*rhynchos* 指喙，如凤头蜂鸟（*Orthorhyncus cristatus*），俗名为 Antillean Crested Hummingbird，它的喙是直的，这是泛食性蜂鸟的特征之一

Orthotomus or-tho-TOE-mus
希腊语，*orthos* 表示直的，*tomus* 表示修补、连接，长尾缝叶莺（*Orthotomus sutorius*），俗名为 Common Tailorbird，它将叶片的边缘刺穿，再将其卷起来用于筑巢

Ortygospiza or-ti-go-SPY-za
希腊语，*ortux* 表示鹌鹑，*spiza* 指雀，如黑领鹌雀（*Ortygospiza atricollis*），俗名为 Quailfinch

Ortyxelos or-tiks-EL-os
希腊语，*ortux* 表示鹌鹑，*elos* 指低地，如白翅三趾鹑（*Ortyxelos meiffrenii*），俗名为 Quail-plover

Oryzivorus, -a or-riz-ih-VOR-us/a
Oryza 表示大米，*vorus* 表示吃、吞，如刺歌雀（*Dolichonyx oryzivorus*），俗名为 Bobolink；它的学名源于它喜欢耕地中的大米和其他谷物

Ossifragus os-si-FRAY-gus
Ossi 表示骨头，*frangere* 表示破，如鱼鸦（*Corvus ossifragus*），俗名为 Fish Crow，这种鸟喜欢吃鱼，它在取食时会将鱼的骨头折断

Ostralegus os-tra-LEG-us
希腊语，*ostreon* 指牡蛎，*lego* 表示收集，如蛎鹬（*Haematopus ostralegus*），俗名为 Eurasian Oystercatcher

Otidiphaps o-TI-di-faps
希腊语，*otis* 指鸨，*phaps* 指野生鸠鸽，如雉鸠（*Otidiphaps nobilis*），俗名为 Pheasant Pigeon

Otis O-tis
希腊语，*otis* 指鸨，如大鸨（*Otis tarda*），俗名为 Great Bustard

Otus O-tus
表示小角鸮，如东美角鸮（*Otus asio*），俗名为 Eastern Screech Owl

Oustaleti oo-sta-LET-eye
以法国动物学家埃米尔·乌斯塔莱（Emile Oustalet）命名的，如安哥拉花蜜鸟（*Cinnyris oustaleti*），俗名为 Oustalet's Sunbird

Oxylabes aks-ih-LAY-beez
希腊语，*oxus* 表示敏锐的，拉丁语 *labe* 表示滑，如白喉尖鹛（*Oxylabes madagascariensis*），俗名为 White-throated Oxylabes，它的喙很尖锐

Oxypogon aks-ee-PO-gon
希腊语，*oxus* 表示敏锐的，*pogon* 指胡须，如髯蜂鸟（*Oxypogon guerinii*），俗名为 Bearded Helmetcrest

Oxyruncus aks-ee-RUN-kus
希腊语 *oxus* 表示敏锐的，拉丁语 *rhynchus* 指喙，如尖喙鸟（*Oxyruncus cristatus*），俗名为 Sharpbill

Oxyura, -us aks-ee-OO-ra/rus
希腊语，*oxus* 表示敏锐的，*oura* 指尾巴，如棕硬尾鸭（*Oxyura jamaicensis*），俗名为 Ruddy Duck，这种鸟类属于硬尾鸭科

白喉尖鹛
Oxylabes madagascariensis

角鸮属

角鸮属（*Otus*）的鸟类被称为"scops owls"，因为在 18 世纪该属的属名为 *Scops*。该属最新发现的新种是 2006 年在斯里兰卡被发现的斯里兰卡角鸮（*O. thilohoff-manni*，俗名为 Serendib Scops Owl）。

Otus 在拉丁语中的意思是有耳朵的鸮。角鸮属有 63 个物种，其中包括角鸮（Scops-Owls）和美角鸮（Screech Owls）。大部分物种体型较小，羽毛上带有斑点或条纹，有明显的耳部羽毛簇。猫头鹰的听觉神经很发达，可以准确地定位猎物。

猫头鹰的眼睛位于面部的正前方，这让它们在捕猎过程中拥有出色的深度感知能力，尤其是在光线暗淡的环境下。它的眼睛很大，有趣的是，大大的眼睛被固定在眼窝里，根本无法转动，所以猫头鹰要不停地转动它的脑袋。它还有一个转动灵活的脖子，使脸能转向后方，由于特殊的颈椎结构，头的活动范围为 270°。

猫头鹰在白天也有很好的视觉，这与普遍看法相反。它们凭借灵敏的感觉器官定位猎物后，几乎可以悄无声息地穿梭在森林里去捕捉猎物，这要归功于它们特殊的羽毛结构。猫头鹰飞羽的边缘是不完整的，覆盖其上的是柔软的绒羽，所以当猫头鹰飞行时只会发出非常低频的声音，它们的猎物（比如老鼠）完全无法察觉。

巨角鸮
Otus gurneyi

猫头鹰的脚为对趾，即两个脚趾向前，两个脚趾向后，但是它们可以旋转一个脚趾，从而令三个脚趾朝前，一个脚趾朝后，便于抓捕猎物。猫头鹰吃无脊椎动物、小型哺乳动物、鸟类和爬行动物。它们都有吐"食丸"的习性，其素嚷具有消化能力。它们常常将猎物整只吞下，并将食物中不能消化的骨骼、羽毛、毛发、几丁质等残物渣滓集成小团，经过食道和口腔吐出。科学家可以根据对食丸的分析，了解它们的食性。

除了南极洲和澳大利亚外，角鸮属的鸟类分布在地球的各个角落，在亚洲最为常见。

华莱士角鸮
Otus silvicola
弗洛角鸮
Otus alfredi

俗名

一个学名能清楚地指定某一特定的鸟类物种，告诉你这种鸟类和其他鸟类的关系，或者是对这种鸟类贴切的描述。与学名相比，俗名明显的优点在于它们更容易发音和拼写。至少对于英文名来说，国际鸟类学家联盟已经为英文俗名设定了拼写和结构的标准。

有一些俗名几乎不带有任何关于鸟类的信息，比如 Zitting Cisticola（棕扇尾莺）、Plain Chachalaca（纯色小冠雉）、Kea（啄羊鹦鹉）或者 Phainopepla（黑丝鹟）。还有一些鸟类的俗名是为了纪念某人，比如 Abert's Towhee（红腹唧鹀）或 Salvin's Chuckwill（褐领夜鹰），这种名字不具有描述性，因此现在有将人名从俗名中移除的趋势，比如：索马里鹏的俗名由 Phillip's Wheatear 变成了 Somali Wheatear，褐镰嘴风鸟的俗名由 Meyer's Sicklebill 变成了 Brown Sicklebill。人们希望俗名也具有描述性，比如绿头黄鹂的俗名 Green-headed Oriole 和雪雁的俗名 Snow Goose（或者 Blue Goose）。

有时俗名中含有学名的一部分，比如：白喉尖鹛（*Oxylabes madagascariensis*）的俗名为 White-throated Oxylabes，纹胁旋木雀（*Rhabdornis mysticalis*）的俗名为 Stripe-headed Rhabdornis。

须蜂虎
Meropogon forsteni

典型的蜂虎，如须蜂虎（Celebes-bearded Bee-eater）的颜色五彩斑斓，它们在飞行中捕捉大型昆虫猎物。

有的俗名被纯化或简化了，比如：须蜂虎的俗名 Celebes Bearded Bee-eater 被简化成 Celebes Bee-eater；矛蓬头䴕的俗名由 Lance-billed Monklet 变成了 Lanceolated Monklet，麦氏嗜蜜鸟的俗名从 Mayr's Streaked Honeyeater 简化成 Mayr's Honeyeater。

一些鸟类的俗名源自鸟类的鸣叫，比如纯色小冠雉的俗名 Kea 和白顶啄羊鹦鹉的俗名 New Zealand Kaka，这些是拟声词，类似这些鸟发出的声音。俗名也可能来自当地语言，比如：松鸡的俗名 Western Capercaillie 来自苏格兰当地的凯尔特语；冠旋蜜雀的俗名 Akohekohe 和簇胸吸蜜鸟的俗名 Tui 源自毛利语。

奇怪的事情也时有发生，一些俗名会误导读者。比如，你可能会因为西美草地鹨的俗名为 Western Meadowlark 而认为这是一种云雀，实际上它是一种黑鹂；红腹啄木鸟俗名为 Red-bellied Woodpecker，但其实它的腹部有一个不甚明显的粉红色斑块；环颈潜鸭的俗名为 Ring-necked Duck，但在野外几乎不可能看到它的颈环。鸽子有 Dove 和 Pigeon 两种俗名，两者的区别是前者源自盎格鲁撒克逊英语，而后者源自法语。

在不同的国家和地区，同一种鸟类的俗名可能不同。比如，在美洲，人们所说的潜鸟（loons）在欧洲被称 divers。美国人称鵟属（*Buteo*）鸟类为鹰（hawks），而英国人则称其为 buzzards。俗名

纯色小冠雉
Ortalis vetula

和许多鸟类的奇怪俗名一样，纯色小冠雉的俗名 Plain Chachalaca 源于它们的鸣叫声。

也有一些拼写的差异，像灰色（grey 和 gray）和颜色（colour 和 color）；国际鸟类学家联盟（International Ornithologists' Union）倾向于使用英式拼写。

和学名一样，俗名也经常变化。比如，欧亚鸲的俗名为 European Robin，它最初被称作 Redbreast，然后是 Robin Redbreast、Ruddock，有时又被叫作 English Robin。我们所熟知的原鸽的俗名为 Rock Dove，曾经被称为 Rock Pigeon、Carrier Pigeon、Common Pigeon、Homing Pigeon 和 Feral Pigeon。主红雀的俗名由 Redbird 变成了 Northern Cardinal；普通燕鸥的俗名由 Sea-swallow 变成了 Common Tern。在美国，家朱雀的俗名从 Linnet Finch 变成了 House Finch。戴菊的俗名由 Woodcock Pilot 变成了 Goldcrest。Woodcock Pilot 这个名字源自人们认为戴菊太小了，无法自己迁徙，所以会骑着丘鹬（俗名为 Eurasian Woodcock）到达目的地，但事实证明不是，所以人们根据其金黄色的顶冠纹将其俗名改为 Goldcrest。

虽然俗名和学名都会发生改变，但是两种命名都是有标准的。我们应该觉得很庆幸，我们可以以俗名 Coppersmith Barbet 来称呼赤胸拟啄木鸟，而不是其绕口且不知道怎么念的学名——*Megalaima haemacephala*！

夏威夷鵟
Buteo solitarius

和许多鹰类一样，除了在繁殖季节以外，夏威夷鵟独自生活和捕猎。

P

Pachycare pak-ih-KAR-ee
希腊语，pakhus 表示浓密的，care 指头部，如金脸啸鹟（Pachycare flavogriseum），俗名为 Goldenface，是啸鹟科（Pachycephalidae）的一种，它曾经因矮胖的外形和大头而以"呆子"（thickhead）为人所知

Pachycephala, -cephalopsis
pak-ih-se-FAL-a/pak-ih-se-fal-OP-sis
希腊语 pakhus 表示浓密的，拉丁语 cephala 指头部，如绿啸鹟（Pachycephala olivacea），俗名为 Olive Whistler，这种鸟类头部较大

Pachycoccyx pak-ih-KOK-siks
希腊语，pakhus 表示浓密的，coccyx 指杜鹃，如厚嘴杜鹃（Pachycoccyx audeberti），俗名为 Thick-billed Cuckoo

Pachyptila pak-ip-TIL-a
希腊语，pakhus 表示浓密的，ptilon 指羽毛，如鸽锯鹱（Pachyptila desolata），俗名为 Antarctic Prion，其俗名源于希腊语 prioni，是锯的意思，指其锯齿状的喙

Pachyramphus pak-ih-RAM-fus
希腊语 pakhus 表示浓密的，拉丁语 rhamphus 指喙，如绿背厚嘴霸鹟（Pachyramphus viridis），俗名为 Green-backed Becard，其俗名源于法语 becarde，是喙的意思

Pachyrhyncha pak-ih-RINK-a
希腊语 pakhus 表示浓密的，拉丁语 rhynchus 指喙，如厚嘴鹦哥（Rhynchopsitta pachyrhyncha），俗名为 Thick-billed Parrot

Pacifica, -us pa-SIF-ik-a/us
表示太平洋的，如太平洋潜鸟（Gavia pacifica），俗名为 Pacific Loon 或 Pacific Diver

Padda PAD-da
水稻田，如爪哇禾雀（Padda，现在为 Lonchura oryzivora），俗名为 Java Sparrow

旋蜜雀
Palmeria dolei

Pagodroma pa-go-DROME-a
希腊语，pagos 表示寒冷，dromos 表示跑步，如雪鹱（Pagodroma nivea），俗名为 Snow Petrel

Pagophila pa-go-FIL-a
希腊语，pagos 表示寒冷，philos 表示喜爱，如白鸥（Pagophila eburnea），俗名为 Ivory Gull，这种鸟类生活在高纬度北极的地区

Pallasii pal-LASS-ee-eye
以德国动物学家彼得·帕拉斯（Peter Pallas）命名的，如褐河乌（Cinclus pallasii），俗名为 Pallas's Dipper 或 Brown Dipper

Palliseri PAL-li-ser-eye
以斯里兰卡的鸟类采集家爱德华（Edward）和 F. H. 帕利泽（F. H. Palliser）命名的，如帕氏短翅莺（Elaphrornis palliseri），俗名为 Palliser's Bush Warbler 或 Sri Lanka Bush Warbler

Palmeria pal-MAIR-ee-a
以夏威夷鸟类采集家亨利·帕尔默（Henry Palmer）命名的，如冠旋蜜雀 Palmeria dolei，俗名为 Akohekohe

Pandion PAN-ee-on
以一位雅典的国王命名的，传说他的女儿们后来变成了鸟类，如鹗 Pandion haliaetus，俗名为 Western Osprey

Panurus pan-OO-rus
Panu 表示所有的，oura 指尾巴，如文须雀（Panurus biarmicus），俗名为 Bearded Reedling，这种鸟类身体较小但是尾巴很长

褐河乌
Cinclus pallasii

Parabuteo par-a-BOO-tee-o
希腊语，para 表示喜欢或靠近，buteo 指鹰，如栗翅鹰（Parabuteo unicinctus），俗名为 Harris's Hawk，这一俗名是奥杜邦取的，以纪念其好友爱德华·哈里斯（Edward Harris）

Paradigalla par-a-di-GAL-la
希腊语 para 表示喜欢或靠近，拉丁语 gallus 指鸡，如短尾肉垂风鸟（Paradigalla brevicauda），俗名为 Short-tailed Paradigalla

Paradisaea par-a-DEES-ee-a
希腊语，paradeisos 表示公园或花园，如小极乐鸟（Paradisaea minor），俗名为 Lesser Bird-of-paradise

Paradoxornis par-a-doks-OR-nis
希腊语，paradoxos 表示奇怪的、惊奇的，ornis 指鸟类，如点胸鸦雀（Paradoxornis guttaticollis），俗名为 Spot-breasted Parrotbill

Pardalotus par-da-LO-tus
希腊语，pardalotos 表示有斑点的，如斑翅食蜜鸟（Pardalotus punctatus），俗名为 Spotted Pardalote

Parkeri PAR-ker-eye
以美国鸟类学家西奥多拉·帕克（Theodore Parker）命名的，如帕氏蚁鸟（Cercomacra parkeri）俗名为 Parker's Antbird

Parotia par-OT-ee-a
希腊语，parotis 表示腮腺，如阿法六线风鸟（Parotia sefilata），俗名为 Western Parotia，parotia 可能是指其头部羽饰在耳朵后面

点胸鸦雀
Paradoxornis guttaticollis

拉丁学名小贴士

孔雀（peacock）源自中古英语 poucock，是东南亚的鸟类，世界闻名。*Pavo cristatus* 描述的是一种有冠的孔雀，其俗名为 Indian Peafowl，即蓝孔雀。其头顶扇形的凤头令人印象深刻，羽片上缀有眼状斑，开屏时光彩夺目，尾羽上反光的蓝色"眼睛"可以用来吓走天敌。在印度，流传着一个有趣的神话故事：雌孔雀通过喝雄孔雀的眼泪来受精。

Parula pa-ROO-la
Parus 的昵称，表示小山雀，如北森莺（Parula，现在为 Setophaga americana），俗名为 Northern Parula

Parus PA-rus
山雀，如大山雀（Parus major），俗名为 Great Tit；tit 可能来源于挪威语 tita，表示小型鸟类

Passer PAS-ser
指雀类，如家麻雀（Passer domesticus），俗名为 House Sparrow

Passerculus pas-ser-COO-lus
Passer 的变形，指麻雀，如稀树草鹀（Passerculus sandwichensis），俗名为 Savannah Sparrow

Passerella pas-ser-EL-la
Passer 的变形，指麻雀，如狐色雀鹀（Passerella iliaca），俗名为 Fox Sparrow

Passerherbulus pas-ser-her-BOO-lus
Passer 指麻雀，herbulus 表示小草本，如尖尾沙鹀（Passerherbulus caudacutus，现在为 Ammodramus caudacutus），俗名为 Saltmarsh Sparrow

Passerina pas-ser-ee-na
Passer 的变形，指麻雀，如斑翅蓝彩鹀（Passerina caerulea），俗名为 Blue Grosbeak

Pavo PA-vo
指孔雀，如蓝孔雀（Pavo cristatus），俗名为 Indian Peacock 或 Blue Peacock

Pealii PEEL-ee-eye
以美国博物学家、艺术家蒂希安·皮尔（Titian Peale）命名的，如斐济鹦雀（Erythrura pealii），俗名为 Fiji Parrotfinch

麻雀属

麻雀属（Passer，发音为PAS-ser），大约有27个物种，都是小型鸟类，它们的大小、体色甚相近，一般上体呈棕、黑色的斑杂状，因而被叫作"麻雀"。麻雀分布相当广泛，除极寒冷的南北极和高山荒漠，在世界各地均有分布。

因为麻雀属鸟类都是食种子鸟类，它们的下颌有一个特殊的感官，而且腭和舌头都很硬，可以帮助它们操作和打开种子。麻雀可以横向地咬住大颗种子，然后通过硬腭将种子打开。

麻雀喜欢通过站在水坑里一头钻进水下洗澡。它们也会在土壤中擦出一个洼地，张开翅膀进行沙浴。洗澡不仅可以帮助麻雀整理羽毛、消除羽毛里的寄生虫，还能维持社会小群体中个体之间的关系。鸟类在洗澡后，经常集群在一起栖息或鸣唱。

27种麻雀属鸟类中的17种在人工结构里筑巢。这27种麻雀中分布广布、数量最多也最出名的是家麻雀（P. domesticus，俗名为

家麻雀
Passer domesticus

House Sparrow），它们已经完全适应了城市生活。它们生性活泼、胆大易近人，但警惕性很高，好奇心也很强。家麻雀以前被称为英国麻雀，现在已经被引进和扩散到全世界各地。20世纪它们的成功扩散使其被认为是一种有害生物。1852年，树麻雀（*P. montanus*, 俗名为Eurasian Tree Sparrow）被引入纽约，现在它们从加拿大北部一直分布到巴拿马。在第一次世界大战期间，英国人甚至成立了麻雀俱乐部来消灭郊野的麻雀。

家麻雀可能仍然被一些人视为有害鸟类，但是因为它们数量多，而且容易饲养。麻雀被用在五千多项科学研究中。农药使用量的增加可能是造成这个物种的数量在欧洲大幅度下降的原因。

黑顶麻雀
Passer ammodendri

黑顶麻雀原产于亚洲中部，是一种体型稍大的麻雀。其头部令它们看上去非常与众不同。

Pectoralis *pek-to-RA-lis*
Pectoro- 指腹部、胸部，如栗腹歌雀（*Euphonia pectoralis*），俗名为 Chestnut-bellied Euphonia

Pedionomus *ped-ee-o-NO-mus*
希腊语，*pedion* 表示平原、野外，*nomos* 指家，如领鹑（*Pedionomus torquatus*），俗名为 Plains-wanderer

Pelagodroma *pel-a-go-DRO-ma*
希腊语，*pelagos* 指海洋，*dromos* 表示跑步者，如白脸海燕（*Pelagodroma marina*），俗名为 White-faced Storm Petrel，指其在海面上飞翔时发出的哒哒声

Pelecanoides *pel-eh-kan-OY-deez*
希腊语，*pelekan* 指鹈鹕，*oides* 表示类似，如鹈燕（*Pelecanoides urinatrix*），俗名为 Common Diving Petrel，这种鸟类长得像鹈鹕

Pelecanus *pel-eh-KAN-us*
希腊语，*pelekan* 表示鹈鹕，如澳洲鹈鹕（*Pelecanus conspicillatus*），俗名为 Australian Pelican

Pelzelnii *pel-ZEL-nee-eye*
以美国鸟类学家奥古斯特·冯·佩尔策恩（August von Pelzeln）命名的，如马岛小鹈鹕（*Tachybaptus pelzelnii*），俗名为 Madagascar Grebe

Penelope *pen-EL-o-pee*
希腊语，珀涅罗珀（Penelopeia），女子名，如白翅冠雉（*Penelope albipennis*），俗名为 White-winged Guan

Penicillatus *pen-ih-sil-LA-tus*
Penicullus 指刷子，如加州鸬鹚（*Phalacrocorax penicillatus*），俗名为 Brandt's Cormorant

Pennula *pen-NOO-la*
Penna 的变形，指翅膀，如夏威夷秧鸡（*Pennula sandwichensis*，现在为 *Porzana sandwichensis*），俗名为 Hawaiian Rail（已灭绝），这种鸟类的翅膀很小，不能飞

Perdicula *per-di-KOO-la*
Perdix 表示山鹑，*cula* 表示小的，如红嘴林鹑（*Perdicula erythrorhyncha*），俗名为 Painted Bush Quail

Perdix *PER-diks*
Perdix 表示山鹑，如灰山鹑（*Perdix perdix*），俗名为 Grey Partridge

Pericrocotus *per-ih-kro-KO-tus*
希腊语，*peri* 表示周围，*crocotus* 表示金黄色，如粉红山椒鸟（*Pericrocotus roseus*），俗名为 Rosy Minivet

Perisoreus *pe-ri-SOR-ee-us*
指鸟类储存食物的习性，如北噪鸦（*Perisoreus infaustus*），俗名为 Siberian Jay

Perissocephalus *pe-ris-so-se-FAL-us*
希腊语，*perissos* 表示奇怪的、过度的，*cephala* 指头部，如三色伞鸟（*Perissocephalus tricolor*），俗名为 Capuchinbird，这种鸟类看起来像一个和尚，脸部和颈部的羽毛裸露

Pernis *PER-nis*
希腊语，*pternis* 的变形，表示猛禽，如凤头蜂鹰（*Pernis ptilorhynchus*），俗名为 Crested Honey Buzzard

Peronii *per-OWN-ee-eye*
以法国法国采集家、博物学家弗朗索瓦·佩龙（Francois Peron）命名的，如橙斑地鸫（*Geokichla peronii*），俗名为 Orange-sided Thrush

Personata, -us *per-son-AH-ta/tus*
Persona 表示戴面具的，如帝汶鹃鵙（*Coracina personata*），俗名为 Wallacean Cuckooshrike

Petiti *PE-ti-tye*
以法国博物学家路易斯·佩蒂特（Louis Petit）命名的，如红腹鹃鵙（*Campephaga petiti*），俗名为 Petit's Cuckooshrike

Petrochelidon *pe-tro-KEL-ih-don*
Petra 表示石头，希腊语 *chelidon* 指燕子，如树燕（*Petrochelidon nigricans*），俗名为 Tree Martin，这种鸟类的巢筑在树洞或石洞中

澳洲鹈鹕
Pelecanus conspicillatus

Petroica pe-TRO-ee-ka
Petra 表示石头，-icus 表示属于，如新西兰鸲鹟（Petroica australis），俗名为 New Zealand Robin；它们把石头作为狩猎的栖息处

Petronia pe-TRO-nee-a
希腊语，petronius 表示石头的，如黄喉石雀（Petronia，现在为 Gymnoris superciliaris），俗名为 Yellow-throated Petronia

Peucedramus poy-se-DRA-mus
希腊语，peuke 表示松树，dromos 表示奔跑者，如橄榄绿森莺（Peucedramus taeniatus），俗名为 Olive Warbler，这种鸟类在松树附近取食

Phacellodomus fa-sel-lo-DO-mus
希腊语，phakelos 表示包裹，domos 指房屋，如大棘雀（Phacellodomus ruber），俗名为 Greater Thornbird，它的巢用细枝筑成，十分复杂

Phaenicophaeus fee-ni-KO-fee-us
希腊语，hoiniko 表示深红色，phaeinos 表示华丽的，如红嘴地鹃（Phaenicophaeus javanicus，现在为 Zanclostomus javanicus），俗名为 Red-billed Malkoha

Phaeochroa fee-o-KRO-a
希腊语，phaeo 表示昏暗的，chroa 指颜色，如鳞胸刀翅蜂鸟（Phaeochroa cuvierii），俗名为 Scaly-breasted Hummingbird

Phaeornis fee-OR-nis
希腊语，phaeo 指褐色、深色、昏暗，ornis 指鸟类，如夏威夷鸫（Phaeornis，现在为 Myadestes obscurus），俗名为 Omao

Phaethon FAY-eh-thon
在希腊神话中，法厄同（Phaethon）是太阳神（Helios）的儿子，如白尾鹲（Phaethon lepturus），俗名为 White-tailed Tropicbird

拉丁学名小贴士

黑黄丝鹟的学名为 Phainoptila melanoxantha，意为具有闪亮羽毛的黑黄色鸟类，这一学名非常贴切，这种鸟是哥斯达黎加和巴拿马部分地区云雾林的留鸟，丝鹟科（Ptiliogonatidae）鹟的英文为 flycatcher，指的是空中取食昆虫的行为，但是事实上这种鸟类和鹟科（Muscicapidae）或霸鹟科（Tyrannidae）并无关系。这种鸟类主要吃果实，几乎从不捕食昆虫。

Phaethornis fay-eh-THOR-nis
在希腊神话中，法厄同是太阳神的儿子，希腊语 ornis 指鸟类，如红隐蜂鸟（Phaethornis ruber），俗名为 Reddish Hermit

Phainopepla fay-no-PEP-LA
希腊语，phaeinos 表示光亮、华丽，peplos 表示长袍或披风，如黑丝鹟（Phainopepla nitens），俗名为 Phainopepla，因其光滑的羽毛而得名

Phainoptila fay-nop-TIL-a
希腊语，phaeinos 表示光亮、华丽，ptilon 指羽毛，如黑黄丝鹟（Phainoptila melanoxantha），俗名为 Black-and-yellow Phainoptila

Phalacrocorax fal-a-kro-KOR-aks
希腊语，phalakros 表示秃头的，corus 指渡鸦，如美洲鸬鹚（Phalacrocorax brasilianus），俗名为 Neotropic Cormorant

Phalaenoptilus fal-ee-nop-TIL-us
希腊语，phalaina 表示飞蛾，ptilon 指羽毛，如北美小夜鹰（Phalaenoptilus nuttallii），俗名为 Common Poorwill，它柔软的羽毛呈灰褐色

Phalaropus fal-a-RO-pus
希腊语，phalaris 表示黑鸭，pous 指足，如细嘴瓣蹼鹬（Phalaropus tricolor），俗名为 Wilson's Phalarope，它的足只有部分蹼，像在黑鸭一样

Phalcoboenus fal-ko-BAY-nus
希腊语，phalkon 表示隼，baino 表示走动，如红腿巨隼（Phalcoboenus australis），俗名为 Striated Caracara，人们常看到这种鸟类在地上走

Phaps FAPS
希腊语，phaps 表示鸽子或斑鸠，如铜翅鸠 Phaps chalcoptera，俗名为 Common Bronzewing

黑黄丝鹟
Phainoptila melanoxantha

Pharomachrus fa-ro-MAK-rus
希腊语，pharos 表示披风或斗篷，macros 表示长的、大的，如金头绿咬鹃（Pharomachrus auriceps），俗名为 Golden-headed Quetzal

Phasianus fay-see-AN-us
源自 phasiana，表示菲斯河（River Phasis），现在的格鲁吉亚的里奥尼河，如雉鸡（Phasianus colchicus），俗名为 Common Pheasant，曾在此处十分常见

Pheucticus FOIK-ti-kus
希腊语，pheuktikos 表示胆小、羞涩，如黄腹白斑翅雀（Pheucticus chrysogaster），俗名为 Southern Yellow Grosbeak

Philacte fil-AK-tee
希腊语，philos 表示喜爱、喜欢，akte 指河岸，如帝雁（Philacte canagica，现在为 Chen canagica），俗名为 Emperor Goose

Philepitta fil-eh-PIT-ta
希腊语，philos 表示喜爱、喜欢，pitta 源自泰卢固语（Telugu），是一种印度雨燕的意思，如紫黑裸眉鸫（Philepitta castanea），俗名为 Velvet Asity

Philetairus fil-eh-TARE-us
希腊语，philos 表示喜爱，hetairos 表示伴侣，如群织雀（Philetairus socius），俗名为 Sociable Weaver

Phillipsi FIL-lips-eye
以英国动物学家家 E. 洛特·菲利普斯（E. Lort Phillips），如索马里鸥（Oenanthe phillipsi），俗名为 Somali Wheatear

Philomachus fil-o-MAK-us
希腊语，philos 表示喜爱，makhe 表示打斗、决斗，如流苏鹬（Philomachus pugnax），俗名为 Ruff，这一命名源自其求偶的打斗行为

Phleocryptes flee-o-KRIP-teez
希腊语，phleos 是一种水生植物，cryptus 表示隐藏，如拟鹩针尾雀（Phleocryptes melanops），俗名为 Wren-like Rushbird

Phloeoceastes flo-ee-o-see-steez
希腊语，phloios 指树皮，keazo 表示劈开，如南美啄木鸟（Phloeoceastes，现在为 Campephilus robustus），俗名为 Robust Woodpecker，它是一种吵闹的啄木鸟

Phodilus fo-DIL-us
希腊语，phos 表示光，deilos 表示惧怕的、恐惧的，如坦桑尼亚栗鸮（Phodilus prigoginei），俗名为 Congo Bay Owl

Phoeniconaias foy-ni-KO-nye-as
希腊语，phoinikos 表示红色，naias 指水中女神，如小红鹳（Phoeniconaias minor），俗名为 Lesser Flamingo

紫黑裸眉鸫
Philepitta castanea

Phoenicoparrus foy-ni-ko-PAR-rus
希腊语 phoinikos 表示红色，拉丁语 parra 指不祥的鸟，如安第斯红鹳（Phoenicoparrus andinus），俗名为 Andean Flamingo

Phoenicopterus foy-ni-KOP-ter-us
希腊语，phoinikos 表示红色，pteron 指翅膀，如大红鹳（Phoenicopterus roseus），俗名为 Greater Flamingo，其俗名源于拉丁语 flamma，是火焰的意思

Phoenicurus foy-ni-KOO-rus
希腊语，phoinikos 表示红色，oura 指尾巴，如蓝额红尾鸲（Phoenicurus frontalis），俗名为 Blue-fronted Redstart

Phrygilus fri-JIL-us
希腊语，phrugilos 指鸟类，-icus 表示属于，如黑头岭雀鹀（Phrygilus atriceps），俗名为 Black-hooded Sierra Finch

Phyllastrephus fil-la-STREF-us
希腊语，phyllon 表示叶子，strepho 表示扭动，如褐旋木鹎（Phyllastrephus terrestris），俗名为 Terrestrial Brownbul，这种鸟类生活在萨瓦纳的浓密而干燥的灌木丛中

Phylloscopus fil-lo-SKOPE-us
希腊语，phyllon 表示叶子，skopeo 指观察、寻找，如极北柳莺（Phylloscopus borealis），俗名为 Arctic Warbler，这种鸟类主要在树冠层取食

Phytotoma fy-to-TO-ma
希腊语，phuton 表示植物，tomos 表示切成片，如红胸割草鸟（Phytotoma rutila），俗名为 White-tipped Plantcutter

红鹳属

在《爱丽丝漫游仙境》里，火烈鸟被用来当作槌棒，这可能是因为它们的长脖子（长于同等体型大小的其他任何鸟类）以及它们那巨大的嘴和木槌状的头部。火烈鸟总共有三个属：其中红鹳属（Phoenicopterus）包含3个物种；小火烈鸟属（Phoeniconaias）包含1个物种；安第斯火烈鸟属（Phoenicoparrus）包含2个物种。"Flamingo"（火烈鸟）这个单词源自西班牙语，意为火红色的。

大红鹳
Phoenicopterus roseus

火烈鸟的喙构造特殊，下喙的沟深，上喙浅且呈盖形，边缘有稀疏的锯齿和细毛，倒置在水中就像个大筛子一样，可以快速地将水吸进来和滤出去，觅食时它们将头埋入水中，嘴倒转，将食物吮入口中，把多余的水和不能吃的渣滓排出，并使食物留在嘴里徐徐吞下。红色并不是火烈鸟本来的羽色，而是来自其摄取的浮游生物，浮游生物所含有的虾青素令火烈鸟原本洁白的羽毛透射出鲜艳的红色。红色越鲜艳意味着火烈鸟的体格越健壮，越吸引异性火烈鸟，繁衍的后代也更优秀。

火烈鸟主要分布在南半球，在西班牙、加勒比海和阿拉伯往东到印度的海岸也有分布。火烈鸟喜欢集群生活，在非洲的火烈鸟群是现在世界上最大的鸟群。肯尼亚的纳库鲁湖有超过100万只火烈鸟。这个湖的碱性湖水为鸟类提供了丰富的藻类食物，而这些藻类生长所需的营养物质正是来自鸟类的粪便。

大部分火烈鸟的名字非常简单。大红鹳的学名为 *P. roseus*；美洲红鹳的学名为 *P. ruber*；智利红鹳的学名为 *P. Chilensis*；小红鹳的学名为 *P. minor*；安第斯红鹳的学名为 *P. andinus*；秘鲁红鹳的学名为 *P. Jamesi*，这个学名是为了纪念英国大亨哈利·伯克利·詹姆斯（Harry Berkley James），他是1886年一次在玻利维亚的科学考察的资助者，正是在那次科学考察中发现了秘鲁红鹳。

火烈鸟的巢呈"火山"形状，它们通常在巢的顶部产1枚卵。刚出生的小鸟羽毛呈灰色，嘴并不弯曲，而是直的。幼鸟主要依靠成鸟嗉囊里分泌的乳状物而生存，这些分泌物和鸽乳类似。

一年以后，幼鸟几乎能长到和成鸟一样大了，但体色仍然是灰色的，直到第三年才变为红色，达到性成熟。火烈鸟的寿命大约为20～50年。

小红鹳
Phoeniconaias minor

火烈鸟的三个属的身体结构和生境十分相似，仅可以通过它们取食机制的细微差别进行区分。

Pica, -us PIKE-a/us
鹊（magpie）的拉丁语形式，如喜鹊（*Pica pica*），俗名为 Eurasian Magpie

Picoides pi-KOY-deez
Picus 指啄木鸟，*eidos* 表示形状、外表，如黑背啄木鸟（*Picoides arcticus*），俗名为 Black-backed Woodpecker

Piculus pi-KOO-lus
Picus 指啄木鸟，-*ulus* 表示小的，如利塔啄木鸟（*Piculus litae*），俗名为 Lita Woodpecker

Picumnus pik-KUM-nus
在罗马神话中，皮库姆努斯（*Picumnus*）是肥沃之神的意思，如辉姬啄木鸟（*Picumnus exilis*），俗名为 Golden-spangled Piculet

Pileata, -us pil-ee-AH-ta/tus
Pileatus 表示有帽子的，如黑顶娇鹟（*Piprites pileata*），俗名为 Black-capped Piprites

Pinaroloxias pin-a-ro-LOKS-ee-as
希腊语，*pinaros* 表示肮脏的，*loxos* 表示倾斜的，如可岛雀（*Pinaroloxias inornata*），俗名为 Cocos Finch

Pinarornis pin-a-ROR-nis
希腊语，*pinaros* 表示肮脏的，*ornis* 指鸟类，如暗色鸲（*Pinarornis plumosus*），俗名为 Boulder Chat，这种鸟类黑色的羽毛看上去脏兮兮的

Pinguinus pin-GWIN-us
威尔士语，*pen* 指头部，*gwyn* 表示白色，如已灭绝的大海雀（*Pinguinus impennis*），俗名为 Great Auk，这样命名是因为它与企鹅相似

Pinicola pin-ih-KO-la
Pinus 指松树，*cola* 表示栖息，如松雀（*Pinicola enucleator*），俗名为 Pine Grosbeak

Pipilo PIP-il-o
Pipo 表示虫鸣，如棕喉唧鹀（*Pipilo fusca*，现在为 *Melozone fusca*），俗名为 Canyon Towhee

Pipra PIP-ra
希腊语，*pipra* 指鸟类，如白冠娇鹟（*Dixiphia pipra*），俗名为 White-crowned Manakin

Pipreola pip-ree-O-la
希腊语，*pipra* 指鸟类，-*ola* 表示矮小的，如丽色食果伞鸟（*Pipreola formosa*），俗名为 Handsome Fruiteater

Piprites pip-RITE-eez
希腊语，*pipra* 指鸟类，-*ites* 表示属于，如斑翅娇鹟（*Piprites chloris*），俗名为 Wing-barred Piprites

Piranga pi-RANG-ga
巴西的一个自治市，如玫红丽唐纳雀（*Piranga rubra*），俗名为 Summer Tanager

Pitangus pi-TANG-us
图皮语（巴西本地语言）中，*pitangua* 表示大型的鹟，如大食蝇霸鹟（*Pitangus sulphuratus*），俗名为 Great Kiskadee Flycatcher 或 Kiskadee Flycatcher

Pithecophaga pith-eh-ko-FAY-ga
希腊语，*pithekos* 指猿，*phagein* 表示去吃，如菲律宾雕（*Pithecophaga jefferyi*），俗名为 Philippine Eagle 或 Monkey-eating Eagle

Pitohui pit-o-HOO-ee
"Pitohui" 是当人们尝到并立即拒绝有毒的鸟类而发出的声音，如黑头林鵙鹟 *Pitohui dichrous*，俗名为 Hooded Pitohui

Pitta PIT-ta
东印度语，表示一类小型地栖鸟类，如绿胸八色鸫（*Pitta sordida*），俗名为 Hooded Pitta

Pittasoma pit-ta-SO-ma
Pitta 是东印度语，表示一类小型地栖鸟类，希腊语 *soma* 指身体，如棕冠蚁鸫（*Pittasoma rufopileatum*），俗名为 Rufous-crowned Antpitta

Pityriasis pit-ih-RYE-a-sis
希腊语，*pituron* 表示头上有疣，如棘头鵙（*Pityriasis gymnocephala*），俗名为 Bornean Bristlehead

Platalea plat-AL-ee-a
希腊语，*platy* 表示平的，如黑脸琵鹭（*Platalea minor*），俗名为 Black-faced Spoonbill

玫红丽唐纳雀
Piranga rubra

拉丁学名小贴士

云斑蟆口鸱的学名为 Podargus ocellatus，意思是"具有眼点的迟钝的鸟类"，其俗名为 Marbled Frogmouth。这个物种属于夜鹰目（Caprimulgiformes），这个目名的原义是鸟类巨大的喙能够吸吮山羊的奶，因此这个目的旧称为"食乳鸟"（'goatsucker'）。蟆口鸱从东南亚到澳大利亚都有分布。虽然它们的喙很小，但是张开的口十分巨大，所以它们不仅可以吞食昆虫，还可以取食小型蜥蜴、鼠类、鸟类和蛇类。它们的足较弱，因此这种鸟类在白天只能靠在树枝上，通过羽毛将身体隐藏起来。它们将卵产在树枝上，并不筑巢。

云斑蟆口鸱
Podargus ocellatus

Plateni PLAT-en-eye
以德国医生、采集家卡尔·普拉敦（Carl Platen）命名的，如侏穗鹛（*Dasycrotapha plateni*），俗名为 Mindanao Pygmy Babbler

Platycercus plat-ih-SIR-kus
希腊语，*platy* 表示平的，*cercus* 指尾巴，如淡头玫瑰鹦鹉（*Platycercus adscitus*），俗名为 Pale-headed Rosella

Platypsaris plat-ip-SAR-is
希腊语，*platy* 表示平的，*psar* 指椋鸟，如红喉厚嘴霸鹟（*Platypsaris aglaiae*，现在为 *Pachyramphus aglaiae*），俗名为 Rose-throated Becard

Platyrinchus plat-ih-RINK-us
希腊语，*platy* 表示平的，*rhynchus* 指喙，如金冠铲嘴雀（*Platyrinchus coronatus*），俗名为 Golden-crowned Spadebill

Plautus PLAW-tus
Plautus 指平足，如侏海雀（*Plautus alle*，现在为 *Alle alle*），俗名为 Little Auk 或 Little Dovekie，这是一种生活在陆地上的、笨拙的鸟类

Plectrophenax plek-tro-FEN-aks
希腊语，*plectron* 指马刺或雄鸟的距，*phenax* 表示冒牌的，如雪鹀（*Plectrophenax nivalis*），俗名为 Snow Bunting，这种鸟类的后趾有很长的脚爪

Plectropterus plek-TROP-ter-us
希腊语，*plectron* 指马刺或雄鸟的距，*pteron* 指翅膀，如距翅雁（*Plectropterus gambensis*），俗名为 Spur-winged Goose，这种鸟类翅膀两边各有一个距（腿的后面突出像脚趾的部分），用来攻击其他水鸟

Plectorhyncha plek-to-RINK-a
希腊语，*plectron* 指马刺或雄鸟的距，*rhynchos* 表示喙，如纵纹吸蜜鸟（*Plectorhyncha lanceolata*），俗名为 Striped Honeyeater，这种鸟类的喙很细尖

Plegadis ple-GA-dis
希腊语，*plegas* 表示镰刀，如彩鹮（*Plegadis falcinellus*），俗名为 Glossy Ibis，这种鸟类的喙呈镰刀状

Pleskei PLES-kee-eye
以俄罗斯动物学家、地理学家西奥多·普雷斯科（Theodor Pleske）命名的，如东亚蝗莺（*Locustella pleskei*），俗名为 Styan's Grasshopper Warbler 或 Pleske's Grasshopper Warbler

Plocepasser plo-see-PAS-ser
希腊语，*plokeus* 表示编织者，*passer* 指麻雀，如栗顶织雀（*Plocepasser superciliosus*），俗名为 Chestnut-crowned Sparrow-Weaver

Ploceus PLO-see-us
希腊语，*plokeus* 表示编织者，如小织雀（*Ploceus luteolus*），俗名为 Little Weaver

Plumbeus, -a PLUM-bee-us/a
表示铅色，铅的颜色，如灰雀鹟（*Myioparus plumbeus*），俗名为 Grey Tit-Flycatcher

Pluvialis, -anus ploo-vee-AL-is/ploo-vee-AN-us
Pluvia 表示下雨，如灰斑鸻（*Pluvialis squatarola*），俗名为 Grey Plover；鸻（plover）源自古法语 *plovier*，表示报雨鸟，指迁徙的鸟群在雨季到达

Podargus po-DAR-gus
希腊语，*pous* 表示足，*argos* 表示慢的、慵懒的，如云斑蟆口鸱（*Podargus ocellatus*），俗名为 Marbled Frogmouth，意思是这种鸟张开的嘴像青蛙的嘴一样大

Podica PO-di-ka
希腊语，pous 表示足，-icus 表示属于，如非洲鳍趾鹏（Podica senegalensis），俗名为 African Finfoot，其张开的脚趾在水中辅助推进

Podiceps PO-di-seps
Podex 表示臀部，pes 表示足，如大鹏鹏（Podiceps major），俗名为 Great Grebe，其学名指它的足位于鸟类的"臀部"（后臀）下面

Podilymbus po-di-LIM-bus
Podex 表示臀部，colymbus 表示游泳池或洗澡，如斑嘴巨鹏鹏（Podilymbus podiceps），俗名为 Pied-billed Grebe，"pied"指其白色的喙部有黑色的斑点

Poephila po-eh-FIL-a
希腊语，poa 指草，philos 表示喜欢，如白耳草雀（Poephila personata），俗名为 Masked Finch

Pogoniulus po-gon-ee-OO-lus
希腊语，pogon 指胡须，-ulus 表示小的，如绿钟声拟鴷（Pogoniulus simplex），俗名为 Green Tinkerbird，这一俗名源自它"tink-tink-tink"的叫声，其学名指这个科的成员具有脸部多毛的特点，但这种鸟类是个特例

Polihierax po-lee-HY-er-aks
希腊语，polios 表示灰色，hierax 指鹰，如白腰侏隼（Polihierax insignis），俗名为 White-rumped Falcon

Poliocephala, -us po-lee-o-se-FAL-a/us
希腊语 polios 表示灰色，拉丁语 cephala 指头部，如灰头草雁（Chloephaga poliocephala），俗名为 Ashy-headed Goose

Polioptila po-lee-op-TIL-a
希腊语，polios 表示灰色，ptilon 指羽毛，如花脸蚋莺（Polioptila dumicola），俗名为 Masked Gnatcatcher

Polyborus pol-ee-BOR-us
希腊语，poly 指许多，boros 表示吞没，巨隼（Polyborus cheriway，现在为 Caracara cheriway），俗名为 Northern Crested Caracara，这种鸟类的食物多种多样，包括一些活着的或死掉的动物

Polyplectron pol-ee-PLEK-tron
希腊语，poly 指许多，plektron 指马刺或公鸡的距，如铜尾孔雀雉（Polyplectron chalcurum），俗名为 Bronze-tailed Peacock-Pheasant，其雄鸟的腿上有两个距

Polysticta pol-ee-STIK-ta
希腊语，poly 指许多，stiktos 表示斑点的、斑驳的，如小绒鸭（Polysticta stelleri），俗名为 Steller's Eider，虽然这种鸟类身上的斑点不多，但斑点都很大而且明显

Pomatorhinus po-ma-to-RYE-nus
希腊语，poma 指一个盖子，rhinos 指鼻子，如斑胸钩嘴鹛（Pomatorhinus gravivox），俗名为 Black-streaked Scimitar Babbler，"scimitar"源自其长而弯的嘴

Pooecetes poo-eh-SEE-teez
希腊语，poe 表示草地，oiketes 表示栖息，如栗肩雀鹀（Pooecetes gramineus），俗名为 Vesper Sparrow

Porphyrio por-FEER-ee-o
表示水鸡，如西紫水鸡（Porphyrio porphyrio），俗名为 Purple Swamphen

Porphyrolaema por-feer-o-LEE-ma
希腊语，porphyros 表示紫色的，laimos 指喉部，如紫喉伞鸟（Porphyrolaema porphyrolaema），俗名为 Purple-throated Cotinga，cotinga 源自巴西图皮语

Porphyrospiza por-feer-o-SPY-za
希腊语，porphyros 表示紫色的，spiza 指雀，如蓝雀鹀（Porphyrospiza caerulescens），俗名为 Blue Finch

Portoricensis por-tor-ih-SEN-sis
以波多黎各（Puerto Rico）命名的，如波多纹头唐纳雀（Spindalis portoricensis），俗名为 Puerto Rican Spindalis，其俗名显然是其他词语组成的一种误拼

Porzana por-ZAN-a
意大利语，porzana 是指这种鸟类在意大利语中的名称，如斑胸田鸡（Porzana porzana），俗名为 Spotted Crake，俗名源自古斯堪的那维亚语（Old Norse），kraka 即为这种鸟类的声音

西紫水鸡
Porphyrio porphyrio

Premnoplex *prem-NO-pleks*
希腊语，*premnon* 指树干，*plexus* 表示针织、交织，如白喉斑尾雀（*Premnoplex tatei*），俗名为 White-throated Barbtail，它们将其鸟巢绕在大树枝上

Pretrei *PRET-tre-eye*
以法国艺术家和插画师吉恩·普雷特（Jean Pretre）命名的，如红眶鹦哥（*Amazona pretrei*），俗名为 Red-spectacled Amazon

Prigoginei *pri-go-JEEN-eye*
以比利时博物学家亚历山大·普里果金（Alexandre Prigogine）命名的，如普氏花蜜鸟（*Cinnyris prigoginei*），俗名为 Prigogine's Double-collared Sunbird

Princeps *PRIN-seps*
表示首先、首席、首次，如灰头鹰（*Accipiter princeps*），俗名为 New Britain Goshawk

Prinia *PRIN-ee-a*
爪哇语 *prinya*，如褐山鹪莺（*Prinia polychroa*），俗名为 Brown Prinia

Prionochilus *pry-on-o-KIL-us*
希腊语，*prion* 表示锯型的，*kheilos* 指边缘，如黄喉锯齿啄花鸟（*Prionochilus maculatus*），俗名为 Yellow-breasted Flowerpecker，它们的喙的边缘呈锯齿状

Prionops *PRY-o-nops*
希腊语，*prion* 表示锯型的，*opsis* 表示外表，如长冠盔鵙（*Prionops plumatus*），俗名为 White-crested Helmetshrike；指其眼睛周围的流苏似的编织结构

Probosciger *pro-BOS-si-ger*
Proboscis 指鼻子，*ger* 表示忍受、携带，如棕树凤头鹦鹉（*Probosciger aterrimus*），俗名为 Palm Cockatoo

Procellaria *pro-sel-LAR-ee-a*
Procella 指暴风雨，*-arius* 表示指，如黑风鹱（*Procellaria parkinsoni*），俗名为 Black Petrel，这是一种和暴风雨有关的鸟类

Procelsterna *pro-sel-STER-na*
Procella 指暴风雨，*sterna* 表示燕鸥，如灰燕鸥（*Procelsterna albivitta*），俗名为 Grey Noddy；燕鸥和暴风雨有关

Procnias *PROC-nee-as*
希腊神话中普洛克涅（Procne）和潘迪安（Pandion）的女儿，后变成了一只燕子，如裸喉钟伞鸟（*Procnias nudicollis*），俗名为 Bare-throated Bellbird

Prodotiscus *pro-doe-TISS-kus*
Prodo 表示公开，*-iscus* 指小的，如沃氏蜜鴷（*Prodotiscus regulus*），俗名为 Brown-backed Honeybird，它能发现蜂蜜的来源

Progne *PROG-nee*
拉丁语化形式，希腊神话中的普洛克涅（Procne）和潘迪安（Pandion）的女儿，后变成了一只燕子，如南美崖燕（*Progne elegans*），俗名为 Southern Martin

Promerops *PRO-mer-ops*
Pro 表示为了，*merops* 表示吃蜜蜂的鸟类，如南非食蜜鸟（*Promerops cafer*），俗名为 Cape Sugarbird

Prosthemadera *pros-theme-a-DER-a*
希腊语，*prosthema* 表示增加，*dera* 指颈部和喉部，如簇胸吸蜜鸟（*Prosthemadera novaeseelandiae*），俗名为 Tui，在其颈部有一簇白色的羽毛

Protonotaria *pro-to-no-TAR-ee-a*
Protos 表示第一的，*notarius* 指抄写员，如蓝翅黄森莺（*Protonotaria citrea*），俗名为 Prothonotary Warbler，拜占庭帝国的高级公证官穿着黄色的长袍，指这种鸟类的颜色

Prunella *proo-NEL-la*
Bruneus 的变体，指棕色的，如领岩鹨（*Prunella collaris*），俗名为 Alpine Accentor，这种鸟类大体上为棕色，Accentor 源自 *ad* 表示和，*cantor* 指唱歌

Przewalskii *she-VAL-skee-eye*
以俄国博物学家尼古拉·米哈伊洛维奇·普尔热瓦尔斯基（Nikolai Mikhaylovich Przhevalsky）命名的，如白脸䴓（*Sitta przewalskii*），俗名为 Przevalski's Nuthatch

Psalidoprocne *sal-ih-doe-PROK-nee*
希腊语，*psalis* 表示刀、剪刀，普洛克涅（Procne）是希腊神话中潘迪安（Pandion）的女儿，后变成了一只燕子，如方尾锯翅燕（*Psalidoprocne nitens*），俗名为 Square-tailed Saw-wing

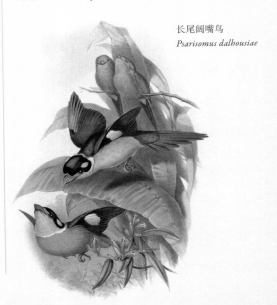

长尾阔嘴鸟
Psarisomus dalhousiae

Psaltriparus sal-tri-PAR-us
Psaltria 表示女琴师，如短嘴长尾山雀（Psaltriparus minimus），俗名为 American Bushtit，其鸣叫声频率很高

Psarisomus sar-ih-SO-mus
希腊语 psaros 表示有斑点的，soma 指身体，如长尾阔嘴鸟（Psarisomus dalhousiae），俗名为 Long-tailed Broadbill

Psarocolius sar-o-KOL-ee-us
希腊语 psar 指椋鸟，kolios 指一种啄木鸟，如绿拟椋鸟（Psarocolius viridis），俗名为 Green Oropendola

Pseudocalyptomena soo-doe-kal-ip-toe-MEN-a
Pseudo 表示虚伪的，希腊语 calypto 指隐藏，mena 表示月亮，如非洲绿阔嘴鸟（Pseudocalyptomena graueri），俗名为 Grauer's Broadbill，命名者可能认为这个物种看起来像是绿阔嘴鸟属（Calyptomena）的鸟类，只是要更细长一些

Pseudochelidon soo-doe-KEL-ih-don
Pseudo 表示虚伪的，chelidon 指燕子，如非洲河燕（Pseudochelidon eurystomina），俗名为 African River Martin

Pseudodacnis soo-soe-DAK-nis
Pseudo 表示虚伪的，dacnis 指一种未知的埃及鸟类，如青绿锥嘴雀（Pseudodacnis hartlaubi，现在为 Dacnis hartlaubi），俗名为 Turquoise Dacnis

Pseudonestor soo-doe-NES-tor
Pseudo 表示虚伪的，nestor 指一些新西兰的鹦鹉，如毛岛鹦嘴雀（Pseudonestor xanthophrys），俗名为 Maui Parrotbill

Psittacula sit-ta-KOO-la
Psittacus 表示一种鹦鹉，-ula 指小的，如红领绿鹦鹉（Psittacula krameri），俗名为 Rose-ringed Parakeet 或 Ring-necked Parakeet

Psittacus SIT-ta-kus
Psittacus 表示一种鹦鹉，如非洲灰鹦鹉（Psittacus erithacus），俗名为 Grey Parrot

Psittirostra sit-ti-ROSS-tra
Psittacus 表示一种鹦鹉，rostrum 指喙，如鹦嘴管舌雀（Psittirostra psittacea），俗名为 Ou，这种鸟类已灭绝

Psophia so-FEE-a
希腊语，psophos 表示噪音，如绿翅喇叭声鹤（Psophia viridis），俗名为 Dark-winged Trumpeter

Psophodes so-FO-deez
希腊语，psophodes 指吵闹的，如黑喉啸冠鸫（Psophodes nigrogularis），俗名为 Western Whipbird，指其活泼的、持续的歌唱声

Pteridophora ter-ih-do-FOR-a
希腊语，pteridon 表示蕨类植物，phoreo 表示承受，如萨克森极乐鸟（Pteridophora alberti），俗名为 King of Saxony Bird-of-paradise，其头部有两根长的羽毛

非洲绿阔嘴鸟
Pseudocalyptomena graueri

Pterocles TER-o-kleez
希腊语，pteron 指翅膀，如花头沙鸡（Pterocles coronatus），俗名为 Crowned Sandgrouse

Pterodroma ter-o-DROM-a
希腊语，pteron 指翅膀，dromos 表示跑步者，如鳞斑圆尾鹱（Pterodroma inexpectata），俗名为 Mottled Petrel

Pteroglossus ter-o-GLOS-sus
希腊语，pteron 指翅膀，glossa 指舌头，如绿簇舌巨嘴鸟（Pteroglossus viridis），俗名为 Green Aracari，Aracari 源自巴西的图皮语，这种鸟类的舌头很长

Pteropodocys ter-o-po-DOE-sis
希腊语，pteron 指翅膀，pous 指足，如细嘴地鹃鸡（Pteropodocys，现在为 Coracina maxima），俗名为 Ground Cuckooshrike，据说这种鸟类在地面的行动速度和在空中一样快

Pteroptochos ter-op-TOE-kos
希腊语，pteron 指翅膀，ptokhos 表示属于，如栗喉隐窜鸟（Pteroptochos castaneus），俗名为 Chestnut-throated Huet-huet，俗名源自其鸣叫声

Ptilinopus til-in-O-pus
希腊语，ptilon 指羽毛，pous 指足，如黑背果鸠（Ptilinopus cinctus），俗名为 Banded Fruit Dove，其跗跖被羽毛

Ptiliogonys tili-o-GON-is
希腊语，ptilon 指羽毛，gonys 表示膝盖，如灰丝鹟（Ptiliogonys cinereus），俗名为 Grey Silky-flycatcher，其羽毛被覆"膝盖"

Ptilonorhynchus til-o-no-RINK-us
希腊语 ptilon 指羽毛，拉丁语 rhynchus 指喙，如缎蓝园丁鸟（Ptilonorhynchus violaceus），俗名为 Satin Bowerbird，这种鸟类的喙部分被羽毛覆盖

Ptiloprora til-o-PRO-ra
希腊语，ptilon 指羽毛，prora 表示前面、船头，如红胁嗜蜜鸟（Ptiloprora erythropleura），俗名为 Rufous-sided Honeyeater

Ptiloris til-OR-is
希腊语，ptilon 指翅膀，oris 指口，如丽色掩鼻风鸟（Ptiloris magnificus），俗名为 Magnificent Riflebird；这种鸟类的喙的上下都部分被羽

Ptychoramphus ti-ko-RAM-fus
希腊语，ptyx 表示折叠的，ramphos 指喙，如海雀（Ptychoramphus aleutica），俗名为 Cassin's Auklet；其喙看起来像被折叠了一样

Pucherani poo-cher-AN-eye
以法国动物学家雅克·普彻冉（Jacques Pucheran）命名的，如黑颊啄木鸟（Melanerpes pucherani），俗名为 Black-cheeked Woodpecker

Pucrasia poo-KRAS-ee-a
尼泊尔语 pukras，如勺鸡（Pucrasia macrolopha），俗名为 Koklass Pheasant，属名和俗名源自于其鸣叫

Puffinus puf-FINE-us
中古英语 poffin，马恩岛海鸥（Manx Shearwaters）的尸体（被当作食物），如大鹱（Puffinus gravis），俗名为 Great Shearwater

Pulchella, -us pul-KEL-la/lus
表示漂亮的、小的，如横斑翠鸟（Lacedo pulchella），俗名为 Banded Kingfisher

Pulcher PUL-ker
表示漂亮的，如栗腹丽椋鸟（Lamprotornis pulcher），俗名为 Chestnut-bellied Starling

Pulcherrima, -us pul-ker-REE-ma/mus
Pulcherrimus 指非常漂亮的，如金枕拟䴕（Megalaima pulcherrima），俗名为 Golden-naped Barbet

Pulchra PUL-kra
Pulcher 指漂亮的，如麦氏极乐鸟（Macgregoria pulchra），俗名为 MacGregor's Honeyeater

Punctatus, -a, -um punk-TAT-us/a/um
Punctum 表示点、斑点，如毛里求斯隼（Falco punctatus），俗名为 Mauritius Kestrel，其羽毛有许多颜色深的斑点

Pusilla, -lus poo-SIL-la/lus
Pusillis 表示非常小的，如小鹀（Emberiza pusilla），俗名为 Little Bunting

Pycnonotus pik-no-NO-tus
希腊语，pychnos 表示强壮、厚实的，notos 指背部，如红眼鹎（Pycnonotus nigricans），俗名为 African Red-eyed Bulbul

横斑翠鸟
Lacedo pulchella

Pycnoptilus pik-nop-TIL-us
希腊语，pychnos 表示强壮、厚实的，ptiolon 指羽毛，如随莺（Pycnoptilus floccosus），俗名为 Pilotbird，一种圆胖的鸟类，它的学名源自其厚厚的羽毛

Pygoscelis pi-gos-SEL-is
希腊语，puge 指腰部，skelos 指足，如白眉企鹅（Pygoscelis papua），俗名为 Gentoo Penguin；这里指这种鸟类的粗尾巴可以刷地面，像有第三条腿一样

Pyriglena py-ri-GLEN-a
希腊语，pyr 指火，glene 表示眼球，如镶背红眼蚁鸟（Pyriglena atra），俗名为 Fringe-backed Fire-eye

Pyrocephalus pye-ro-se-FAL-us
希腊语，pyr 指火，cephala 指头部，如猩红霸鹟（Pyrocephalus rubinus），俗名为 Vermilion Flycatcher

Pyrrhula pir-ROO-la
希腊语，pyrrhos 表示火红色，如红腹灰雀（Pyrrhula pyrrhula），俗名为 Eurasian Bullfinch，因为其雄鸟的红色羽毛而得名

Pyrrhuloxia pir-roo-LOKS-ee-a
希腊语，pyrrhos 表示火红色，loxos 表示倾斜的、交叉的，如灰额主红雀（Pyrrhuloxia，现在为 Cardinalis sinuatus），俗名为 Pyrrhuloxia，这样命名是因为其红色的颜色和紧实而弯曲的喙

Pyrrhura pir-ROO-ra
希腊语，pyrrhos 表示火红色，如红腹鹦哥（Pyrrhura frontalis），俗名为 Maroon-bellied Parakeet

Q

Quadragintus *kwa-dra-JIN-tus*
四十，如多斑食蜜鸟（*Pardalotus quadragintus*），俗名为 Forty-spotted Pardalote

Quadribrachys *kwa-dri-BRAK-is*
Quadri- 指数字四，*brachium* 表示手臂，如闪蓝翠鸟（*Alcedo quadribrachys*），俗名为 Shining-blue Kingfisher，指四个脚趾

Quadricinctus *kwa-dri-SINK-tus*
Quadri- 指数字四，*cinctus* 表示周围的、四周的，如四斑沙鸡（*Pterocles quadricinctus*），俗名为 Four-banded Sandgrouse

Quadricolor *kwa-dri-KO-lor*
Quadri- 指数字四，*color* 表示外表颜色，如四色啄花鸟（*Dicaeum quadricolor*），俗名为 Cebu Flowerpecker

Quelea *KWEL-lee-a*
以非洲的一处地名命名的，如红嘴奎利亚雀（*Quelea quelea*），俗名为 Red-billed Quelea

Querquedula *kwer-kweh-DOO-la*
指一种能够发出如"querquedula"般叫声的鸭子，如白眉鸭（*Anas querquedula*），俗名为 Garganey，俗名源自拉丁语 *gargala*，表示气管动脉

Quinticolor *kwin-ti-KO-lor*
Quint- 指数字五，*color* 表示可见的颜色，如五色须䴕（*Capito quinticolor*），俗名为 Five-coloured Barbet

---

拉丁学名小贴士

四斑沙鸡（*Pteroles quadricinctus*）分布在非洲中部，从东到西，栖息在开阔的大草原似的生境中。雄鸟更大且颜色更多样，但是雌雄都具有可融入背景的保护色。胸前和下腹部的条带使得雄鸟具有更好的伪装。这种现象叫作"混隐色"（disruptive colouration），且经常发生在地栖性鸟类身上。雄鸟的腹部有结构独特的羽毛（沙鸡所特有）可以吸水，因此它们可以从远处的水坑中吸水带给幼鸟。

四斑沙鸡
Pterocles quadricinctus

Quiscalus, -a *kwis-KAL-us/a*
Quis 表示谁，*qualis* 表示什么样的，如普通拟八哥（*Quiscalus quiscula*），俗名为 Common Grackle

Quitensis *kwin-TEN-sis*
以厄瓜多尔的基多（Quito）命名的，如褐蚁鸫（*Grallaria quitensis*），俗名为 Tawny Antpitta

Quoyi *KWOY-eye*
以法国博物学家吉恩·夸（Jean Quoy）命名的，如黑钟鹊（*Cracticus quoyi*），俗名为 Black Butcherbird

五色须䴕
Capito quinticolor

亚历山大·F.斯凯奇
(1904—2004)

亚历山大·F.斯凯奇（Alexander F. Skutch）1904年出生于马里兰州巴尔的摩市，1928年，斯凯奇在约翰·霍普金斯大学（John Hopkins University）获得博士学位。毕业后他从纽约乘船到巴拿马研究香蕉，但是他迅速被新世界的热带鸟类所吸引，转为研究鸟类。

当斯凯奇在洪都拉斯、危地马拉和哥斯达黎加从事植物学研究的同时，他对鸟类学研究的兴趣也日益浓厚。他通过为美洲和欧洲的博物馆采集热带植物而获得的资金来维持鸟类观察和研究，凭借这些资金他在洪都拉斯、危地马拉和哥斯达黎加的森林和山区待了很久。他在哥斯达黎加圣怡西德罗迪赫雷拉（San Isidro del General）附近的一个偏远森林峡谷里找到了一个完美的鸟类研究点。1941年他在这里购买了178英亩的土地，修建了一栋房子。

斯凯奇是一个终生素食主义者，他种植玉米、丝兰和其他作物。在20世纪90年代之前，他没用过自来水，一直在附近的小溪里沐浴和饮水。他喜欢"轻轻地踩在地球母亲上"，他的长寿也表明他这种简单的生活方式是成功的。他于1950年和英国博物学家查理斯·兰克斯特爵士（Sir Charles Lankester）的女儿帕梅拉·兰克斯特（Pamela Lankester）结婚，然后和他们的养子埃德温（Edwin）一起一直在研究基地生活，不过后来他的"原始森林"在香蕉和咖啡种植园的包围之中变成了一个孤岛。

他是一个多产的博物学家和作家，出版了超过40本书，大部分是关于鸟类的。1983年，他出版了《热带美洲的鸟类》（*Birds of Tropical America*）一书，他和格雷·斯蒂尔斯（Gary Stiles）一起撰写的《哥斯达黎加鸟类》（*The Birds of Costa Rica*，1989）是热带国家的第一本野外鸟类指南。他将自己的一生详细地记录在自传《紧急召唤》（*The Imperative Call*，1993）当中，这本书是关于他早期在牙买加、马里兰和危地马拉时的奇

白领美洲咬鹃
Trogon collaris

白领美洲咬鹃是一种使斯凯奇放弃对香蕉研究而专注鸟类研究的一种非常惊艳的鸟类。

> 鸟类是人类与自然界之间最强的联系。
> 它们可爱的羽毛和悠扬的鸣声吸引着我们；
> 而对鸟类的追寻把我们带到最美丽的地方：
> 去发现自然界中的秘密。我们要奋发努力，热情地生活。
>
> ——亚历山大·F.斯凯奇（摘自《感激的心：一个观鸟者在热带美洲的探险》的后记）

遇。《哥斯达黎加的博物学家》(*A Naturalist in Costa Rica*)可能是他自己最常阅读的书。他最后一本书《生命世界的和谐与冲突》(*Harmony and Conflict in the Living World*,2000)提倡人类要和野生动物和平共存,这是在工业农业的发展下,他目睹周围环境的变化后所写的书。

斯凯奇不仅写了很多书,而且在期刊和杂志上也发表了许多文章,他一共发表了近200篇科学论文。

罗杰·托里·皮特森(Roger Tory Peterson)认为,斯凯奇详细描述了中美洲鸟类的生活史,他对新热带鸟类所作出的贡献和奥杜邦的画对北美鸟类的贡献一样。斯凯奇并不喜欢统计,在鸟类研究中他宁愿去做更深入的观察和解释。他可以通过鸟类的羽毛和行为上的微小差

黑镰翅冠雉
Chamaepetes unicolor

来到1941年由斯凯奇本人购买的亚历山大·斯凯奇谷辛高斯鸟类保护区的游客,可能会看到黑镰翅冠雉。

别来辨认庄园里的个体。斯凯奇认为鸟类是有思想的:"它们不是绝情的机器,而是敏感的生物,它们可以意识到自己做了什么。"他在褐鸦(*Psilorhinus morio*,俗名为 Brown Jay)的"合作繁殖"中的重要发现引发了他对鸟类帮手行为(鸟类个体牺牲自己的繁殖机会,而帮助其他个体繁殖,尤其是在育幼和筑巢时)的终生兴趣。他表现出了对某些鸟类明显的偏爱,甚至当鹰威胁到他所喜爱的鸟类时,他会用枪射击鹰。1987年他发表了《鸟巢:合作繁殖和相关行为的全球调查》(*Birds' Nests: A Worldwide Survey of Cooperative Breeding and Related Behavior*)。

1997年,野外鸟类学家协会(Association of Field Ornithologists)设立了帕梅拉和斯凯奇研究奖,奖金由斯凯奇本人捐赠。2004年,就在斯凯奇去世的前几天,他获得了库珀鸟类协会为鸟类学终生成就而颁发的罗耶和奥尔登·米勒研究奖(Loye and Alden Miller Research Award)。

褐鸦
Psilorhinus morio

中美洲的褐鸦有两种颜色:位于分布区的鸟类背部是上部为暗褐色,下体颜色更淡;而南部种群的腹部是白色的。

R

Rabori ra-BOR-eye
以菲律宾鸟类学家迪奥斯科罗·拉博尔（Dioscoro Rabor）命名的，如吕宋鹪鹛（*Napothera rabori*，现在为 *Robsonius rabori*），俗名为 Cordillera Ground Warbler

Radiceus ra-DIS-ee-us
表示有射线的或有条纹的，如地鹃（*Carpococcyx radiceus*），俗名为 Bornean Ground Cuckoo，它的下体有很多条纹

Rafflesii RAF-fulz-ee-eye
以爪哇岛的副州长托马斯·拉弗尔斯（Thomas Raffles）命名的，如绿背三趾啄木鸟（*Dinopium rafflesii*），俗名为 Olive-backed Woodpecker

Raimondii rye-MOND-ee-eye
以在意大利出生的秘鲁地理学家、科学家安东尼奥·雷蒙迪（Antonio Raimondi）命名的，如来氏黄雀鹀（*Sicalis raimondii*），俗名为 Raimondi's Yellow Finch

Rallicula ral-li-KOO-la
Rale 表示秧鸡，-culus 后缀，指小的，如栗秧鸡（*Rallicula rubra*），俗名为 Chestnut Forest Rail

Rallina ral-LEEN-a
Rale 表示秧鸡 -ina 后缀，指小的，如栗秧鸡（*Rallina rubra*），俗名为 Chestnut Forest Crake

Rallus RAL-lus
Rale 表示秧鸡 -ina 后缀，指小的，红颈秧鸡（*Rallina tricolor*），俗名为 Red-necked Crake

大头扁嘴霸鹟
Ramphotrigon megacephalum

Ramphastos ram-FASS-tos
希腊语，*rhamphos* 指喙，-astus 后缀，表示大的，如厚嘴巨嘴鸟（*Ramphastos sulfuratus*），俗名为 Keel-billed Toucan

Ramphocaenus ram-fo-SEE-nus
希腊语，*rhamphos* 指喙，caen- 表示新的、新鲜的，如长嘴蚋莺（*Ramphocaenus melanurus*），俗名为 Long-billed Gnatwren

Ramphocelus ram-fo-SEL-us
希腊语，*rhamphos* 指喙，*kelas* 表示斑点，如绯红厚嘴唐纳雀（*Ramphocelus nigrogularis*），俗名为 Masked Crimson Tanager

Ramphocinclus ram-fo-SINK-lus
希腊语，*rhamphos* 指喙，*cinclus* 表示鸫，如白胸嘲鸫（*Ramphocinclus brachyurus*），俗名为 White-breasted Thrasher

Ramphocoris ram-fo-KOR-is
希腊语，*rhamphos* 指喙，*corys* 指头盔，如厚嘴百灵（*Ramphocoris clotbey*），俗名为 Thick-billed Lark

Ramphodon ram-FO-don
希腊语，*rhamphos* 指喙，*odon* 表示牙齿，如锯嘴蜂鸟（*Ramphodon naevius*），俗名为 Saw-billed Hermit

Ramphomicron ram-fo-MY-kron
希腊语，*rhamphos* 指喙，*mikron* 是小，如黑背刺嘴蜂鸟（*Ramphomicron dorsale*），俗名为 Black-backed Thornbill

Ramphotrigon ram-fo-TRY-gon
希腊语，*rhamphos* 指喙，*trigon* 表示三角形，如大头扁嘴霸鹟（*Ramphotrigon megacephalum*），俗名为 Large-headed Flatbill，这种鸟类的喙是鹟的典型三角形形状

Ramsayi RAM-zee-eye
以英国鸟类学家罗伯特·拉姆齐（Robert Ramsay）命名的，如白眶斑翅鹛（*Actinodura ramsayi*），俗名为 Spectacled Barwing

Randi RAND-eye
以美国鸟类学家奥斯汀奥斯汀·兰德（Austen Rand）命名的，如灰胸鹟（*Muscicapa randi*），俗名为 Ashy-breasted Flycatcher

Randia RAND-ee-a
以美国鸟类学家奥斯汀·兰德命名的，如拟绣眼莺（*Randia pseudozosterops*），俗名为 Rand's Warbler

Raphus RAY-fus
鸨（bustards）的意思，如渡渡鸟（*Raphus cucullatus*），俗名为 Dodo，指的就是一种鸨

Rara RAR-a
稀有的，如棕尾割草鸟（*Phytotoma rara*），俗名为 Rufous-tailed Plantcutter

Rectirostris rek-ti-ROSS-tris
Recti- 表示直的，*rostra* 指喙，如直嘴芦雀（*Limnoctites rectirostris*），俗名为 Straight-billed Reedhaunter

Recurvirostra, -is re-kur-vi-ROSS-tra/tris
Recurvus 表示驼背，*rostra* 指喙，如安第斯反嘴鹬（*Recurvirostra andina*），俗名为 Andean Avocet，它的喙向上弯曲

Redivivum re-di-VEE-um
恢复的，如加州弯嘴嘲鸫（*Toxostoma redivivum*），俗名为 California Thrasher，这样命名指这种鸟先被描述，然后"消失"而重新被鸟类学家所描述

Reevei REEVE-eye
以美国采集家 J. P. 里夫（J. P. Reeve）命名的，如铅背鸫（*Turdus reevei*），俗名为 Plumbeous-backed Thrush

Reevesii REEV-zee-eye
以英国博物学家、采集家约翰·里夫斯（John Reeves）命名的，如白冠长尾雉（*Syrmaticus reevesii*），俗名为 Reeves's Pheasant

Regalis re-GAL-is
皇家的、国王，如王鵟（*Buteo regalis*），俗名为 Ferruginous Hawk

Regia, -us RE-jee-a/us
皇家的，如箭尾维达雀（*Vidua regia*），俗名为 Shaft-tailed Whydah，可能是因为这种鸟类的雄性有代表皇家颜色黑色的冠和非常长的尾巴

Regulorum re-goo-LOR-um
皇家的、国王的，如灰冕鹤（*Balearica regulorum*），俗名为 Grey Crowned Crane

Regulus, -oides re-GOO-lus/re-goo-LOY-deez
Rex 的小词，表示国王或王后，如戴菊（*Regulus regulus*），俗名为 Goldcrest

Reichardi RYE-cart-eye
以德国地理学家和工程师保罗·赖夏特（Paul Reichard）命名的，如纹胸丝雀（*Crithagra reichardi*），俗名为 Reichard's Seedeater

Reichenbachii RIKE-en-bak-ee-eye
以德国动物学家、植物学家亨里奇·赖兴贝歇尔（Henrich Reichenbach）命名的，如瑞氏花蜜鸟（*Anabathmis reichenbachii*），俗名为 Reichenbach's Sunbird

拉 丁 学 名 小 贴 士

涉禽鸟类的喙形多种多样、长度不一，因此它们可以在海岸线上取食不同的食物资源。反嘴鹬向上弯曲的嘴很长，从它喙的远端的一半开始向上弯曲。为了抓住昆虫和无脊椎动物食物，反嘴鹬从水的表面的一边扫向另一边。Avocet 可能是来源于欧洲法官的黑白色的衣服，但其真正的词源不清楚。

安第斯反嘴鹬
Recurvirostra andina

Reichenowi RIKE-ken-oh-eye
以德国鸟类学家安东·赖歇诺（Anton Reichenow）命名的，如白翅斑鸠（*Streptopelia reichenowi*），俗名为 White-winged Collared Dove

Reinwardtii rine-VART-ee-eye
以荷兰鸟类学家卡斯帕·莱肯诺（Caspar Reinwardt）命名的，如蓝尾咬鹃（*Apalharpactes reinwardtii*），俗名为 Javan Trogon

Reiseri RYE-zer-eye
以澳大利亚采集家奥斯玛·赖泽（Othmar Reiser）命名的，如里氏小霸鹟（*Phyllomyias reiseri*），俗名为 Reiser's Tyrannulet

Religiosa re-li-jee-OS-a
宗教的、神圣的、受人尊敬的，如鹩哥（*Gracula religiosa*），俗名为 Common Hill Myna，这种鸟类帮助菩提树繁殖，菩提树被印度教徒奉为圣物

Remiz RE-miz
波兰语，山雀的意思，如欧亚攀雀（*Remiz pendulinus*），俗名为 Eurasian Penduline Tit

Reticulata re-ti-koo-LAT-a
网状，如纹胸吸蜜鸟（*Meliphaga reticulata*），俗名为 Streak-breasted Honeyeater

Rex REKS
国王，如鲸头鹳（*Balaeniceps rex*），俗名为 Shoebill

Rhabdornis rab-DOR-nis
希腊语，*rhabdotos* 是条纹的意思，如纹胁旋木雀（*Rhabdornis mystacalis*），俗名为 Stripe-headed Rhabdornis

Rhagologus rag-o-LO-gus
希腊语，*rhago* 表示葡萄和浆果，*logas* 表示挑选、选择，如斑啸鹟（*Rhagologus leucostigma*），俗名为 Mottled Whistler，这种鸟类吃浆果

Rhamphomantis ram-fo-MAN-tis
希腊语，*rhamphos* 是喙的意思，*mantis* 表示预言家，如小长嘴鹃（*Rhamphomantis megarhynchus*，现在为 *Chrysococcyx megarhynchus*），俗名为 Long-billed Cuckoo

Rhea REE-a
以希腊神话人物天神乌拉诺斯的女儿瑞亚（Rhea）命名的，如大美洲鸵（*Rhea americana*），俗名为 Greater Rhea

Rheinardia rine-AR-dee-a
以法国军官皮埃尔-保罗·莱茵哈特（Pierre-Paul Rheinhard）命名的，如冠眼斑雉（*Rheinardia ocellata*），俗名为 Crested Argus

Rhinocrypta rine-o-KRIP-ta
希腊语，*rhinos* 表示鼻子，*crypta* 表示隐藏，如冠窜鸟（*Rhinocrypta lanceolata*），俗名为 Crested Gallito；其鼻孔被喙所隐藏

双领斑走鸻
Rhinoptilus africanus

鸫唐纳雀
Rhodinocichla rosea

Rhinomyias rine-o-MY-ee-as
希腊语，*rhinos* 表示鼻子，*muia* 表示飞，如吕宋林鹟（*Rhinomyias insignis*），俗名为 White-browed Jungle Flycatcher

Rhinopomastus rine-o-po-MAS-tus
希腊语，*rhinos* 表示鼻子，*pomos* 表示覆盖，如小弯嘴戴胜（*Rhinopomastus minor*），俗名为 Abyssinian Scimitarbill

Rhinoptilus rine-op-TIL-us
希腊语，*rhinos* 表示鼻子，*ptilon* 指羽毛，如双领斑走鸻（*Rhinoptilus africanus*），俗名为 Double-banded Courser

Rhipidura, -us rip-ih-DOO-ra/rus
希腊语，*rhipis* 表示扇子，*oura* 指尾巴，如萨摩扇尾鹟（*Rhipidura nebulosa*），俗名为 Samoan Fantail

Rhizothera rise-o-THER-a
希腊语，*rhiza* 表示根，*thera* 表示狩猎、追求，如长嘴山鹑（*Rhizothera longirostris*），俗名为 Long-billed Partridge

Rhodacanthis ro-da-KAN-thiss
希腊语，*rhinos* 表示鼻子，*akanthis* 指雀、金翅雀，如黄头拟管舌鸟（*Rhodacanthis flaviceps*），俗名为 Lesser Koa Finch，这种鸟类已灭绝

Rhodinocichla ro-di-no-SIK-la
希腊语，*rhinos* 表示鼻子，*cichla* 表示鸫，如鸫唐纳雀（*Rhodinocichla rosea*），俗名为 Rosy Thrush-Tanager

Rhodonessa ro-doe-NES-sa
希腊语，*rhinos* 表示鼻子，*nessa* 指鸭子，如已灭绝的粉头鸭（*Rhodonessa caryophyllacea*），俗名为 probably extinct Pink-headed Duck

Rhodopechys ro-doe-PEK-is
希腊语，*rhinos* 表示鼻子，*pechys* 指前臂，如红翅沙雀（*Rhodopechys sanguineus*），俗名为 Eurasian Crimson-winged Finch

Rhodophoneus ro-doe-FONE-ee-us
希腊语，rhinos 表示鼻子，phoneus 指凶手，如粉斑丛䴗（Rhodophoneus cruentus，现在为 Telophorus cruentus），俗名为 Rosy-patched Bushshrike

Rhodospiza ro-doe-SPY-za
希腊语，rhinos 表示鼻子，spiza 指雀，如巨嘴沙雀（Rhodospiza obsoleta），俗名为 Desert Finch，其翅膀上有粉色斑块

Rhodostethia ro-doe-STETH-ee-a
希腊语，rhinos 表示鼻子，stethos 指胸部，如楔尾鸥（Rhodostethia rosea），俗名为 Ross's Gull，在其下体有红色的斑块，这种鸟的俗名以英国海军少将杰姆斯·罗斯（James Ross）命名的，他发现了罗斯海（Ross Sea）和罗斯冰架（Ross Ice Shelf）

Rhopocichla ro-po-SIK-la
希腊语，rhopo 表示灌木、灌木丛，cichla 指鸫，如黑头鹛（Rhopocichla atriceps），俗名为 Dark-fronted Babbler

Rhopophilus ro-po-FIL-us
希腊语，rhopo 表示灌木、灌木丛，philos 表示喜爱、喜欢，如山鹛（Rhopophilus pekinensis），俗名为 Chinese Hill Warbler

Rhopornis ro-POR-nis
希腊语，rhopo 表示灌木、灌木丛，ornis 指鸟类，如纤蚁鸟 Rhopornis ardesiacus，俗名为 Slender Antbird

Rhyacornis ry-a-KOR-nis
希腊语，rhya 表示河流，ornis 指鸟类，如吕宋水鸲（Rhyacornis bicolor），俗名为 Luzon Water Redstart

Rhynchophanes rin-ko-FAN-eez
希腊语，rhynchos 指喙，phaino 表示出现，如麦氏铁爪鹀（Rhynchophanes mccownii），俗名为 McCown's Longspur

Rhynchopsitta rin-kop-SIT-ta
希腊语，rhynchos 指喙，psitta 表示鹦鹉，如厚嘴鹦哥（Rhynchopsitta pachyrhyncha），俗名为 Thick-billed Parrot

Rhynchortyx rin-KOR-tiks
希腊语，rhynchos 指喙，ortyx 表示鹌鹑，如茶脸鹑（Rhynchortyx cinctus），俗名为 Tawny-faced Quail

Rhynchotus rin-KO-tus
希腊语，rhynchos 指喙，otus 指耳朵，如红翅䳍（Rhynchotus rufescens），俗名为 Red-winged Tinamou

Rhynochetos rine-o-KET-os
希腊语，rhinos 表示鼻子，chetos 表示玉米，如鹭鹤（Rhynochetos jubatus），俗名为 Kagu，俗名是当地名字

山鹛
Rhopophilus pekinensis

Richardi rich-ARD-eye
以法国博物学家、采集家理查德·吕纳维尔（Richard of Luneville）命名的，如理氏鹨（Anthus richardi），俗名为 Richard's Pipit

Richardsii RICH-ards-ee-eye
以英国海军少将和地理学家乔治·理查德（George Richards）命名的，如银顶果鸠（Ptilinopus richardsii），俗名为 Silver-capped Fruit Dove

Ridgwayi RIJ-way-eye
以美国动物学家、馆长罗伯特·里奇维（Robert Ridgway）命名的，如黄领夜鹰（Antrostomus ridgwayi），俗名为 Buff-collared Nightjar

Ridibundus ri-di-BUN-dus
Ridere 表示笑，如红嘴鸥（Chroicocephalus ridibundus），俗名为 Black-headed Gull，其学名源自鸟类的鸣叫声

Riparia ri-PAR-ee-a
Ripa 表示河岸，如斑沙燕（Riparia cincta），俗名为 Banded Martin，这种鸟类在河岸上筑巢

Risoria ri-SOR-ee-a
Risor 表示嘲笑的人，如粉头斑鸠（Streptopelia risoria，现在为 Streptopelia roseogrisea），俗名为 Barbary Collared Dove 或 African Collared Dove，指鸟类的鸣叫声

Rissa RIS-sa
源自冰岛语，rita 指海鸥，如三趾鸥（Rissa tridactyla），俗名为 Black-legged Kittiwake

Robertsi ROB-erts-eye
以南非动物学家 J. 奥斯汀·罗伯特（J. Austin Roberts）命名的，如罗氏山鹪莺（Oreophilais robertsi），俗名为 Roberts's Warbler 或 Briar Warbler

Robinsoni ro-bin-SON-eye
以英国鸟类学家、动物学家赫伯特·罗宾逊（Herbert Robinson）命名的，如马来啸鸫（Myophonus robinsoni），俗名为 Malayan Whistling Thrush

Robusta, -us ro-BUST-a/us
Robustus 表示橡树的、坚硬的、坚固的，如尼亚鹩哥（Gracula robusta），俗名为 Nias Hill Myna，一种矮壮的鸟类

Roraimae, -ia ro-RIME-ee/ee-a
以圭亚那和委内瑞拉的罗赖马山（Mt. Roraima）命名的，如委内瑞拉角鸮（Megascops roraimae），俗名为 Roraiman Screech Owl

Rosea, -ata, -tus rose-EE-a/rose-ee-AH-ta/tus
Roseus 表示玫瑰色的，如楔尾鸥（Rhodostethia rosea），俗名为 Ross's Gull，在其下体部分有红色的斑

Roseicapilla rose-ee-eye-ka-PIL-la
Roseus 表示玫瑰色的，capilla 指头发，如马里岛果鸠（Ptilinopus roseicapilla），俗名为 Mariana Fruit Dove

Roseicollis rose-ee-eye-KOL-lis
Roseus 表示玫瑰色的，colli- 指颈部，如桃脸牡丹鹦鹉（Agapornis roseicollis），俗名为 Rosy-faced Lovebird

Roseifrons rose-ee-EYE-fronz
Roseus 表示玫瑰色的，frons 指前额，如赤额鹦哥（Pyrrhura roseifrons），俗名为 Rose-fronted Parakeet

Roseigaster rose-ee-eye-GAS-ter
Roseus 表示玫瑰色的，gaster 指腹部，如伊岛咬鹃（Priotelus roseigaster），俗名为 Hispaniolan Trogon

Rosenbergii RO-sen-berg-eye
以德国博物学家、地理学家卡尔·冯·罗森堡（Carl von Rosenberg）命名的，如苏拉仓鸮（Tyto rosenbergii），俗名为 Sulawesi Masked Owl

玫喉丽唐纳雀
Piranga roseogularis

Roseogrisea rose-ee-a-GRISS-ee-a
Roseus 表示玫瑰色的，grise 表示灰色，如粉头斑鸠（Streptopelia roseogrisea），俗名为 African Collared Dove

Roseogularis rose-ee-o-goo-LAR-is
Roseus 表示玫瑰色的，gula 指喉部，如玫喉丽唐纳雀（Piranga roseogularis），俗名为 Rose-throated Tanager

Roseus RO-zee-us
Roseus 表示玫瑰色的，如粉红椋鸟（Pastor roseus），俗名为 Rosy Starling

Rossii ROSS-ee-eye
以爱尔兰贸易商人、行政管理员伯纳德·罗斯（Bernard Ross）命名的，如细嘴雁（Chen rossii），俗名为 Ross's Goose

Rostratula, -us ros-tra-TOO-la/lus
Rostrum 指喙，-atus 表示和⋯⋯一起，如澳洲彩鹬（Rostratula australis），俗名为 Australian Painted-snipe

Rostrhamus ros-ter-HAM-us
Rostrum 指喙，hamus 表示带钩的，如食螺鸢（Rostrhamus sociabilis），俗名为 Snail Kite，这种鸟类的喙是带钩的

Rothschildi ROTHS-child-eye
以特林自然博物馆的建立者莱昂内尔·沃尔特·罗斯柴尔德（Lionel Walter Rothschild）命名的，如长冠八哥（Leucopsar rothschildi），俗名为 Bali Myna

Rubecula roo-be-KOO-la
Rubi 表示红色、红色的，如欧亚鸲（Erithacus rubecula），俗名为 European Robin

Ruber ROO-ber
Rubi 表示红色、红色的，美洲红鹮（*Eudocimus ruber*），俗名为 Scarlet Ibis

Rubescens roo-BES-sens
Rubi 表示红色、红色的、接近红色的，如赤朱雀（*Agraphospiza rubescens*），Blanford's Rosefinch 或者 Crimson Rosefinch

Rubiginosus roo-bi-ji-NO-sus
红色或锈红色，如高原啄木鸟（*Colaptes rubiginosus*），俗名为 Golden-olive Woodpecker

Rubinus roo-BYE-nus
Rubi 表示红色、红色的，猩红霸鹟（*Pyrocephalus rubinus*），俗名为 Vermilion Flycatcher

Rubra ROO-bra
Rubi 表示红色、红色的，如红极乐鸟（*Paradisaea rubra*），俗名为 Red Bird-of-paradise

Rubricauda roo-bri-KAW-da
Rubi 表示红色、红色的，*cauda* 指尾巴，如红尾鹲（*Phaethon rubricauda*），俗名为 Red-tailed Tropicbird

Rubriceps ROO-bri-seps
Rubi 表示红色、红色的，*ceps* 指头部，如红头编织雀（*Anaplectes rubriceps*），俗名为 Red-headed Weaver

Rubricollis roo-bri-KOL-lis
Rubi 表示红色、红色的，*collis* 指颈部，如红头精织雀（*Malimbus rubricollis*），俗名为 Red-headed Malimbe

Rubrifrons ROO-bri-fronz
Rubi 表示红色、红色的，*frons* 指前面、前额，如红脸假森莺（*Cardellina rubrifrons*），俗名为 Red-faced Warbler

Rubripes roo-BRI-peez
Rubi 表示红色、红色的，*pes* 指足，如北美黑鸭（*Anas rubripes*），俗名为 American Black Duck

Rueppeli roo-PEL-eye
以德国采集家威廉·鲁佩尔（Wilhelm Rüppell）命名的，如鲁氏林莺（*Sylvia ruppeli*），俗名为 Rüppell's Warbler

Rufa ROO-fa
表示红色、棕色的，如棕背小霸鹟（*Lessonia rufa*），俗名为 Austral Negrito

Rufescens roo-FES-sens
表示红色的，如棕薮鸟（*Atrichornis rufescens*），俗名为 Rufous Scrubbird

拉丁学名小贴士

Anaplectes 源自希腊语 *Anapleko*，意为纺织、编织，清楚地描述了织雀科（Plocidae）的编织鸟和织雀，*Plocidae* 源自希腊语 *ploke*，表示缠绕或纺织。这些织雀筑的巢是所有鸟类中最为复杂的。它们主要分布在撒哈拉沙漠以南的非洲，每个物种巢的大小、形状和巢材均不一样。红头编织雀（*Anaplectes rubriceps*，俗名为 Red-headed Weaver）广布于非洲东南部，展现出多种多样的羽毛模式，鸟类学家据此将其命名了多个不同的学名。

这种鸟第一次被命名是在 1839 年，鸟类学家将其学名定为 *Ploceus melanotis*（俗名为 Black-eared Weaver），但其实一些种群并没有黑色的耳斑。1845 年其学名变成了 *Ploceus erythrocephalus*（俗名为 Red-headed Weaver）。直到 1954 年人们才接受 *Anaplectes rubriceps* 这个名字。然而，最新的分子证据表明红头编织雀属于织雀属（*Ploceus*），因此其学名应该为 *Ploceus rubriceps*。在近两百年之后，人们还在重新思考这种鸟类的名字。

红头编织雀
Anaplectes rubriceps

Ruficapilla, -lus roo-fi-ka-PIL-la/lus
Rufus 表示棕红色的，capilla 指头发，如栗顶蚁鸫（*Grallaria ruficapilla*），俗名为 Chestnut-crowned Antpitta

Ruficauda, -us, -atum roo-fi-KAW-da/dus/ roo-fi-kaw-DAT-um
Rufus 表示棕红色的，cauda 指尾巴，如棕尾鹟䴕（*Galbula ruficauda*），俗名为 Rufous-tailed Jacamar

Ruficeps ROO-fi-seps
Rufus 表示棕红色的，ceps 指头部，如棕顶猛雀鹀（*Aimophila ruficeps*），俗名为 Rufous-crowned Sparrow

Ruficollis roo-fi-COL-lis
Rufus 表示棕红色的，collis 指领部、颈部，如小䴙䴘（*Tachybaptus ruficollis*），俗名为 Little Grebe

Rufifrons ROO-fi-fronz
Rufus 表示棕红色的，frons 指前面、前额，如棕额蚁鸫（*Formicarius rufifrons*），俗名为 Rufous-fronted Antthrush

Rufigula, -aris roo-fi-GOO-la/roo-fi-goo-LAR-is
Rufus 表示棕红色的，gula 指喉部，如棕喉姬鹟（*Ficedula rufigula*），俗名为 Rufous-throated Flycatcher

Rufinucha roo-fi-NOO-ka
Rufus 表示棕红色的，nucha 指后颈部，如玻利维亚薮雀（*Atlapetes rufinucha*），俗名为 Bolivian Brush Finch

Rufipectus roo-fi-PEK-tus
Rufus 表示棕红色的，pectus 指胸部，如棕胸窄嘴霸鹟（*Leptopogon rufipectus*），俗名为 Rufous-breasted Flycatcher

Rufipennis roo-fi-PEN-nis
Rufus 表示棕红色的，pennis 指羽毛，如蝗鹭鹰（*Butastur rufipennis*），俗名为 Grasshopper Buzzard

Rufiventer, -tris roo-fi-VEN-ter/tris
Rufus 表示棕红色的，venter 指腹部，如黄顶黑唐纳雀（*Tachyphonus rufiventer*），俗名为 Yellow-crested Tanager

Rufivirgata, -us roo-fi-vir-GAT-a/us
Rufus 表示棕红色的，virgata 表示条纹，如褐纹头雀（*Arremonops rufivirgatus*），俗名为 Olive Sparrow

Rufogularis roo-fo-goo-LAR-is
Rufus 表示棕红色的，gula 指喉部，如棕喉雀鹛（*Alcippe rufogularis*），俗名为 Rufous-throated Fulvetta

Rufum, -us ROO-fum/fus
Rufus 表示棕红色的，如褐弯嘴嘲鸫（*Toxostoma rufum*），俗名为 Brown Thrasher

Rupestris roo-PES-triss
表示岩石上栖息的鸟，如岩鸽（*Columba rupestris*），俗名为 Hill Pigeon，这种鸟类在悬崖、岩石壁架上筑巢

Rupicola roo-pi-KO-la
Rupes 表示悬崖，cola 表示栖息，如安第斯冠伞鸟（*Rupicola peruvianus*），俗名为 Andean Cock-of-the-rock

Rustica RUSS-ti-ka
Rusticus 表示农村的、乡村的，如家燕（*Hirundo rustica*），俗名为 Barn Swallow，这种鸟类避免在城市中栖息

Rusticola, -us rus-ti-KOL-a/us
Rusticus 表示农村的、乡村的，cola 表示栖息，如丘鹬（*Scolopax rusticola*），俗名为 Eurasian Woodcock

Ruticilla roo-ti-SIL-la
Rutilis 表示红色的，cilla 指尾巴，如橙尾鸲莺（*Setophaga ruticilla*），俗名为 American Redstart

Rynchops RIN-kops
希腊语，rynchas 表示喙，ops 指面部，如黑剪嘴鸥（*Rynchops niger*），俗名为 Black Skimmer

安第斯冠伞鸟
Rupicola peruvianus

S

Sabini *SAY-bine-eye*
以英国动物学家约瑟夫·萨拜因（Joseph Sabine）命名的，如萨氏针尾雨燕（*Rhaphidura sabini*），俗名为 Sabine's Spinetail

Sagittarius *sa-jit-TAR-ee-us*
表示一个弓箭手，如蛇鹫（*Sagittarius serpentarius*），俗名为 Secretarybird（秘书鸟）；学名可能源自其羽毛让人想起弓箭手的箭，或者因为这种鸟类走路的方式就像一个弓箭手小心翼翼围捕猎物

Salmoni *SAL-mon-eye*
以哥伦比亚工程师托马斯·萨蒙（Thomas Salmon）命名的，如乌背鹟䴕（*Brachygalba salmoni*），俗名为 Dusky-backed Jacamar

Salpinctes *sal-PINK-teez*
Salpinx 表示喇叭，如岩鹪鹩（*Salpinctes obsoletus*），俗名为 Rock Wren；古希腊人将鹪鹩的鸣唱声和喇叭的声音相提并论

Salpornis *sal-POR-nis*
希腊语，*salpinx* 表示喇叭，*ornis* 指鸟类，如亚洲斑旋木雀（*Salpornis spilonotus*），俗名为 Indian Spotted Creeper，这种鸟类的声音频率很高

Saltator *sal-TAY-tor*
表示跳舞者，如黄喉舞雀（*Saltator maximus*），俗名为 Buff-throated Saltator；其拉丁学名和俗名源于这种鸟类在地上重重地跳

Salvadorii, -ia *sal-va-DOR-ee-eye/ee-a*
以意大利医生、教育家和鸟类学家孔特·萨尔瓦多里（Conte Salvadori）命名的，如绿背朱翅雀（*Cryptospiza salvadorii*），俗名为 Abyssinian Crimsonwing

Salvini *SAL-vin-eye*
以英国博物学家奥斯伯特·萨尔维恩（Osbert Salvin）命名的，如褐领夜鹰（*Antrostomus salvini*），俗名为 Tawny-collared Nightjar

Samarensis *sam-a-REN-sis*
以菲律宾萨马岛（Samar）命名的，如萨马缝叶莺（*Orthotomus samarensis*），俗名为 Yellow-breasted Tailorbird

Samoensis *sam-o-EN-sis*
以萨摩亚群岛（Samoa）命名的，如萨摩绣眼鸟（*Zosterops samoensis*），俗名为 Samoan White-eye

褐领夜鹰
Antrostomus salvini

Sanctithomae *sank-ti-TO-mee*
以圣多美（São Tomé）命名的，如圣多美织雀（*Ploceus sanctithomae*），俗名为 Sao Tome Weaver

Sandwichensis, -vicensis *sand-wich-EN-sis/sand-vi-SEN-sis*
以夏威夷的三明治群岛（Sandwich Islands）命名的，如已灭绝的夏威夷秧鸡（*Porzana sandwichensis*），俗名为 Hawaiian Rail

Sanfordi *SAN-ford-eye*
以美国动物学家莱兰·桑福德（Leyland Sanford）命名的，如山氏仙鹟（*Cyornis sanfordi*），俗名为 Matinan Blue Flycatcher

Sanguinea, -us *san-GWIN-ee-a/us*
Sangui 表示血液，如小凤头鹦鹉（*Cacatua sanguinea*），俗名为 Little Corella，在喙和眼睛的前面的周围深粉红色的斑点

Sanguiniceps *san-GWIN-ih-seps*
Sangui 表示血液，*ceps* 指头部，如红头林鹧鸪（*Haematortyx sanguiniceps*），俗名为 Crimson-headed Partridge，其拉丁学名的字面意思是猩红色的鹧鸪和头部

Sanguinodorsalis *san-gwin-oh-dor-SAL-is*
Sangui 表示血液，*dorsum* 指背部，如岩火雀（*Lagonosticta sanguinodorsalis*），俗名为 Rock Firefinch

Sarcogyps *SAR-ko-jips*
希腊语，*sarc* 表示肉，*gyps* 指秃鹰，如黑兀鹫（*Sarcogyps calvus*），俗名为 Red-headed Vulture

Sarcops *SAR-kops*
希腊语，*sarc* 表示肉，*ops* 指脸部、外观，如秃椋鸟（*Sarcops calvus*），俗名为 Coleto，这种鸟类的头部没有羽毛

Sarcoramphus *sar-ko-RAM-fus*
希腊语，sarc 表示肉，ramphos 指喙，如王鹫（*Sarcoramphus papa*），俗名为 King Vulture

Sarkidiornis *sar-kid-ee-OR-nis*
希腊语，sarc 表示肉，idios 表示明显的，ornis 指鸟类，如瘤鸭（*Sarkidiornis melanotos*），俗名为 Knob-billed Duck

Saroglossa *sar-o-GLOSS-a*
希腊语，saro 表示扫帚，glossa 指舌头，如马岛八哥（*Saroglossa*，现在为 *Hartlaubius auratus*），俗名为 Madagascan Starling，这种鸟类的舌头上有刷状小棘

Sarothrura *sar-oth-RUR-a*
希腊语，saro 表示扫帚，oura 指尾巴，如白翅侏秧鸡（*Sarothrura ayresi*），俗名为 White-winged Flufftail

Saturata, -us *sa-tur-AT-a/us*
表示饱和的、带颜色的，如橙冠雀鹀（*Euphonia saturata*），俗名为 Orange-crowned Euphonia

Saundersi *SAWN-ders-eye*
以英国动物学家霍华德·桑德斯（Howard Saunders）命名的，如黑嘴鸥（*Chroicocephalus saundersi*），俗名为 Saunders's Gull

Saurophagus *sore-o-FAY-gus*
希腊语，sauro 指蜥蜴，phagein 表示吃，如白头翡翠（*Todiramphus saurophagus*），俗名为 Beach Kingfisher；它的食物包括蜥蜴

Savilei *sa-VIL-eye*
以英国外交官罗伯特·萨维尔（Robert Savile）命名的，如萨氏鸨（*Lophotis savilei*），俗名为 Savile's Bustard

Sawtelli *SAW-tel-lye*
以英国行政人员戈登·索泰尔（Gorden Sawtell）命名的，如库岛金丝燕（*Aerodramus sawtelli*），俗名为 Atiu Swiftlet

Saxicola, -lina, -oides *saks-ih-KO-la/saks-ih-ko-LEEN-a/saks-ih-ko-LOY-deez*
Saxum 表示石头，colo 表示栖息，如草原石䳭（*Saxicola rubetra*），俗名为 Whinchat，它们栖息在布满岩石的生境

Sayornis and Saya *say-OR-nis and SAY-a*
以美国博物学家、动物学家托马斯·塞伊（Thomas Say）命名的，如棕腹长尾霸鹟（*Sayornis saya*），俗名为 Say's Phoebe

Scandens, -iacus *SKAN-denz/skan-dee-AK-us*
Scand- 表示攀登，如仙人掌地雀（*Geospiza scandens*），俗名为 Common Cactus Finch；其学名可能源自这种鸟类爬在仙人掌的花上取食花蜜

Scardafella *skar-da-FEL-la*
鳞片多的，如印加地鸠（*Scardafella inca*，现在为 *Columbina inca*），俗名为 Inca Dove

Scelorchilus *skel-or-KIL-us*
希腊语，skelos 指腿部，orkhilos 表示鹪鹩，如智利窜鸟（*Scelorchilus rubecula*），俗名为 Chucao Tapaculo，这种鸟类和鹪鹩比较相似

Scenopoeetes *sken-o-po-EE-teez*
希腊语，skene 表示覆盖的地方，poietes 表示制造者，如齿嘴园丁鸟（*Scenopoeetes dentirostris*），俗名为 Tooth-billed Bowerbird，这种鸟类会搭建求偶亭

Schalowi *SHAL-o-eye*
以德国银行家赫尔曼·沙洛（Herman Schalow）命名的，如沙氏蕉鹃（*Tauraco schalowi*），俗名为 Schalow's Turaco

Scheepmakeri *SHEP-mak-er-eye*
以荷兰政府官员、采集家 C. 舍普梅克（C. Scheepmaker）命名的，如紫胸凤冠鸠（*Goura scheepmakeri*），俗名为 Southern Crowned Pigeon

Schistacea, -us *shis-TAY-see-a/us*
Schistus 表示石板，如灰蓝食籽雀（*Sporophila schistacea*），俗名为 Slate-coloured Seedeater

Schisticeps *SHIS-ti-seps*
Schistus 表示石板，-ceps 指头部，如灰头鹃鵙（*Coracina schisticeps*），俗名为 Grey-headed Cuckooshrike

仙人掌地雀
Geospiza scandens

Schistochlamys shis-to-KLAM-is
希腊语，schistus 表示石板，khlamus 表示披风，如黄棕唐纳雀（Schistochlamys ruficapillus），俗名为 Cinnamon Tanager

Schlegelii shlay-GEL-ee-eye
以德国动物学家赫尔曼·施莱格尔（Hermann Schlegel）命名的，如斯氏啸鹟（Pachycephala schlegelii），俗名为 Regent Whistler

Schneideri SHNYE-der-eye
以瑞士动物学家古斯塔夫·施奈德（Gustav Schneider）命名的，如施氏八色鸫（Hydrornis schneideri），俗名为 Schneider's Pitta

Scissirostrum shis-si-ROSS-trum
Scissi 表示切、分，rostrum 指喙，如雀嘴八哥（Scissirostrum dubium），俗名为 Grosbeak Starling，这种鸟类的喙很强壮

Sclateri, -a SKLAY-ter-eye/a
以英国博物学家菲利普或威廉·斯克莱特（Philip 或 William Sclater）命名的，如褐颊小蓬头䴕（Nonnula sclateri），俗名为 Fulvous-chinned Nunlet

Sclerurus skler-OO-rus
希腊语，skler 表示强壮，oura 指尾巴，如短嘴硬尾雀（Sclerurus rufigularis），俗名为 Short-billed Leaftosser，这种鸟类的尾巴很坚硬

Scolopaceus sko-lo-PACE-ee-us
希腊语，skolopax 表示鹬，如长嘴鹬（Limnodromus scolopaceus），俗名为 Long-billed Dowitcher，这是一种像鹬的鸟类

Scolopax SKO-lo-paks
希腊语，skolopax 表示鹬，如棕丘鹬（Scolopax saturata），俗名为 Javan Woodcock

Scopus SKO-pus
Scopae 表示细枝扫帚，如锤头鹳（Scopus umbretta），俗名为 Hamerkop，这种鸟类所筑的巢有 1.5 米高

Scotocerca sko-toe-SIR-ka
希腊语，scotos 表示黑暗，cercos 指尾巴，如纹鹪莺（Scotocerca inquieta），俗名为 Streaked Scrub Warbler，其尾巴比身体的其他部分颜色深

Scotopelia sko-toe-PEL-ee-a
希腊语，scotos 表示黑暗，peleia 指鸠鸽，如矛斑渔鸮（Scotopelia bouvieri），俗名为 Vermiculated Fishing Owl

Scutatus, -a skoo-TAT-us/a
Scutum 表示盾，如红臀织雀（Malimbus scutatus），俗名为 Red-vented Malimbe，这种鸟的胸部和喉部呈鲜红色，看起来像盾牌

拉丁学名小贴士

矛斑渔鸮（Scotopelia bouvieri，俗名为 Vermiculated Fishing Owl）的属名将这种鸟类描述成夜行性的斑鸠。这种鸟确实是夜行性的，但不是斑鸠。Vermiculated 表示"蠕虫状的、如波浪线一样"，用来描述这种鸟也不太贴切。这种鸟类的胸部有很多纵纹，背部和翅膀的颜色比较柔和，但仍有许多波浪状斑纹。它们生活在非洲中部，沿着河边捕食，冲进河里取食鱼类、蛙类和昆虫。它们主要靠视觉取食，因为河流的声音会掩盖猎物发出的声音。

矛斑渔鸮
Scotopelia bouvieri

Scytalopus skit-a-LOP-us
希腊语，scutale 表示厚枝条，pous 指足，如黑窜鸟（Scytalopus latrans），俗名为 Blackish Tapaculo；其学名源自这种鸟异常强劲的脚和大爪子

Seebohmi SEE-bome-eye
以英国商人、业余鸟类学家亨利·西博姆（Henry Seebohm）命名的，如灰短翅莺（Amphilais seebohmi），俗名为 Grey Emutail

Seicercus sy-SIR-kus
希腊语，sei 表示摇动，cercos 指尾巴，如纹顶鹟莺（Seicercus grammiceps），俗名为 Sunda Warbler，这种鸟常摇动自己的尾巴

迁徙

许多动物会进行长距离或短距离的迁徙，从越冬地到繁殖地，然后再回到越冬地，或者四处游荡寻找食物，但是只有鸟类将这种每年的迁徙纳入了生命周期中，这与其他生物有所不同。鸟类主要因天气转冷和食物资源减少而从繁殖地离开，前往果实、种子、昆虫或其他食物资源丰富的越冬地。当它们繁殖地的春天来临时，它们从越冬地离开，迁徙回到繁殖地，这个时候它们就会有充足的食物、潜在的配偶和筑巢地了。

食物和繁殖是鸟类迁移到春天的繁殖地的动力，而缺乏食物和寒冷的天气是鸟类迁徙到温暖的地方越冬的原因。不过，迁徙的时间，不受如温度这样的天气因素的影响，而是受到遗传因素、荷尔蒙水平，特别是光照量、昼长的影响。

当白天变长，越冬地的迁徙鸟类展现出所谓的"迁徙躁动"（migratory restlessness），随即开始飞向繁殖地的旅程（北半球的北方和南半球的南端）。相反，当繁殖的昼长缩短时，鸟类则会进行相反的旅程。不过，天气对它们的飞行会有一些影响。比如低压可能会减慢迁徙的速度，持续的好天气可能会诱发它们在原地停留。

有一些鸟类并不会跨纬度进行迁徙，而是从高海拔向低海拔迁徙。这种现象被称为垂直迁徙。比如中美洲的中美白皱领娇鹟（*Corapipo altera*，俗名为 White-ruffed Manakin）在雨季会迁徙到低海拔处以躲避暴雨天气。

鸟类会沿着路线进行迁徙（全球有 8 条主要的迁徙路线），从繁殖地到越冬地然后返回。不管是从北美洲到中美和南美洲，还是从欧洲到非洲，迁徙鸟类会沿着同样的路线，但是不同的物种会不尽相同，随着演化时间的发展，它们会找到去往目的地的最有效的途径。迁徙距离最长的鸟类是北极燕鸥（*Sterna paradisaea*，俗名为 Arctic Tern），这种鸟沿着海岸线从北极到南极然后返回，每年的迁徙路线长达 73 000 公里。

鸟类在飞行时，即便路途再漫长，它们也很少会迷路，因为它们有自己的"导航系统"。鸟类可以用一些地标比如湖泊、河流和山脉来衡量它们的通道。但是地标不是唯一的方式。

斑尾塍鹬（*Limosa lappon-*

斑尾塍鹬
Limosa lapponica

一只戴有卫星发射器的雌性斑尾塍鹬被发现已经完成了 11 500 公里的飞行，从阿拉斯加到新西兰一直没有停歇过。

北极燕鸥
Sterna paradisaea

北极燕鸥是所有动物中迁徙距离最长的,它们每年从北极迁徙到南极然后返回,来回旅程超过 70 000 公里。

线电跟踪和卫星跟踪。近年来,随着科技手段的不断发展进步,现代信息技术已被广泛应用到鸟类的研究保护中。

人类收集鸟类每年迁徙到达和离开的时间的数据已经许多年了,可以确定是因为全球变暖许多鸟类的迁徙日期提前了。气候变化导致花、吃昆虫和种子出现得更早,鸟类要成为食物和交配的最强竞争者,就必须提前到达。虽然鸟类迁徙主要受光周期影响,而不是天气,但当天气条件改变时,迁徙得更早的鸟类显然更有优势。

ica,俗名为 Bar-tailed Godwit)的一个种群从新西兰迁徙到中国,在穿越海洋时不作任何停留,每年飞行 10 000 公里。鸟类也会利用太阳、月亮和星星的位置来进行定位。最新的证据表明鸟类可以通过它们眼球的神经来探测地球磁场线。鸟类学家将带有号码的环戴在鸟类身上,再将鸟放归野外,通过回收环志鸟,可以搜集候鸟迁徙的行踪、年龄以及种群数量等宝贵资料。环志在不同的地方叫法不同,在英国和欧洲被称为"ringing",而在美国被称为"banding"。像鸭和鹅这类被捕获的鸟类中大约有 16% 的环志最终可以被回收,但那些雀形目鸣禽的环志回收率则不到 1%。狭义的鸟类环志,仅指使用金属环的传统标记方法。广义的鸟类环志,泛指各种鸟类标记手段,包括无

田鸫
Turdus pilaris

田鸫是格陵兰岛北部的留鸟。

Seiurus see-eye-OO-rus
希腊语，sei 表示摇动，oura 指尾巴，如橙顶灶莺（Seiurus aurocapilla），俗名为 Ovenbird；这种鸟类在行走时将尾巴抬高，休息时则缓慢地上下摆动尾巴

Selasphorus sel-as-FOR-us
希腊语，selas 表示发光的，phoros 表示忍受，如色彩明艳的粉喉煌蜂鸟（Selasphorus flammula），俗名为 Volcano Hummingbird

Selenidera sel-en-ih-DER-a
希腊语，selene 指月亮，dera 表示喉部、颈部，如点嘴小巨嘴鸟（Selenidera maculirostris），俗名为 Spot-billed Toucanet；这种鸟类的尾巴上有月牙形的斑点

Seleucidis sel-loy-SID-is
希腊语，seleukidos 表示一种吃蝗虫的鸟类，如十二线极乐鸟（Seleucidis melanoleucus），俗名为 Twelve-wired Bird-of-paradise

Semicinerea, -us se-mee-sin-AIR-ee-a/us
Semi 指一半，ciner- 表示灰色的，如灰头针尾雀（Cranioleuca semicinerea），俗名为 Grey-headed Spinetail

Semicollaris se-mee-col-LAR-is
Semi 指一半，collaris 表示颈部、领部，如半领彩鹬（Nycticryphes semicollaris），俗名为 South American Painted-snipe

Semifasciata se-mee-fas-see-AT-a
Semi 指一半，fasciat- 表示有条带的，如花脸蒂泰霸鹟（Tityra semifasciata），俗名为 Masked Tityra

Semifuscus se-mee-FUS-kus
Semi 指一半，fusc- 表示昏暗的，如暗腹灌丛唐纳雀（Chlorospingus semifuscus），俗名为 Dusky Bush Tanager

Semipalmatus se-mee-pal-MAT-us
Semi 指一半，palmatus 表示手掌，如半蹼鸻（Charadrius semipalmatus），俗名为 Semipalmated Plover，它的足具半蹼

Semiplumbeus se-mee-PLUM-bee-us
Semi 指一半，plumbeus 表示颜色铅，如波哥大秧鸡（Rallus semiplumbeus），俗名为 Bogota Rail

Semirufa, -us se-mee-ROOF-a/us
Semi 指一半，rufa 表示棕色的，如褐胸燕（Cecropis semirufa），俗名为 Red-breasted Swallow

Semitorquata, -us se-mee-tor-KWAT-a/us
Semi 指一半，torquatus 表示领部、颈环，如半领姬鹟（Ficedula semitorquata），俗名为 Semicollared Flycatcher

Semnornis sem-NOR-nis
希腊语，semnos 好的、大的，ornis 指鸟类，如尖嘴拟䴕（Semnornis frantzii），俗名为 Prong-billed Barbet

Senegala, -oides, -allus, -ensis
sen-eh-GAL-a/sen-eh-gal-OY-deez/sen-eh-GAL-lus/sen-eh-gal-EN-sis
表示来自塞内加尔（Senegal），如塞内加尔鸦鹃（Centropus senegalensis），俗名为 Senegal Coucal

Sericornis se-ri-KOR-nis
希腊语，serikos 表示柔软的，ornis 指鸟类，如澳洲丝刺莺（Sericornis keri），俗名为 Atherton Scrubwren；这一学名可能源于其背部和头部柔软的羽毛

Sericulus se-ri-KOO-lus
希腊语，serikos 表示柔软的，–culus 指小词的后缀，如辉亭鸟（Sericulus aureus），俗名为 Masked Bowerbird，其羽毛很柔软

Serinus ser-EYE-nus
意思是被称为金丝雀（serin）的鸟类，如金丝雀（Serinus canaria），俗名为 Atlantic Canary

Serpophaga ser-po-FAY-ga
希腊语，serphos 指小昆虫，phagein 表示吃，如河姬霸鹟（Serpophaga hypoleuca），俗名为 River Tyrannulet

Serrator ser-RA-tor
Serra 指锯，如红胸秋沙鸭（Mergus serrator），俗名为 Red-breasted Merganser

Setophaga se-toe-FAY-ga
希腊语，setos 指昆虫，phagein 表示吃，如黑枕威森莺（Setophaga citrina），俗名为 Hooded Warbler

波哥大秧鸡
Rallus semiplumbeus

山蓝鸲
Sialia currucoides

Sewerzowi *su-er-ZO-eye*
以俄国动物学家尼古拉·塞韦尔佐夫 [Nikolai Severzov (sic)] 命名的，如斑尾榛鸡（*Tetrastes sewerzowi*），俗名为 Chinese Grouse

Sharpei, -ii *SHARP-eye/ee-eye*
以英国动物学理查德·夏普（Richard Sharpe）命名的，如夏氏长爪鹡鸰（*Macronyx sharpei*），俗名为 Sharpe's Longclaw

Shelleyi *SHEL-lee-eye*
以英国地理学家、鸟类学家乔治·谢利（George Shelley）命名的，如小绿背织雀（*Nesocharis shelleyi*），俗名为 Shelley's Oliveback

Sialia *see-AL-ee-a*
希腊语，亚里士多德用这个词来表示无法识别的鸟类，如山蓝鸲（*Sialia currucoides*），俗名为 Mountain Bluebird

Sibilatrix *si-bi-LA-tricks*
Sibila 表示吹口哨，如林柳莺（*Phylloscopus sibilatrix*），俗名为 Wood Warbler

Sieboldii *see-BOLD-ee-eye*
以德国医生、博物学家菲利普·冯·西博尔德（Philip von Siebold）命名的，如红翅绿鸠（*Treron sieboldii*），俗名为 White-bellied Green Pigeon

Signatus *sig-NA-tus*
Signare 表示记号、邮票、指明，如秘鲁丛霸鹟（*Knipolegus signatus*），俗名为 Andean Tyrant，雄鸟在求偶时翅膀会发出独特的呼呼声

Similis *si-MIL-is*
表示喜欢，如长嘴鹨（*Anthus similis*），俗名为 Long-billed Pipit，这种鸟类有许多外形相似的地理种群

Simplex *SIM-pleks*
表示简单的，如棕翅啄木鸟（*Piculus simplex*），俗名为 Rufous-winged Woodpecker

Sinaloa, -ae *sin-a-LOW-a/ee*
以墨西哥地名锡那罗亚（Sinaloa）命名的，如斑臀苇鹪鹩（*Thryophilus sinaloa*），俗名为 Sinaloa Wren

Sinensis *si-NEN-sis*
指中国（China）、中国的（Chinese），如灰背椋鸟（*Sturnia sinensis*），俗名为 White-shouldered Starling

Sitta *SIT-ta*
希腊语，*sitte* 指一种啄木鸟或探取食物的鸟类，如印度䴓（*Sitta castanea*），俗名为 Indian Nuthatch，这种鸟类像啄木鸟一样在树上攀爬

Sittasomus *sit-ta-SO-mus*
希腊语，*sitte* 指一种啄木鸟或探取食物的鸟类，*soma* 指身体，如绿鹮雀（*Sittasomus griseicapillus*），俗名为 Olivaceous Woodcreeper

Sittiparus *sit-ti-PAR-us*
希腊语，*sitte* 指一种啄木鸟或探取食物的鸟类，*parus* 指山雀，如杂色山雀（*Sittiparus varius*），俗名为 Varied Tit，这种鸟类取食昆虫和种子

Smicrornis *smik-ROR-nis*
希腊语，*smikros* 指小的，*ornis* 指鸟类，如褐阔嘴莺（*Smicrornis brevirostris*），俗名为 Weebill

Solitaria, -us, -ius *sol-ih-TAR-ee-a/us/ee-us*
表示孤单，如褐腰草鹬（*Tringa solitaria*），俗名为 Solitary Sandpiper，这种鸟类一般不出现在大的水鸟群中

Somateria *so-ma-TAIR-ee-a*
希腊语，*soma* 指身体，*erion* 表示向下的，如欧绒鸭（*Somateria mollissima*），俗名为 Common Eider；它柔软的绒羽被用来制作被子

Sordida, -us, -ulus *sor-DI-da/dus/sor-di-DOO-lus*
表示肮脏的、凌乱的，如山岩鹩（*Pinarochroa sordida*），俗名为 Moorland Chat

Spatula *spat-OO-la*
勺子，如琵嘴鸭（*Spatula clypeata*，现在为 *Anas clypeata*），俗名为 Northern Shoveler，这种鸟具有宽而扁平的喙

欧绒鸭
Somateria mollissima

Speciosa *spe-see-O-sa*
物种，漂亮的，如鬃松穗鹛（*Dasycrotapha speciosa*），俗名为 Flame-templed Babbler

Spectabilis *spek-TA-bil-is*
表示花哨的、引人注目的，如王绒鸭（*Somateria spectabilis*），俗名为 King Eider

Speirops *SPY-rops*
希腊语，*speira* 表示缠绕，*ops* 指眼睛，如黑顶绣眼鸟（*Speirops lugubris*，现在为 *Zosterops lugubris*），俗名为 Black-capped Speirops，其名指该鸟类的白色眼圈

Spelaeornis *spel-ee-OR-nis*
希腊语，*speos* 指洞穴，*ornis* 指鸟类，如短尾鹪鹛（*Spelaeornis caudatus*），俗名为 Rufous-throated Wren-Babbler，这种鸟类把巢筑在很密的灌丛中，像洞穴一样

Speotyto *spee-o-TI-to*
希腊语，*speos* 指洞穴，*tyto* 表示鸮，如穴小鸮（*Speotyto cunicularia*，现在为 *Athene cunicularia*），俗名为 Burrowing Owl

Spermestes *sper-MESS-teez*
希腊语，*sperma* 指种子，拉丁语 *estes* 表示吃，如铜色文鸟（*Spermestes*，现在为 *Lonchura cucullata*），俗名为 Bronze Mannikin

Spermophaga *sper-mo-FAY-ga*
希腊语，*sperma* 指种子，*phagein* 表示吃，如红胸蓝嘴雀（*Spermophaga haematina*），俗名为 Western Bluebill

Spheniscus *sfen-ISS-kus*
希腊语，*sphen* 表示楔子，*-icus* 表示小词的后缀，如秘鲁企鹅（*Spheniscus humboldti*），俗名为 Humboldt Penguin，这样命名指它有像鱼鳍一样的喙

Sphenocichla *sfen-o-SIK-la*
希腊语 *sphen* 表示楔子，拉丁语 *cichla* 是指鸫，如楔嘴鹪鹛（*Sphenocichla roberti*），俗名为 Cachar Wedge-billed Babbler

Sphecotheres *sfee-ko-THER-eez*
希腊语，*sphekos* 指胡蜂，*therao* 表示捕猎，如绿裸眼鹂（*Sphecotheres viridis*），俗名为 Green Figbird，它取食昆虫，偶尔也吃胡蜂

Sphyrapicus *spy-RAP-ih-kus*
希腊语 *sphyra* 表示铁锤，拉丁语 *picus* 指啄木鸟，如红颈吸汁啄木鸟（*Sphyrapicus nuchalis*），俗名为 Red-naped Sapsucker

Spilocephalus *spil-o-se-FAL-us*
希腊语 *spilos* 指斑点，拉丁语 *cephala* 指头部，如黄嘴角鸮（*Otus spilocephalus*），俗名为 Mountain Scops Owl，其头顶部有斑点

Spilodera *spil-o-DARE-a*
希腊语，*spilos* 指斑点，*der* 指脖子、隐藏，如非洲斑燕（*Petrochelidon spilodera*），俗名为 South African Cliff Swallow

Spilogaster *spil-o-GAS-ter*
希腊语，*spilos* 指斑点，*gaster* 指腹部，如非洲隼雕（*Aquila spilogaster*），俗名为 African Hawk-Eagle

Spilonotus *spil-o-NO-tus*
希腊语，*spilos* 指斑点，*noto* 指背部，如白腹鹞（*Circus spilonotus*），俗名为 Eastern Marsh Harrier，其背部具斑点

Spilornis *spil-OR-nis*
希腊语，*spilos* 指斑点，*ornis* 指鸟类，如蛇雕（*Spilornis cheela*），俗名为 Crested Serpent Eagle，其下体具斑点

Spinus *SPINE-us*
希腊语，*spinos* 表示朱顶雀或黄雀，如黄雀（*Spinus spinus*），俗名为 Eurasian Siskin

Spixii *SPIKS-ee-eye*
以德国博物学家约翰·冯·斯皮克斯（Johann Von Spix）命名的，如小蓝金刚鹦鹉（*Cyanopsitta spixii*），Spix's Macaw

Spiza *SPY-za*
希腊语，*spiza* 表示雀，如美洲雀（*Spiza americana*），俗名为 Dickcissel，其俗名来自它的叫声

Spizaetus *spy-ZEE-tus*
希腊语，*spizias* 指鹰，*aetos* 指雕，如丽鹰雕（*Spizaetus ornatus*），俗名为 Ornate Hawk-Eagle；这个属的鸟类体型介于鹰和雕之间

Spizella *spy-ZEL-la*
希腊语 *spiza* 指雀，拉丁语 *-ella* 表示小词，如棕顶雀鹀（*Spizella passerina*），俗名为 Chipping Sparrow

Sporophila *spo-ro-FIL-a*
希腊语，*sporos* 指种子，*philos* 表示喜爱，如黄额食籽雀（*Sporophila frontalis*），俗名为 Buffy-fronted Seedeater

Squamata, -tus *skwa-MA-ta/tus*
Squamatus 表示鳞状的，如紫颈鹦鹉（*Eos squamata*），俗名为 Violet-necked Lory

美洲雀
Spiza americana

Squatarola *skwa-ta-RO-la*
指一种鸻，如灰斑鸻（*Pluvialis squatarola*），俗名为 Grey Plover

Stachyris *sta-KIR-is*
希腊语，*stachus* 是谷物的意思，*rhis* 指鼻子，如白胸穗鹛（*Stachyris grammiceps*），俗名为 White-breasted Babbler

Steatornis *stee-a-TOR-nis*
希腊语，*steatos* 表示肥胖的，*ornis* 指鸟类，如油鸱（*Steatornis caripensis*），俗名为 Oilbird

Steerii *STEER-ee-eye*
以美国鸟类学家约瑟夫·斯蒂尔（Joseph Steere）命名的，如肉垂阔嘴鸟（*Sarcophanops steerii*），俗名为 Wattled Broadbill

Stelgidopteryx *stel-ji-DOP-ter-iks*
希腊语，*stelgis* 表示刮刀，*pteryx* 指翅膀，如红翎毛翅燕（*Stelgidopteryx ruficollis*），俗名为 Southern Rough-winged Swallow

Stelleri *STEL-ler-eye*
以德国博物学家、探险家乔治·施特勒（George Steller）命名的，如小绒鸭（*Polysticta stelleri*），俗名为 Steller's Eider

Stephanoaetus *ste-fan-o-EE-tus*
希腊语，*stephano* 表示有冠的，*aetos* 指雕，如非洲冠雕（*Stephanoaetus coronatus*），俗名为 Crowned Eagle

Stercorarius *ster-ko-RARE-ee-us*
Stercus 表示排泄物，如短尾贼鸥（*Stercorarius parasiticus*），俗名为 Arctic Skua 或 Parasitic Jaeger，这种鸟类追逐其他鸟类并强迫其他鸟类咀嚼食物，其吐出物曾被认为是排泄物

Sterna *STER-na*
燕鸥（tern）的拉丁化形式，如普通燕鸥（*Sterna hirundo*），俗名为 Common Tern

Stictonetta *stik-toe-NET-ta*
希腊语，*stiktos* 表示斑、点，*netta* 指鸭子，如澳洲斑鸭（*Stictonetta naevosa*），俗名为 Freckled Duck

Stiphrornis *stif-ROR-nis*
希腊语，*stiphros* 表示坚固的，*ornis* 指鸟类，如林鸲（*Stiphrornis erythrothorax*），俗名为 Forest Robin，在新世界的鸫里算是一种体型较大的鸟类

Stolzmanni *STOLZ-man-nye*
以波兰鸟类学家扬·斯托克曼（Jan Sztolcmann）命名的，如黑背丛雀（*Urothraupis stolzmanni*），俗名为 Black-backed Bush Tanager

拉丁学名小贴士

肉垂阔嘴鸟（*Eurylaimus steerii*，俗名为 Wattled Broadbill）的分布范围局限在菲律宾棉兰老岛（Mindanao）。它的行为和鹟类相似，从树枝上飞出抓住昆虫，在吞食之前将大的昆虫在树枝上甩打。它的喙和其他鹟类一样很宽，且在尖部有一个小钩，但是它的喙比鹟类的喙要重得多。

肉垂阔嘴鸟
Sarcophanops steerii

Strepera *stre-PAIR-a*
Streperus 表示吵闹，如黑噪钟鹊（*Strepera fuliginosa*），俗名为 Black Currawong，这是一种大声、吵闹的鸟类

Streptopelia *strep-to-PIL-ee-a*
Strepto 表示扭曲，*peleia* 指鸽子，如欧斑鸠（*Streptopelia turtur*），俗名为 European Turtle Dove，这里指的是这种鸟类颈部周围的标记

Stresemanni *STREZ-man-nye*
以德国鸟类学家、采集家埃尔温·施特雷泽曼（Erwin Stresemann）命名的，如斯氏须额窜鸟（*Merulaxis stresemanni*），俗名为 Stresemann's Bristlefront

Striata, -us *stree-AT-a/us*
表示有条纹的，如绿鹭（*Butorides striata*），俗名为 Striated Heron

Striaticeps *stree-AT-ih-seps*
Striata 表示条纹，*ceps* 指头部，如灰霸鹟（*Knipolegus striaticeps*），俗名为 Cinereous Tyrant

Striaticollis *stree-at-ih-KOL-lis*
Striata 表示条纹，*collishi* 指领部、颈部，如高山雀鹛（*Fulvetta striaticollis*），俗名为 Chinese Fulvetta

Striatus stree-AT-us
Striata 表示条纹，如斑鼠鸟（Colius striatus），俗名为 Speckled Mousebird

Stricklandii strik-LAND-ee-eye
以英国地质学家、博物学家休恩·斯特里克兰（Hugh Strickland）命名的，如火地岛沙锥（Gallinago stricklandii），俗名为 Fuegian Snipe

Strigops STRY-gops
希腊语，strigos 表示一种夜行性鸟类，ops 表示眼睛，如鸮面鹦鹉（Strigops habroptila），俗名为 Kakapo，它是毛利语中的夜行性鹦鹉

Strix STRIKS
希腊语，strigx 表示发出尖锐的声音，如白领林鸮（Strix ocellata），俗名为 Mottled Wood Owl

Struthio STROO-thee-o
Struthio 表示鸵鸟，是 struthiocamelus 的缩写，如非洲鸵鸟（Struthio camelus），俗名为 Common Ostrich

Sturnella stir-NEL-la
Sturnus 的小词，指椋鸟，如东草地鹨（Sturnella magna），俗名为 Eastern Meadowlark

Sturnus STIR-nus
指椋鸟，如紫翅椋鸟（Sturnus vulgaris），俗名为 Common Starling 或 European Starling

Subalaris sub-a-LAR-is
Sub 表示下面的，ala 指翅膀、前臂，如石鸫（Turdus subalaris），俗名为 Eastern Slaty Thrush

鸮面鹦鹉
Strigops habroptila

Subcristata sub-kris-TA-ta
Sub 表示下面的，cristatus 表示有冠的，如冠针尾雀（Cranioleuca subcristata），俗名为 Crested Spinetail

Sula SOO-la
冰岛语，sula 表示塘鹅，如蓝脚鲣鸟（Sula nebouxii），俗名为 Blue-footed Booby，鲣鸟（booby）源自西班牙俚语 bobo，表示愚蠢的

Superba, -us soo-PERB-a/us
Super 表示华丽的，如加里曼丹仙鹟（Cyornis superbus），俗名为 Bornean Blue Flycatcher

Superciliaris soo-per-sil-ee-AR-is
Supercilium 指眉纹，如黄眉拱翅莺（Camaroptera superciliaris），俗名为 Yellow-browed Camaroptera

Superciliosa, -um, -us soo-per-sil-ee-OS-a/um/us
Supercilium 指眉纹，如白眉山雀（Poecile superciliosus），俗名为 White-browed Tit

Swainsoni, -ii SWAIN-son-eye/swain-SON-ee-eye
以英国博物学家、插画家威廉·斯温森（William Swainson）命名的，如斯氏鹭（Buteo swainsoni），俗名为 Swainson's Hawk

Swinhoii swin-HO-ee-eye
以印度博物学家、采集家罗伯特·斯文侯（Robert Swinhoe）命名的，如蓝腹鹇（Lophura swinhoii），俗名为 Swinhoe's Pheasant

Swynnertoni, -ia SWIN-ner-ton-eye/ee-a
以昆虫学家查尔斯·斯温纳顿（Charles Swynnerton）命名的，如斯氏鸲（Swynnertonia swynnertoni），俗名为 Swynnerton's Robin

Sylvaticus sil-VAT-ih-kus
Silvaticus 表示在树林里，如林三趾鹑（Turnix sylvaticus），俗名为 Common Buttonquail

Sylvia SIL-vee-a
Silva 指森林，如庭园林莺（Sylvia borin），俗名为 Garden Warbler，但其俗名指这种鸟类常出现在茂密的灌木丛中

Synallaxis sin-al-LAK-sis
源自法语，Synallaxe 表示针尾，如暗胸针尾雀（Synallaxis albigularis），俗名为 Dark-breasted Spinetail

Synthliboramphus sin-th-lih-bo-RAM-fus
Synthlibo 表示按压，ramphus 指喙，如白腹海雀（Synthliboramphus hypoleucus），俗名为 Guadalupe Murrelet，其学名可能源自这种鸟扁平的喙

Syrmaticus sir-MAT-ih-kus
希腊语，syrma 表示蔓生长袍，如铜长尾雉（Syrmaticus soemmerringii），俗名为 Copper Pheasant

蓝腹鹇
Lophura swinhoii

玛格丽特·莫尔斯·尼斯
(1883—1974)

玛格丽特·莫尔斯·尼斯（Margaret Morse Nice）是一位美国鸟类学家，她关于歌带鹀的生活史研究是鸟类学这门学科的经典，多年来每位鸟类专业的学生都要学习这门课。像许多鸟类学家一样，她也是受一本鸟类书籍的影响，即玛贝尔·奥斯古德·怀特的《鸟类工艺》(Bird Craft)。受这本书中的彩色插画的影响，年轻的玛格丽特开始关注鸟类。玛格丽特是马萨塞诸塞州阿默斯特大学的一名历史系教授的女儿，她于1906年获得了生物学学士学位。1915年，她在克拉克大学获得硕士学位，她的毕业论文是研究山齿鹑（Colinus virginianus，俗名为 Northern Bobwhite 或者 Bobwhite Quail）的食物。她和研究生同学伦纳德·尼斯（Leonard Nice）结婚。婚后，伦纳德成为俄克拉荷马州立大学生理学教授，他们搬到了俄克拉荷马州的诺曼。

她对俄克拉荷马州的鸟类做了细致的记录，出版了《俄克拉荷马州鸟类》(The Birds of Oklahoma)，在此之后她暂停了鸟类学研究，将自己投身于儿童心理学领域。她发表了18篇关于儿童语言发展的论文。但是最终还是回到了鸟类

玛格丽特·莫尔斯·尼斯是改变鸟类学家看待鸟类方式的一个主要的力量，从给它们标记到收集它们的行为数据。

学研究的本行。她研究的领域包括褐头牛鹂（Molothrus ater，俗名为 Brown-headed Cowbird）的白化、鸟类如何越冬，斯氏鵟（Buteo swainsoni，俗名为 Swainson's Hawk）和哀鸽（Zenaida macroura, Mourning Dove）的行为。她还和她丈夫一起发表了一些鸟类学论文。

玛格丽特发表的第一篇论文是关于在不同地理位置的鸟类的丰富度和分布。后来她开始对鸟类行为研究感兴趣。1927年，她丈夫成为俄亥俄州立大学的教师，玛格丽特开始研究这个区域的鸟类，同时还着手撰写她在俄克拉荷马州所做的研究的论文。她还发表了许多主题论文，比如鸽的第二次交配的论文，还有关于欧洲鸟类观察的论文，这使得她参加了在牛津大学召开的享有盛名的国际鸟类学大会。很明显，在俄亥俄州期间，她对歌带鹀（Melospiza melodia，俗名为 Song Sparrow）的研究产生了巨大的影响力。1933年，她发表了两篇重要

"研究自然永无止境，是世界上最迷人的冒险活动。"

玛格丽特·莫尔斯·尼斯

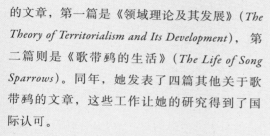

歌带鹀
Melospiza melodia

1937年《歌带鹀的生活》是鸟类学领域最有名的研究之一。

的文章,第一篇是《领域理论及其发展》(*The Theory of Territorialism and Its Development*),第二篇则是《歌带鹀的生活》(*The Life of Song Sparrows*)。同年,她发表了四篇其他关于歌带鹀的文章,这些工作让她的研究得到了国际认可。

玛格丽特·莫尔斯·尼斯感到自己也有义务去帮助公众了解自然世界。她成为哥伦布奥杜邦协会的会员和干事,偶尔也会做一些关于自然的报告,还经常到电台录制节目。

1937年她和丈夫搬到芝加哥,在这里她失望地发现城市鸟类非常单一,几乎只有家麻雀(*Passer domesticus*,俗名为 House Sparrow)。不过当地鸟类多样性的缺乏让她有时间做图书研究,综述其他人的研究,又发表了很多论文,主要是关于歌带鹀的研究、早成鸟类的发育和行为,还有褐头牛鹂的行为。她的余生一直在从事科学研究工作,虽然健康问题逐渐拖累了她。

虽然她从来没有获得过学术或研究职位,玛格丽特还是在鸟类学世界获得了不错的声誉。动物行为学家和诺贝尔得主尼古拉斯·庭伯根在谈到她时,说道:"玛格丽特的研究已经得到世界上所有鸟类学家的认可。她是种群研究的奠基人。"著名的演化学家恩斯特·迈尔(Ernst Mayer)这样评价玛格丽特:"她几乎

单枪匹马开启了美国鸟类学的一个新时代,这是唯一一个和当时流行的研究方向背道而驰的反向运动。她很早就认识到鸟类个体研究的重要性,因为这是获得可靠的生活史数据的唯一方法。"

玛格丽特被许多专业的鸟类学会授予荣誉,今天威尔逊鸟类学会将玛格丽特·莫尔斯·尼斯奖授予优秀的研究者。她在1974年逝世,享年90岁,距离其丈夫去世仅几个月。

山齿鹑
Colinus virginianus

玛格丽特在1910年对山齿鹑的研究估计每只个体一年可以吃掉75 000只昆虫,500万枚杂草种子。

T

Tabuensis *tab-oo-EN-sis*
源自塔希提海（Tahiti）和南海（South Seas），如无斑田鸡（*Porzana tabuensis*），俗名为 Spotless Crake

Tachornis *tak-OR-nis*
希腊语，*tachys* 表示快速，*ornis* 指鸟类，如叉尾棕雨燕（*Tachornis squamata*），俗名为 Neotropical Palm Swift

Tachybaptus *tak-ih-BAP-tus*
希腊语，*tachys* 表示快速，*bapto* 指水槽，如小䴙䴘（*Tachybaptus ruficollis*），俗名为 Little Grebe，这种鸟类可以压缩羽毛，将空气扇出来，从而迅速潜水

Tachycineta *tak-ih-sin-ET-a*
希腊语，*tachys* 表示快速，*kineter* 指移动，如白翅树燕（*Tachycineta albiventer*），俗名为 White-winged Swallow

Tachyeres *tak-ee-ER-eez*
希腊语，*tachys* 表示快速，*eresso* 表示一行，如短翅船鸭（*Tachyeres brachypterus*），俗名为 Falkland Steamer Duck，这种鸟类不能飞行但游泳非常迅速

Tachymarptis *tak-ee-MARP-tis*
希腊语，*tachys* 表示快速，*marptis* 表示抓住，如高山雨燕（*Tachymarptis melba*），俗名为 Alpine Swift，这是一种能在空中快速捕食昆虫的鸟类

Tachyphonus *tak-ee-FONE-us*
希腊语，*tachys* 表示快速，*phone* 表示声音，如黄顶黑唐纳雀（*Tachyphonus rufiventer*），俗名为 Yellow-crested Tanager；这个属的鸟类叫声很急促

白翅树燕
Tachycineta albiventer

仙唐加拉雀
Tangara chilensis

Taczanowskii *taz-an-OW-skee-eye*
以波兰博物馆馆长瓦尔迪斯瓦夫·塔查诺夫斯基（Wladyslaw Taczanowski）命名的，如逐浪抖尾地雀（*Cinclodes taczanowskii*），俗名为 Peruvian Seaside Cinclodes

Tadorna *ta-DORN-a*
凯尔特语，*tadorna* 表示杂色的水鸟，如赤麻鸭（*Tadorna ferruginea*），俗名为 Ruddy Shelduck

Taeniatus, -a *tee-nee-AT-us/a*
希腊语，*taenia* 表示条带或条纹，如橄榄绿森莺（*Peucedramus taeniatus*），俗名为 Olive Warbler

Taeniopterus *tee-nee-OP-ter-us*
希腊语，*taenia* 表示条带或条纹，*pteron* 指翅膀，如北非黑脸织雀（*Ploceus taeniopterus*），俗名为 Northern Masked Weaver

Taeniopygia *tee-nee-o-PIJ-ee-a*
希腊语，*taenia* 表示条带或条纹，*puge* 指臀部，如斑胸草雀（*Taeniopygia guttata*），俗名为 Zebra Finch

Taeniotriccus *tee-nee-o-TRIK-kus*
希腊语，*taenia* 表示条带或条纹，*trich* 指头发，如黑胸霸鹟（*Taeniotriccus Andrei*），俗名为 Black-chested Tyrant

Tahitica, -ensis *ta-HEE-ti-ka/ta-hee-ti-SEN-sis*
以塔希提岛（Tahiti）命名的，如洋斑燕（*Hirundo tahitica*），俗名为 Pacific Swallow

Tangara *tan-GAR-a*
巴西图皮语的当地名字，指一种色彩明亮的鸟类，如仙唐加拉雀（*Tangara chilensis*），俗名为 Paradise Tanager

Taygnathus *tan-ig-NA-thus*
希腊语，*tanuo* 表示表示长的，*gnathos* 指颌部，如巨嘴鹦鹉（*Tanygnathus megalorhynchus*），俗名为 Great-billed Parrot

Tanysiptera tan-ih-sip-TER-a
希腊语，tanuo 表示长的，pteron 指翅膀，如普通仙翡翠（Tanysiptera galatea），俗名为 Common Paradise Kingfisher

Tarsiger TAR-si-jer
希腊语，tar- 表示踝，拉丁语 tarsus 表示平面的，ger 表示忍受、携带，如白眉林鸲（Tarsiger indicus），俗名为 White-browed Bush Robin，这是一种栖息在地上的鸟类

Tasmanicus taz-MAN-ih-kus
以澳大利亚的塔斯马尼亚（Tasmania）命名的，如林渡鸦（Corvus tasmanicus），俗名为 Forest Raven

Tauraco taw-ROCK-o
非洲本地的名字，源自鸟类的鸣叫声，如白颊蕉鹃（Tauraco leucotis），俗名为 White-cheeked Turaco

Tectus TEK-tus
表示被覆盖的，如非洲麦鸡（Vanellus tectus），俗名为 Black-headed Lapwing

Teerinki TER-rink-eye
以荷兰军官 C. G. J. 特林克（C. G. J. Teerink）命名的，如黑胸文鸟（Lonchura teerinki），俗名为 Black-breasted Mannikin

Teledromas te-le-DROM-as
希腊语，tele 表示远的，dromas 表示奔跑，如沙色窜鸟（Teledromas fuscus），俗名为 Sandy Gallito，俗名的意思是小鸡，虽然这种鸟并不太像鸡

Telespiza te-le-SPY-za
希腊语，tele 表示远的，spiza 指雀，如莱岛拟管舌雀（Telespiza cantans），俗名为 Laysan Finch

Telophorus tel-o-FOR-us
希腊语，telo 表示最后的，phorus 指搬运工，如四色丛鵙（Telophorus viridis），俗名为 Gorgeous Bushshrike

Temminckii tem-MINK-ee-eye
以荷兰鸟类学家康奈德·特明克（Coenraad Temminck）命名的，如坦氏啄木鸟（Dendrocopos temminckii），俗名为 Sulawesi Pygmy Woodpecker

Temnurus tem-NOO-rus
希腊语，temno 表示削减，oura 指尾巴，如塔尾树鹊（Temnurus temnurus），俗名为 Ratchet-tailed Treepie

Temporalis tem-po-RAL-is
Tempora- 表示庙、太阳穴，如安哥拉织雀（Ploceus temporalis），俗名为 Bocage's Weaver

Tenebrosa ten-e-BRO-sa
Tenebrae 表示黑暗的，如暗色水鸡（Gallinula tenebrosa），俗名为 Dusky Moorhen

Tenuirostris ten-oo-ee-ROSS-tris
Tenuis 表示细长的，rostrum 指喙，如细嘴杓鹬（Numenius tenuirostris），俗名为 Slender-billed Curlew

Tephrocephalus te-fro-se-FAL-us
希腊语 tephros 表示灰色，拉丁语 cephala 指头部，如灰冠鹟莺（Seicercus tephrocephalus），俗名为 Grey-crowned Warbler

Tephrocotis te-fro-KO-tis
希腊语，tephros 表示灰色，otos 指耳朵，如灰头岭雀（Leucosticte tephrocotis），俗名为 Grey-crowned Rosy-finch

Tephrodornis te-fro-DOR-nis
希腊语，tephros 表示灰色，ornis 指鸟类，如钩嘴林鵙（Tephrodornis virgatus），俗名为 Large Woodshrike

Tephrolaema te-fro-LEE-ma
希腊语，tephros 表示灰色，laemus 咽喉、食道，如西绿鹎（Arizelocichla tephrolaema），俗名为 Western Greenbul

Tephronotus, -um te-fro-NO-tus/tum
希腊语，tephros 表示灰色，notos 表示背部，如非洲裸眼鸫（Turdus tephronotus），俗名为 Bare-eyed Thrush

普通仙翡翠
Tanysiptera galatea

Terenura te-re-NOO-ra
希腊语，tere 表示柔软，oura 指尾巴，如纹顶蚁鹩（Terenura maculata），俗名为 Streak-capped Antwren

Terpsiphone terp-si-FONE-ee
希腊语，terpsis 表示享受，phone 表示声音，如印缅寿带（Terpsiphone paradisi），俗名为 Asian Paradise Flycatcher

Terrestris te-RESS-tris
地面上、地球和陆地，如启利氏地鸫（Zoothera terrestris），俗名为 Bonin Thrush，这种鸟类已灭绝

Tessmanni TESS-man-nye
以德国植物学家和人类学家贡特尔·特斯曼（Gunther Tessman）命名的，如泰氏鹟（Muscicapa tessmanni），俗名为 Tessmann's Flycatcher

Tethys TE-this
希腊海洋女神，如加岛叉尾海燕（Oceanodroma tethys），俗名为 Wedge-rumped Storm Petrel

Tetrao te-TRAY-o
希腊语，tetraon 表示松鸡似的鸟类，如西方松鸡（Tetrao urogallus），俗名为 Western Capercaillie，因为这种鸟类看起来像一种大的松鸡

Tetraogallus te-tra-o-GAL-lus
希腊语，tetraon 表示松鸡似的鸟类，gallus 指公鸡，如里海雪鸡（Tetraogallus caspius），俗名为 Caspian Snowcock

Tetraophasis te-tray-o-FAY-sis
希腊语 tetraon 表示松鸡似的鸟类，拉丁语 phasis 指雉鸡，如雉鹑（Tetraophasis obscurus），俗名为 Verreaux's Monal-Partridge

Tetrax TET-raks
希腊语，tetraon 表示狩猎鸟类，如小鸨（Tetrax tetrax），俗名为 Little Bustard

Tetrix TET-riks
希腊语，tetraon 表示地面筑巢的鸟类，如黑琴鸡（Lyrurus tetrix），俗名为 Black Grouse

雉鹑
Tetraophasis obscurus

栗背蚁鹩
Thamnophilus palliatus

Teysmanni TEZ-man-nye
以荷兰植物学家约翰内斯·特朱斯曼［Johannes Teijsmann (sic)］命名的，如苏拉扇尾鹟（Rhipidura teysmanni），俗名为 Rusty-bellied Fantail

Thalasseus tha-LAS-see-us
希腊语，thalassa 表示海洋，如橙嘴凤头燕鸥（Thalasseus maximus），俗名为 Royal Tern

Thalassina, -us tha-las-SEEN-a/us
希腊语，thallasinos 表示海洋的，hals 表示海洋，如短尾绿鹊（Cissa thalassina），俗名为 Javan Green Magpie，指鸟类的海洋绿色的颜色

Thalassornis tha-la-SOR-nis
希腊语，thalassa 表示海洋，ornis 指鸟类，如白背潜鸭（Thalassornis leuconotus），俗名为 White-backed Duck

Thamnophilus tham-no-FIL-us
希腊语，thamnos 表示灌丛，philos 表示喜爱，如栗背蚁鹩（Thamnophilus palliatus），俗名为 Chestnut-backed Antshrike

Thayeri THEY-er-eye
以美国鸟类学家和采集家约翰·泰尔（John Thayer）命名的，如泰氏银鸥（Larus thayeri），俗名为 Thayer's Gull

Thinocorus thin-o-KOR-us
希腊语 thinos 表示海滩，拉丁语 corys 指云雀，如小籽鹬（Thinocorus rumicivorus），俗名为 Least Seedsnipe，这是一种云雀喜爱的生境的水鸟

Thomensis toe-MEN-sis
几内亚湾的圣多美（São Tomé），如圣多美绿鸠（Columba thomensis），俗名为 Sao Tome Olive Pigeon

Thoracica, -us thor-a-SIK-a/us
Thoracicus 指胸部，如桂胸歌鹀（Poospiza thoracica），俗名为 Bay-chested Warbling-Finch

> ## 拉丁学名小贴士
>
> 栗背蚁鵙（*Thamnophilus palliatus*，俗名为 Chestnut-backed Antshrike）栖息在南美洲浓密的灌丛、藤蔓和茂密的灌木丛中。其雄鸟有独特的黑冠，雌鸟的冠为棕色，一般来说，蚁鵙属（*Thamnophilus*）的所有物种雄鸟的黑白色在雌鸟身上均以棕色替代。*Palliatus* 表示一种斗篷，指的是其背部、翅膀和尾巴上的赤褐色。它们取食昆虫，在冲向猎物之前动作很慢且经过深思熟虑。受到捕食者的干扰后，它们会静止不动，有时会持续数分钟。

Thraupis THRAW-pis
希腊语，表示小鸟，如灰蓝裸鼻雀（*Thraupis episcopus*），俗名为 Blue-grey Tanager

Threskiornis thres-kee-OR-nis
希腊语，*threskos* 表示虔诚的，*ornis* 指鸟类，如澳洲白鹮（*Threskiornis moluccus*），俗名为 Australian White Ibis

Thripadectes thri-pa-DEK-teez
希腊语，*thrips* 表示木蛀虫，*dektes* 表示猎人，如纯色树猎雀（*Thripadectes ignobilis*），俗名为 Uniform Treehunter

Thripophaga thri-po-FAY-ga
希腊语，*thrips* 表示木蛀虫，*phagein* 表示吞没，如委内瑞拉软尾雀（*Thripophaga cherriei*），俗名为 Orinoco Softtail

Thryomanes thy-ro-MAN-eez
希腊语，*thruon* 表示芦苇，*manes* 表示很喜欢，如比氏苇鹪鹩（*Thryomanes bewickii*），俗名为 Bewick's Wren

Thryothorus thry-o-THOR-us
希腊语，*thruon* 表示芦苇，*thorous* 表示奔跑、跳跃，如卡罗苇鹪鹩（*Thryothorus ludovicianus*），俗名为 Carolina Wren；它们栖息在泥中

Thula THOO-la
指一个北方的遥远的地方，可能下雪，如雪鹭（*Egretta thula*），俗名为 Snowy Egret

Thyroideus thy-ROY-dee-us
表示盾状的，如威氏吸汁啄木鸟（*Sphyrapicus thyroideus*），俗名为 Williamson's Sapsucker，这样取名可能指雌鸟胸部的黑色斑块

Tibetanus ti-be-TAN-us
西藏（Tibet），如藏雪鸡（*Tetraogallus tibetanus*），俗名为 Tibetan Snowcock

Tibialis ti-bee-AL-is
指胫、胫骨，如白腿燕（*Neochelidon tibialis*），俗名为 White-thighed Swallow

Tickelli, -ae TIK-el-lye/ee-eye
以英国军官、鸟类学家塞缪尔·蒂克尔（Samuel Tickell）命名的，如梯氏仙鹟（*Cyornis tickelliae*），俗名为 Tickell's Blue Flycatcher

Tigrina, -us ty-GRIN-a/us
Tigris 指老虎或虎纹，如栗颊林莺（*Setophaga tigrina*），俗名为 Cape May Warbler

Tigriornis ty-gree-OR-nis
Tigris 指老虎或虎纹，如希腊语 *ornis* 指鸟类，如白冠虎鹭（*Tigriornis leucolopha*），俗名为 White-crested Tiger Heron

雪鹭
Egretta thula

Tigrisoma *ty-gri-SO-ma*
Tigris 指老虎或虎纹，希腊语 *soma* 指身体，如裸喉虎鹭（*Tigrisoma mexicanum*），俗名为 Bare-throated Tiger Heron

Tinamus *TIN-a-mus*
是法属几内亚的当地名字，如灰鹬（*Tinamus tao*），俗名为 Grey Tinamou

Tityra *ti-TYE-ra*
指 Tityrusfrom，古罗马诗人维吉尔（Virgil）作品中的一个词，如黑尾蒂泰霸鹟（*Tityra cayana*），俗名为 Black-tailed Tityra

Tockus *TOK-us*
源自葡萄牙人模仿鸟类的鸣叫的声音，如斑尾弯嘴犀鸟（*Tockus fasciatus*），俗名为 African Pied Hornbill

Todiramphus *toe-di-RAM-fus*
Todus 指小型鸟类，希腊语 *ramphos* 是喙，如摩鹿加翡翠（*Todiramphus diops*），俗名为 Blue-and-white Kingfisher

Todirostrum *toe-di-ROSS-trum*
Todus 指小型鸟类，*rostrum* 指喙，如彩哑霸鹟（*Todirostrum pictum*），俗名为 Painted Tody-Flycatcher

Todus *TOE-dus*
表示小鸟，如杂色短尾鸿（*Todus multicolor*），俗名为 Cuban Tody

Tolmomyias *tol-mo-MY-ee-as*
希腊语，*tobna* 表示大胆的、亲爱的，拉丁语 *myias* 表示飞，如黄胸霸鹟（*Tolmomyias flaviventris*），俗名为 Ochre-lored Flatbill

Topaza *toe-PAZ-a*
Topazus 表示黄宝石，如赤叉尾蜂鸟（*Topaza pella*），俗名为 Crimson Topaz

Torgos *TOR-gos*
希腊语，*torgos* 指秃鹫，如皱脸秃鹫（*Torgos tracheliotos*），俗名为 Lappet-faced Vulture

Torquata, -us, -eola *tor-KWAT-a/us/tor-kwat-ee-O-la*
Torques 表示扭动项链，如冠叫鸭（*Chauna torquata*），俗名为 Southern Screamer，这种鸟类在白色的项圈下有一个黑色的颈环

Torquilla *tor-KWIL-la*
Torqueo 表示扭、转，*-illa* 表示小词的后缀，如蚁䴕（*Jynx torquilla*），俗名为 Eurasian Wryneck，这样命名是因为当其遇到危险时会变现出身体极度扭曲

Totanus *toe-TAN-us*
意大利语，*totano* 表示水鸡，如红脚鹬（*Tringa totanus*），俗名为 Common Redshank

---

拉丁学名小贴士

赤叉尾蜂鸟（*Topaza pella*，俗名为 Crimson Topaz），是蜂鸟的一种。它们仅分布在美洲，雄鸟演化出独特的颜色，主要以彩虹色为主。一些鸟类的名字源于宝石，比如辉紫喉宝石蜂鸟（*Lampornis amethystinus*，俗名为 Amethyst-throated Mountaingem）和绿蜂鸟（*Amazilia beryllina*，俗名为 Beryline Hummingbird），或者有些源于新奇的描述，比如彩虹星额蜂鸟（*Coeligena iris*，俗名为 Rainbow Starfrontlet）和紫喉领蜂鸟（*Heliangelus viola*，俗名为 Purple-throated Sunangel）。

赤叉尾蜂鸟
Topaza pella

Townsendi *TOWN-send-eye*
以美国博物学家、采集家约翰·汤森（John Townsend）命名的，如坦氏孤鸫（*Myadestes townsendi*），俗名为 Townsend's Solitaire

Toxorhamphus *toks-o-RAM-fus*
希腊语，*toxon* 表示弯弓，*rampho* 指喙，如灰颏弯嘴吸蜜鸟（*Toxorhamphus poliopterus*），俗名为 Slaty-headed Longbill，这是一种喙很长且向下弯曲的小鸟

Toxostoma *toks-o-STOM-a*
希腊语，*toxon* 表示弯弓，*stoma* 指嘴，如灰弯嘴嘲鸫（*Toxostoma cinereum*），俗名为 Grey Thrasher，这种鸟类的喙向下弯曲

Tragopan *TRAG-o-pan*
希腊语，*tragos* 指山羊，*pan* 表示荒野和羊群之神，如黄腹角雉（*Tragopan caboti*），俗名为 Cabot's Tragopan；其雄鸟头上的一簇羽毛像羊角

Traillii *TRAIL-lee-eye*
以苏格兰动物学家、医生托马斯·特雷尔（Thomas Trail）命名的，如纹霸鹟（*Empidonax traillii*），俗名为 Willow Flycatcher

Traversi *TRA-ver-sye*
以新西兰鸟类学家亨利·特拉韦尔（Henry Travers）命名的，如查岛鸲鹟（*Petroica traversi*），俗名为 Black Robin

Trichopsis trik-OP-sis
希腊语，*thrix* 指头发，*opsis* 表示外观，如长耳须角鸮（*Megascops trichopsis*），俗名为 Whiskered Screech Owl

Tricolor TRIK-o-lor
表示三种颜色，如三色鹭（*Egretta tricolor*），俗名为 Tricoloured Heron

Tridactyla try-dak-TIL-a
Tri- 表示三个，*dactylos* 指脚趾，如三趾鸥（*Rissa tridactyla*），俗名为 Black-legged Kittiwake，这种鸟类的后趾非常小

Trifasciatus try-fas-see-AT-us
Tri- 表示三个，*fasciat-* 表示条带，如斑翅朱雀（*Carpodacus trifasciatus*），俗名为 Three-banded Rosefinch

Tringa TRING-a
希腊语，*tringas* 表示一种白色腰部的水鸟，如白腰草鹬（*Tringa ochropus*），俗名为 Green Sandpiper

Tristigma, -ata try-STIG-ma/try-stig-MA-ta
Tri 表示三个，希腊语 *stigma* 表示斑点，如雀斑夜鹰（*Caprimulgus tristigma*），俗名为 Freckled Nightjar

Tristis TRIS-tis
源自印地语 *maina*，表示难过的，如家八哥（*Acridotheres tristis*），俗名为 Common Myna

Tristrami TRIS-tram-eye
以英国博物学家亨利·特里斯特拉姆（Henry Tristram）命名的，如烟色摄蜜鸟（*Myzomela tristrami*），俗名为 Sooty Myzomela

Trivirgatus try-vir-GAT-us
Tri 表示三个，*virga* 指条纹，如凤头鹰（*Accipiter trivirgatus*），俗名为 Crested Goshawk，其尾巴上有三条横斑

Troglodytes trog-lo-DITE-eez
希腊语，*trogle* 表示洞穴，*dytes* 表示栖息，如棕眉鹪鹩（*Troglodytes rufociliatus*），俗名为 Rufous-browed Wren，这样命名指这种鸟类在取食昆虫或休息时消失在洞穴和裂缝中的习惯

Trogon TRO-gon
希腊语，*trogein* 表示啃、咬，如黑尾美洲咬鹃（*Trogon melanurus*），俗名为 Black-tailed Trogon，这样命名可能指这种鸟类将死树咬破筑巢的习惯，或者指其咬果实的动作

Tryngites trin-JITE-eez
希腊语，*trynga* 和 *-ites* 表示喜欢，如饰胸鹬（*Tryngites subruficollis*），俗名为 Buff-breasted Sandpiper，这样命名是因为这种鸟类和鹬属的鹬类比较相似

Tschudii CHOO-dee-eye
以瑞士采集家约翰·楚迪（Johann Tschudi）命名的，如鳞斑食果伞鸟（*Ampelioides tschudii*），俗名为 Scaled Fruiteater

Turdina, -us tur-DEEN-a/us
Turdinus 表示像鸫一样，如拟鸫希夫霸鹟（*Schiffornis turdina*），俗名为 Brown-winged Schiffornis 或 Thrush-like Mourner

Turdoides tur-DOY-deez
Turdus 指鸫，*oides* 表示外观，如棕褐鸫鹛（*Turdoides fulva*），俗名为 Fulvous Babbler

Turdus TUR-dus
表示鸫，如欧乌鸫（*Turdus merula*），俗名为 Common Blackbird

Turnix TUR-niks
Coturnix 表示鹌鹑，如林三趾鹑（*Turnix sylvaticus*），俗名为 Common Buttonquail

Turtur TUR-tur
表示斑鸠，如蓝斑森鸠（*Turtur afer*），俗名为 Blue-spotted Wood Dove

Tympanuchus tim-pan-OO-kus
Tympanum 表示鼓、击鼓，希腊语 *echein* 表示有，如草原松鸡（*Tympanuchus cupido*），俗名为 Greater Prairie Chicken，鼓（drum）指雄鸟求偶时发出的鸣叫声

Tyrannus, -ulus, -iscus, -ina ti-RAN-nus/ti-ran-OO-lus/ti-ran-IS-kus/ti-ran-EE-na
专制者，如白喉王霸鹟（*Tyrannus albogularis*），俗名为 White-throated Kingbird

Tyto TI-to
希腊语，*tyto* 指鸮，如非洲草鸮（*Tyto capensis*），俗名为 African Grass Owl

三色鹭
Egretta tricolor

鸫属

欧洲的乌鸫（*Turdus merula*，俗名为 Common Blackbird）和旅鸫（*T. migratorius*，俗名为 American Robin）是鸫科（Turdidae）最著名的代表。鸫科有 25 个属，包含了约 170 种鸫类。而真正的鸫，则有 65 种，它们属于该科最大的属鸫属（*Turdus*）。它们是中等体型的杂食性鸟类，以悠扬的鸣唱声而著称，分布在除南极洲以外的每个大洲。

老普利尼是一位罗马作家、博物学家和哲学家，他撰写的《自然史》是一本有关自然的百科全书。在这本书中他将鸫类命名为 *Turdus*，在两千年后，这个名字还在使用。乌鸫的种加词 *merula* 来源于拉丁语，即黑色的鸟类；而旅鸫的种加词 *migratorius* 意为流浪者，指的是这种鸟类迁徙的习性。

虽然旅鸫被认为是春天来临的先兆，但它是一种留鸟，在墨西哥，它的巢无处不在。它们是美国最著名且数量最多的鸟类之一，其俗名源自欧亚鸲（*Erithacus rubecula*，俗名为 European Robin），后者实际上是一种鹟。乌鸫分布在欧洲和亚洲的部分区域，后来被引入澳大利亚。它是另一种人们很熟悉的常见鸟类，仅在欧洲的种群数量可能就有 1 亿只。鸫通常在地面上取食，它们吃昆虫、昆虫幼虫、蠕虫、蜗牛、

乌鸫 *Turdus merula*，俗名为 Common Blackbird

小型种子和浆果。可能你已经见过知更鸟或乌鸫取食时将头从一侧转到另一侧。它们可以听到爬过垃圾堆和在洞中移动的声音。

许多鸫以分布地来命名，比如卡鲁鸫（*T. smithi*，俗名为 Karoo Thrush）、非洲鸫（*T. pelios*，俗名为 African Thrush）、科摩罗鸫（*T. bewsheri*，俗名为 Comoros Thrush）、乌灰鸫（*T. cardis*，俗名为 Japanese Thrush）和宝兴歌鸫（*T. mupinensis*，俗名为 Chinese Thrush）。其他大部分鸟类则具有描述性的名字，比如白颈鸫（*T. albocinctus*，俗名为 White-collared Blackbird 和 Bare-eyed Thrush），拉丁语 *albo* 意为白色，*cinctus* 意为环绕，它的俗名和学名都是很贴切的。非洲裸眼鸫（*T. tephronotus*，*tephro* 为希腊语，*ash-* 表示彩色的，*notos* 表示背部），它的俗名为 Bare-eyed Thrush，更为恰当；它的背部是灰色的，但是眼睛周围的裸露皮肤更具特色。

而白腹鸫（*T. pallidus*），拉丁语 *pallidus* 意为苍白，俗名为 Pale Thrush，它的种加词和俗名都极具描述性。

白颈鸫
Turdus albocinctus

U

Ultima UL-tee-ma
表示最终的，如墨氏圆尾鹱（*Pterodroma ultima*），俗名为 Murphy's Petrel，其学名应该是指这种鸟类有限的分布范围

Ultramarina ul-tra-mar-EEN-a
Ultra 表示在……之外，*marina* 表示海洋的，如灰胸丛鸦（*Aphelocoma ultramarina*），俗名为 Transvolcanic Jay，其名指这种鸟类的羽毛呈明亮的蓝色

Umbra UM-bra
Umbra 背阴处，如栗角鸮（*Otus umbra*），俗名为 Simeulue Scops Owl

Undata, -us un-DAT-a/us
Undatus 表示波浪状的，如波纹林莺（*Sylvia undata*），俗名为 Dartford Warbler

Undulata, -ua un-doo-LAT-a/un-doo-la-TOO-a
波浪状的斑纹，如翎颌鸨（*Chlamydotis undulata*），俗名为 Houbara Bustard

Unicolor oo-nee-KO-lor
Uni- 表示一个，*color* 表示颜色，如新西兰蛎鹬（*Haematopus unicolor*），俗名为 Variable Oystercatcher，这种鸟类全身都为黑色，和这个属的其他鸟类完全不一样

Unirufa, -us oo-nee-ROO-fa/fus
Uni- 表示一个，*rufa* 表示棕色的，如棕鹪鹩（*Cinnycerthia unirufa*），俗名为 Rufous Wren

Upupa oo-POO-pa
表示模仿鸟类鸣叫，如戴胜（*Upupa epops*），俗名为 Eurasian Hoopoe

Uraeginthus oo-ree-JIN-thus
希腊语 *oura* 指尾巴，拉丁语 *aeginthus* 表示树篱麻雀，如安哥拉蓝饰雀（*Uraeginthus angolensis*），俗名为 Blue Waxbill

Uragus oo-RA-gus
希腊语 *oura* 指尾巴，拉丁语 *ago* 表示有，如长尾雀（*Uragus sibiricus*，现在为 *Carpodacus sibiricus*），俗名为 Long-tailed Rosefinch

Uria oo-REE-a
表示潜水的鸟类，如崖海鸦（*Uria aalge*），俗名为 Common Murre 或 Common Guillemot

Urichi OO-rich-eye
以博物学家弗里德里希·尤里克（Freiderich Urich）命名的，如尤氏小霸鹟（*Phyllomyias urichi*），俗名为 Urich's Tyrannulet

白尾蓝胸蜂鸟
Urochroa bougueri

Urochroa oo-ro-KRO-a
希腊语，*oura* 指尾巴，*khroa* 表示肤色，如白尾蓝胸蜂鸟（*Urochroa bougueri*），俗名为 White-tailed Hillstar

Uroglaux OO-ro-glawks
希腊语，*oura* 指尾巴，*glaux* 表示鸮，如丛鹰鸮（*Uroglaux dimorpha*），俗名为 Papuan Hawk-Owl

Uropygialis oo-ro-pi-jee-AL-is
Uropygium 指腰部，如吉拉啄木鸟（*Melanerpes uropygialis*），俗名为 Gila Woodpecker

Urosticte oo-ro-STIK-tee
希腊语，*oura* 指尾巴，*stiktos* 表示有斑点的，如白尾梢蜂鸟（*Urosticte benjamini*），俗名为 Purple-bibbed Whitetip

Urothraupis oo-ro-THRAW-pis
希腊语，*oura* 指尾巴，*thraupis* 指鹀，如黑背丛雀（*Urothraupis stolzmanni*），俗名为 Black-backed Bush Tanager

Urotriorchis oo-ro-tree-OR-kis
希腊语，*oura* 指尾巴，*triokhos* 指一种隼或鸢，如非洲长尾鹰（*Urotriorchis macrourus*），俗名为 Long-tailed Hawk

Ussheri USH-er-eye
以英国鸟类学家 H. B. 厄舍（H. B. Usher）命名的，如黑头八色鸫（*Erythropitta ussheri*），俗名为 Black-crowned Pitta

Ustulatus oo-stoo-LAT-us
燃烧的，指近棕色的颜色，如斯氏夜鸫（*Catharus ustulatus*），俗名为 Swainson's Thrush

取食

人类是杂食性动物,这就意味着所有能吃的东西我们都吃,这指的是我们有吃各种各样食物的习惯。许多鸟类,像乌鸦、松鸦和椋鸟,也是杂食性的。但是大部分鸟类的食物选择非常稀少,这是它们喙的形状、消化能力和生理需求决定的。很明显,喙长的水鸟、钩状喙的鹫、扁平嘴的燕子会捕捉猎物,它们会吃不同的食物。我们把取食昆虫和节肢动物的鸟类称为食虫鸟类,取食果实的鸟类称为食果鸟类,吃鱼的鸟类称为食鱼鸟类,而食蜜鸟类是从花的含糖液体里获取营养的鸟类。

鸟类的消化系统已经演化出可以分解、吸收喙所收集的食物的能力。在冬季,雀鸟会取食大量的浆果,其中一些还有一层坚硬的外壳。但是在 16 分钟内,浆果便通过了消化系统,外壳被排出,而浆状物则大多都被消化了。美国的黄腰白喉林莺(*Setophaga coronata*,俗名为 Myrtle Warbler)的种群就是这样的,它们喜欢取食香桃木的浆果。其他柳莺不能消化桃本的浆果,因此黄腰白喉林莺比其他北美的林莺在更北的地方越冬。许多热带的鸟类都可以吃非常辣的、含辣椒素的植物。辣椒素是植物的一种化学防御手段。然而,鸟类的味蕾相对较少,这使得它们可以利用那些其他动物觉得反感的食物资源。不过帝王蝶(俗名为 Monarch butterfly)是一个例外,帝王蝶的幼虫会吃一些含生物碱的植物,因此成虫的味道令鸟类非常反感,有经验的鸟类会避免取食帝王蝶。这也保护了其他帝王蝶和一些无毒的和帝王蝶相似的蝴蝶,如,副王蛱蝶等。这对于一些鸟类也是适用的。新几内亚的林鵙鹟属的一些鸟类会吃含有神经毒素的甲虫,这些毒素可以使鸟类的皮肤和羽毛十分不适。这种毒素和在哥伦比亚发现的有毒青蛙的皮肤里的毒素是一样的。

一些鸟类,尤其是乌鸦和松鸦这些鸦科的鸟类会将食物暂存后取食,它们寻找隐蔽藏地的能力是惊人的。星鸦在降雪后还能精准地找到它们的坚果储存地。再比如,如果西丛鸦(*Aphelocoma californica*,俗名为 California Scrub Jay)掩埋了一个橡果,但它们看到有另外的鸦在观察它们,它随后便会返回将这枚橡果埋到其他地方,以此来挫败任何试图偷窃的观察者。还有一些鸟类不愿意自己捕食,而喜欢从其他鸟类那里获得。这些窃食者(Kleptoparasites)会骚

栗颊林莺
Setophaga tigrina

栗颊林莺为了在取食过程中获得绝对优势,它们特化成在树顶上取食昆虫。

扰其他鸟类，盗取它们的食物。例如，军舰鸟经常追逐海鸥、燕鸥和鹈鹕，迫使它们在空中放弃捕捉到的鱼类和乌贼，然后军舰鸟在空中将食物掠走。

鸟类生存和繁殖成功很大程度上取决于食物资源和它们利用这些食物的能力。除了食物数量的多寡之外，与近缘种对相同食物资源的竞争也会带来潜在的问题，但是这些问题通过长期的演化过程得到了解决。在任何生境中，取食相似食物的不同鸟类物种间喙的性状和大小各异，这使得它们可以取食不同大小的食物。日本中部的普通翠鸟 *Alcedo atthis*（俗名为 Common Kinfisher）和冠鱼狗 *Megaceryle lugubris*（俗名为 Crested

斑鱼狗
Ceryle rudis

由于翠鸟主要分布在河岸或湖边，所以它们必须根据河或湖的走向对资源进行纵向划分。

Kingfisher）通过这种方式一起栖息在同一河流生境。纹腹鹰（*Accipiter striatus*，俗名为 Sharp-shinned Hawk）和库氏鹰（*Accipiter cooperii*，俗名为 Cooper's Hawks）也是非常相似，后者比前者大三分之一。

美国东北部还有一个典型的新大陆林莺的案例，这些林莺都取食昆虫，但是在树的不同部位取食昆虫；栗颊林莺（*Setophaga tigrina*，俗名为 Cape May Warbler）主要在树顶取食，而栗胸林莺（*Setophaga castanea*，俗名为 Bay-breasted Warbler）则喜欢在树的中部取食。食虫鸟类的不同类群的近似物种均能表现这种食物的分化，但是最著名的例子是加拉帕戈斯群岛上的达尔文雀。在19个岛屿上总共分布了14种地雀，每个岛上都有其中几个物种，各个岛之间的物种组成不同。在不同的岛屿上，一种地雀喙的大小和与其共存的其他地雀有关。鸟类的喙的大小已经根据同一个岛上的其他邻居的需要而"演化"，从而使得同一个岛上的不同物种能够充分利用各种食物。

库氏鹰
Accipiter cooperii

库氏鹰是随着自然栖息地的消失而生存在城市和郊区的鸟类之一。

Validirostris val-ih-di-ROSS-tris
Validus 表示强壮的，rostrum 表示喙，如灰顶伯劳（Lanius validirostris），俗名为 Mountain Shrike

Validus val-EE-dus
强壮的，如长嘴乌鸦（Corvus validus），俗名为 Long-billed Crow

Valisneria val-is-NAIR-ee-a
以意大利博物学家安东尼奥·瓦利斯内里（Antonio Vallisneri）命名的，如帆背潜鸭（Aythya valisineria），俗名为 Canvasback

Vanellus van-EL-lus
Vannus 表示扇风，-ellus 表示小的，如黑胸麦鸡（Vanellus spinosus），俗名为 Spur-winged Lapwing

Vanga VANG-a
弯曲的刀刃，如钩嘴鹛（Vanga curvirostris），俗名为 Hook-billed Vanga

Varia, -us VAR-ee-a/us
表示斑驳的，如横斑林鸮（Strix varia），俗名为 Northern Barred Owl

蓝翅虫森莺
Vermivora cyanoptera

Variegata, -us var-ee-eh-GA-ta/tus
表示斑驳的，如秘鲁鲣鸟（Sula variegata），俗名为 Peruvian Booby

Vauxi VOKS-eye
以美国矿物学家、考古学家威廉·沃克斯（William Vaux）命名的，如沃氏雨燕（Chaetura vauxi），俗名为 Vaux's Swift

Velatus vel-AH-tus
覆盖的、隐晦的，如白腰蒙霸鹟（Xolmis velatus），俗名为 White-rumped Monjita

Veniliornis ven-il-ee-OR-nis
在罗马神话中，维尼利亚（Venilia）是一位河神，后变成了啄木鸟，如黄耳啄木鸟（Veniliornis maculifrons），俗名为 Yellow-eared Woodpecker

Ventralis ven-TRA-lis
Ventral 指腹部，如美洲棕尾鵟（Buteo ventralis），俗名为 Rufous-tailed Hawk

Venusta, -us ven-OO-sta/stus
Venustus 表示美丽的，如黑冠八色鸫（Erythropitta venusta），俗名为 Graceful Pitta

Vermiculatus ver-mi-koo-LAT-us
Vermis 表示蠕虫，幼虫，蠕虫状的（斑纹），如水石鸻（Burhinus vermiculatus），俗名为 Water Thick-knee，这种鸟类的胸部和背部有许多波浪状的斑点

Vermivora ver-mi-VOR-a
Vermis 表示蠕虫，vorare 表示吞食，如蓝翅虫森莺（Vermivora cyanoptera），俗名为 Blue-winged Warbler

Verreauxi ver-RAWKS-eye
以法国博物学家朱尔·韦罗（Jules Verreaux）命名的，他是吉恩·韦罗（Jean Verreaux）的兄弟，如南凤头马岛鹃（Coua verreauxi），俗名为 Verreaux's Coua

Verreauxii ver-RAWKS-ee-eye
以法国博物学家、采集家吉恩·韦罗命名的，他是朱尔·韦罗的兄弟，如黑雕（Aquila verreauxii），俗名为 Verreaux's Eagle

Versicolor ver-SIK-o-lor
多种多样的颜色，如圣卢西亚鹦哥（Amazona versicolor），俗名为 St Lucia Amazon

Verticalis ver-ti-KAL-is
有冠的，如绿头花蜜鸟（Cyanomitra verticalis），俗名为 Green-headed Sunbird

Vespertinus ves-per-TINE-us
晚上的，如西红脚隼（Falco vespertinus），俗名为 Red-footed Falcon

Vestiaria ves-tee-AR-ee-a
Vestis 表示斗篷，-aria 表示类似，如镰嘴管舌雀（Vestiaria coccinea），俗名为 Iiwi，这种鸟类的羽毛被夏威夷皇室用来做长袍

麦鸡属

麦鸡属（*Vanellus*）的拉丁学名意为小扇子，这个属的名字可能源自该属的25种鸟类在飞行时振动大翅膀的方式。这个属的鸟类被称为麦鸡（lapwings），因为如果它们受伤了就会通过拖动、鼓翼、拍打翅膀来分散捕食者的注意力。

和很多水鸟一样，麦鸡属的鸟类会在浅凹的地面产大约4个卵。鸟卵尖端朝向里，以避免滚动。凤头麦鸡（俗名为Northern Lapwing）常在农业用地中筑巢，即使农业活动导致了其高达35%～60%的死亡率。这种鸟类的幼鸟和鸟卵一样具有隐蔽色，在孵化后很短的时间内离巢，并继续跟随亲鸟5～6周。因为鸟卵卵壳内部是白色的，亲鸟会将卵壳从巢中移除，甚至将其掩埋，这样才能不会招致捕食者。黑喉麦鸡（*V. senegallus*，俗名为African Wattled Lapwing）生活在平原，在这里捕食者搜索区域的唯一方法就是寻找白蚁土堆。这个属最著名的鸟类可能是凤头麦鸡，它分布于欧亚大陆的大多数地区。在英国，它仅被人们称作麦鸡，在一些地方则因为其鸣叫声而被称为田凫

凤头麦鸡
Vanellus vanellus

（Peewit）。直到20世纪早期，人们才开始收集这种鸟类的卵并作为食物。到20世纪50年代，这种行为在多数国家被禁止。曾经，在荷兰有这么一项全国性比赛，比谁能采集到这一年的第一枚麦鸡的卵。寻找第一枚卵仍然是一项流行的比赛，虽然按照这项比赛的规则，人们不再从鸟巢中将卵取出。因为气候变化的缘故，发现的第一枚卵的时间一年比一年早。

爪哇麦鸡
Vanellus macropterus

爪哇麦鸡从1940年就没有可靠的记录了，很有可能已经灭绝。

Victoria, -ae vik-TOR-ee-a/eye
以维多利亚女王（Queen Victoria）命名的，如维多凤冠鸠（*Goura victoria*），俗名为 Victoria Crowned Pigeon

Vidua vy-DOO-a
非洲西部的一个小镇维达（Whydah），如詹巴杜维达雀（*Vidua raricola*），俗名为 Jambandu Indigobird

Vieilloti vee-eh-LOT-eye
以法国鸟类学家、商人路易斯·维尔略特（Louis Vieillot）命名的，如维氏拟鴷（*Lybius vieilloti*），俗名为 Vieillot's Barbet

Vigorsii vi-GOR-see-eye
以伦敦动物学会的爱尔兰秘书尼古拉斯·维加斯（Nicholas Vigors）命名的，如黑喉鸨（*Eupodotis vigorsii*），俗名为 Karoo Korhaan

Villosus vil-LOS-us
有头发的，如长嘴啄木鸟（*Picoides villosus*），俗名为 Hairy Woodpecker

Violacea, -us vee-o-LACE-ee-a/us
Violaceus 表示紫色的，如大安德牛雀（*Loxigilla violacea*），俗名为 Greater Antillean Bullfinch

Virens VIR-enz
表示变成绿色的，如东绿霸鹟（*Contopus virens*），俗名为 Eastern Wood Pewee

Vireo VIR-ee-o
Virere 表示绿色的，如红树莺雀（*Vireo pallens*），俗名为 Mangrove Vireo

Virescens vir-es-senz
浅绿色的，如绿纹霸鹟（*Empidonax virescens*），俗名为 Acadian Flycatcher

Virgata, -us vir-GAT-a/us
Virgatus 指条带、条纹，如克岛燕鸥（*Sterna virgata*），俗名为 Kerguelen Tern

紫翅椋鸟
Sturnus vulgaris

Viridicata vir-id-ih-KA-ta
Viridus 表示绿色的，如绿伊拉鹟（*Myiopagis viridicata*），俗名为 Greenish Elaenia

Viridicauda vir-id-ih-CAW-da
Viridus 表示绿色的，*cauda* 指尾巴，如绿尾蜂鸟（*Amazilia viridicauda*），俗名为 Green-and-white Hummingbird

Viridicyanus vir-ed-ih-see-AN-us
Viridus 表示绿色的，*cyaneus* 表示深蓝色，如白领蓝头鹊（*Cyanolyca viridicyanus*），俗名为 White-collared Jay

Viridis vir-IH-dis
Viridus 表示绿色的，如蓝喉蜂虎（*Merops viridis*），俗名为 Blue-throated Bee-eater

Vitellinus vi-tel-LINE-us
Vitellus 表示淡青色，如蛋黄黑脸织雀（*Ploceus vitellinus*），俗名为 Vitelline Masked Weaver

Vittata, -um, -us vit-TAT-a/um/us
Vittatus 表示带状的，如波多黎各鹦哥（*Amazona vittata*），俗名为 Puerto Rican Amazon

Vociferus vo-SIF-er-us
吵闹的，如双领鸻（*Charadrius vociferus*），俗名为 Killdeer，其俗名来源于它的鸣叫声

Vulgaris vul-GAR-is
表示普通的、庸俗的，如紫翅椋鸟（*Sturnus vulgaris*），俗名为 Common Starling，这样命名是表示以前这种鸟类非常多

Vultur VUL-tur
一种兀鹫，如安第斯神鹫（*Vultur gryphus*），俗名为 Andean Condor

白领蓝头鹊
Cyanolyca viridicyanus

W

Wagleri *VAG-ler-eye*
以德国动物学家约翰·瓦格勒（Johann Wagler）命名的，如棕腹小冠雉（*Ortalis wagleri*），俗名为 Rufous-bellied Chachalaca

Wahlbergi *VAL-berg-eye*
以瑞典博物学家、采集家约翰·沃尔伯格（Johan Wahlberg）命名的，如细嘴雕（*Hieraaetus wahlbergi*），俗名为 Wahlberg's Eagle

Wallacii, -ei *wal-LACE-ee-eye/WAL-lis-eye*
以英国博物学家、地理学家和演化科学家阿尔弗雷德·拉塞尔·华莱士（Alfred Russell Wallace）命名的，如幡羽极乐鸟（*Semioptera wallacii*），俗名为 Standardwing

Watkinsi *WAT-kinz-eye*
以英国采集家亨利·沃特金斯（Henry Watkins）命名的，如沃氏蚁鸫（*Grallaria watkinsi*），俗名为 Watkins's Antpitta

Wetmorei *WET-mor-eye*
以美国鸟类学家、古生物学家弗朗克·韦特莫尔（Frank Wetmore）命名的，如淡胁秧鸡（*Rallus wetmorei*），俗名为 Plain-flanked Rail

印尼短尾莺
Urosphena whitehead

> **拉丁学名小贴士**
>
> 印尼短尾莺（*Ursophena whiteheadi*，俗名为 Bornean Stubtail）的学名很好地将它描述为"短尾巴的鸟类"。它的尾巴是楔形的，它的属名意为楔形的尾巴。这种鸟类在 800～3 000 米的山地森林的地面或近地面活动，十分隐秘地在落叶层爬动。这种行为更像是老鼠而非鸟类，它们取食昆虫和其他无脊椎动物。和生活在茂密的生境中的鸟类一样，印尼短尾莺的鸣叫和鸣唱可以穿透茂密的森林而仅有很小程度的衰减。

Wetmorethraupis *wet-mor-THRAW-pis*
以美国鸟类学家、古生物学家弗朗克·韦特莫尔命名的，*thraupis* 表示唐纳雀，如橙喉唐纳雀（*Wetmorethraupis sterrhopteron*），俗名为 Orange-throated Tanager

Whiteheadi *WHITE-head-eye*
以英国探险家约翰·怀特黑德（John Whitehead）命名的，如印尼短尾莺（*Urosphena whiteheadi*），俗名为 Bornean Stubtail

Whitelyi, -ana *WHITE-lee-eye/ana*
以英国采集家小亨利·怀特利（Henry Whitely, Jr）命名的，如委内瑞拉夜鹰（*Setopagis whitelyi*），俗名为 Roraiman Nightjar

Whytii *WITE-ee-eye*
以英国博物学家亚历山大·怀特（Alexander Whyte）命名的，如黄眉丝雀（*Crithagra whytii*），俗名为 Yellow-browed Seedeater

Whitneyi *WIT-nee-eye*
以美国地质学家、采集家乔赛亚·惠特尼（Josiah Whitney）命名的，如巨果鹟（*Pomarea whitneyi*），俗名为 Fatuhiva Monarch

Wilsonia *wil-SOWN-ee-a*
以美国鸟类学之父亚历山大·威尔逊（Alexander Wilson）命名的，如黑头威森莺（*Wilsonia*，现在为 *Cardellina pusilla*），俗名为 Wilson's Warbler

Woodfordi, -ia *WOOD-ford-eye/wood-FORD-ee-a*
以所罗门群岛常驻特派专员查尔斯·伍德福德（Charles Woodford）命名的，如乌氏秧鸡（*Nesoclopeus woodfordi*），俗名为 Woodford's Rail

X

Xanthocephalus *zan-tho-se-FAL-us*
希腊语 *xanthos* 表示黄色，拉丁语 *cephala* 指头部，如黄头黑鹂（*Xanthocephalus xanthocephalus*），俗名为 Yellow-headed Blackbird

Xanthogaster, -tra *zan-tho-GAS-ter/tra*
希腊语，*xanthos* 表示黄色，*gaster* 指腹部，如橙腹歌雀（*Euphonia xanthogaster*），俗名为 Orange-bellied Euphonia

Xanthogenys *zan-tho-JEN-is*
希腊语，*xanthos* 表示黄色，*genys* 指脸颊，如眼纹黄山雀（*Machlolophus xanthogenys*），俗名为 Himalayan Black-lored Tit

Xanthophrys *zan-THO-fris*
希腊语，*xanthos* 表示黄色，*ophrus* 指眼纹，如毛岛鹦嘴雀（*Pseudonestor xanthophrys*），俗名为 Maui Parrotbill

Xanthops *ZAN-thops*
希腊语，*xanthos* 表示黄色，*ops* 指脸部，如黄头鹦哥（*Alipiopsitta xanthops*），俗名为 Yellow-faced Parrot

Xanthopsar *zan-THOP-sar*
希腊语，*xanthos* 表示黄色，*psar* 指椋鸟，如橙头黑鹂（*Xanthopsar flavus*），俗名为 Saffron-cowled Blackbird

Xanthopygius *zan-tho-PI-jee-us*
希腊语，*xanthos* 表示黄色，*pugios* 指腰部，如黄腰丝雀（*Crithagra xanthopygius*），俗名为 Yellow-rumped Seedeater

Xanthotis *zan-THO-tis*
希腊语，*xanthos* 表示黄色，*otis* 指耳朵，如茶胸吸蜜鸟（*Xanthotis flaviventer*），俗名为 Tawny-breasted Honeyeater

Xantusii *zan-TOOS-ee-eye*
以匈牙利采集家路易斯·桑多斯·德维西（Louis Xantus de Vesey）命名的，如赞氏蜂鸟（*Basilinna xantusii*），俗名为 Xantus's Hummingbird

Xavieri *ZAY-vee-er-eye*
以法国探险家格扎维埃·迪博夫斯基（Xavier Dybowski）命名的，如泽氏旋木鹎（*Phyllastrephus xavieri*），俗名为 Xavier's Greenbul

Xema *ZEE-ma*
命名者创造的词，如叉尾鸥（*Xema sabini*），俗名为 Sabine's Gull

Xenicus *ZEN-ih-kus*
希腊语，*xenos* 表示陌生人，*-icus* 为一个表示国外地方的后缀，如岩异鹩（*Xenicus gilviventris*），俗名为 New Zealand Rock Wren，在这种鸟类被命名时，新西兰被认为是一个非常遥远的地方

Xenopirostris *zen-o-pi-ROSS-tris*
希腊语，*xenos* 表示陌生人，*opsis* 表示外表，如范氏厚嘴鹀（*Xenopirostris damii*），俗名为 Van Dam's Vanga

Xenops *ZEN-ops*
希腊语，*xenos* 表示陌生人，*ops* 指脸部或外表，如纯色翘嘴雀（*Xenops minutus*），俗名为 Plain Xenops，这种鸟类的喙侧面扁平，嘴尖上翘

Xenus *ZEN-us*
希腊语，*xenos* 表示陌生人，如翘嘴鹬（*Xenus cinereus*），俗名为 Terek Sandpiper；它上翘的长喙在鹬里是不常见的

Xiphidiopicus *zi-fi-dee-o-PYE-kus*
希腊语，*xiphidion* 表示小剑，*picus* 指啄木鸟，如古巴绿啄木鸟（*Xiphidiopicus percussus*），俗名为 Cuban Green Woodpecker

Xiphocolaptes *zy-fo-ko-LAP-teez*
希腊语，*xiphos* 表示剑，*colaptes* 指啄木鸟，如白喉䴕雀（*Xiphocolaptes albicollis*），俗名为 White-throated Woodcreeper

Xipholena *zye-fo-LEN-a*
希腊语，*xiphos* 表示剑，*olene* 表示手臂，如白尾伞鸟（*Xipholena lamellipennis*），俗名为 White-tailed Cotinga；其学名可能源自其白色的初级飞羽和稍微下垂的翅膀姿态

Xiphorhynchus *zye-fo-RINK-us*
希腊语，*xiphos* 表示剑，拉丁语 *rhynchus* 指喙，如栗腰䴕雀（*Xiphorhynchus pardalotus*），俗名为 Chestnut-rumped Woodcreeper

黄头黑鹂
Xanthocephalus xanthocephalus

Y

Yarrellii *yar-REL-lee-eye*
以英国图书商人、业余鸟类学家威廉·亚雷尔（William Yarrell）命名的，如黄脸金翅雀（*Spinus yarrellii*），俗名为 Yellow-faced Siskin

Yaruqui *YAR-u-quee*
以厄瓜多尔的亚鲁基（Yaruqui）命名的，如白须隐蜂鸟（*Phaethornis yaruqui*），俗名为 White-whiskered Hermit

Yelkouan *YEL-koo-an*
土耳其语 yelkovan 表示追风者，如地中海鹱（*Puffinus yelkouan*），俗名为 Yelkouan Shearwater

Yemenensis *ye-MEN-ensis*
以也门（Yemen）命名的，如也门朱顶雀（*Linaria yemenensis*），俗名为 Yemen Linnet

拉 丁 学 名 小 贴 士

Yucatanensis 指的是墨西哥的尤卡坦半岛（Yucatan Peninsula），这是一个富饶的热带环境，已知有 564 种鸟类，其中 7 种是特有的（即不分布于世界的其他地方）。许多鸟类的俗名都是源自这一地区的地名，比如尤卡曲嘴鹪鹩（Yucatan Wren）、尤卡坦夜鹰（Yucatan Poorwill）、尤卡褐领夜鹰（Yucatan Nightjar）、尤卡蓝鸦（Yucatan Jay）、尤卡坦啄木鸟（Yucatan Woodpecker）和尤卡坦蝇霸鹟（*Myiarchus yucatanensis*，俗名为 Yucatan Flycatcher）。显然，这个区域是食虫鸟类的天堂，这里有 46 种霸鹟科（Tyrannidae）鸟类，当然还有许多其他的食虫鸟类。尤卡坦半岛也是那些要向北美迁徙的鹟类和其他鸟类的迁徙起点站。

鸟类从尤卡坦到美国需要穿越 1 000 公里的水域，且在线路上没有停歇点可以歇一脚。在它们到达时会脱水、精疲力竭，毫无疑问还可能死亡，但是这种迁徙已经持续了几千年，其中包括红喉北蜂鸟（*Archilochus colubris*，俗名为 Ruby-throated Hummingbird）。

栗颈凤鹛
Yuhina torqueola

Yersini *YER-sin-eye*
以瑞士细菌学家亚历山大·耶尔森（Alexandre Yersin）命名的，如纹枕噪鹛（*Trochalopteron yersini*），俗名为 Collared Laughingthrush

Yncas *INK-as*
以秘鲁的一位古代统治者命名的，如印加绿蓝鸦（*Cyanocorax yncas*），俗名为 Inca Jay，这种鸟类的部分分布区位于秘鲁安第斯山脉

Yucatanensis, -icus *yoo-ka-tan-EN-sis/you-ka-TAN-i-kus*
以墨西哥尤卡坦（Yucatan）命名的，如尤卡坦蝇霸鹟（*Myiarchus yucatanensis*），俗名为 Yucatan Flycatcher

Yuhina *yoo-HINE-a*
尼泊尔语，yuhin，如栗颈凤鹛（*Yuhina torqueola*），俗名为 Indochinese Yuhina

Yunnanensis *yoo-nan-EN-sis*
以中国的云南省（Yunnan）命名的，如滇䴓（*Sitta yunnanensis*），俗名为 Yunnan Nuthatch

亚历山大·威尔逊
(1766—1813)

在约翰·詹姆斯·奥杜邦(John James Audubon)的时代之前,亚历山大·威尔逊(Alexander Wilson)是最著名、最备受瞩目的鸟类学家。出生于苏格兰的佩斯里的威尔逊在贫困的环境中长大,他13岁辍学,在苏格兰农村做纺织学徒和布料小贩,同时他也正式开始写诗。他的诗非常政治化,他在诗中数落老板对织布工的不公平对待。他的长篇大论给自己带来很多麻烦,后来甚至短暂入狱,最终他攒够了钱逃到了美国,在这里他期望能够有更多的言论自由。在他28岁时,他开始拿起枪像他在从苏格兰来的旅途中所做的一样射杀鸟类。他在费城先后做过织布工、销售员和印刷工,最后他终于找到了一份学校教师的工作。

后来威尔逊开始和威廉·巴特拉姆(William Bartram)熟悉起来,后者是一位博物学家、极具天赋的艺术家,专门画与植物和鸟类相关的主题。威尔逊借了巴特拉姆的其中一些画,并通过临摹这些画来学习绘图。他离开了他的教职岗位,去出版社谋到了一个职位。出版社的工作给他提供了良好的薪水,从此他与印刷行业有了很好的联系。他决定开始启动一个项目,记录美国的所有鸟类,这对于一个绘画水平还处于发展阶段且对美国鸟类的知

出生于苏格兰的亚历山大·威尔逊在1794年移民到美国后成为一位备受瞩目的鸟类学家、作者、插画家。

识相当欠缺的人来说是一个雄心勃勃的计划。正如威尔逊在写给巴特拉姆的信中所提到的,"当我告诉你我已经正式开始收集宾夕法尼亚州的鸟类并为它们作画,我敢说你将会嘲笑我,但我仍要把这些作品寄给你看以征求你的意见。"虽然威尔逊射杀了许多鸟类,制作了许多标本,并且在鉴定物种上仍需要帮助,但是他的热情和职业道德说服了出版商接受他的方案,即以丛书的形式出版《美国鸟类学》(American Ornithology)。但有一个条件:威尔逊自己为这套书招揽订户,筹集出版费用。

在出版了第一卷之后,威尔逊在接下来的5年周游全美,描述鸟类新种,为著作招揽订户。1810年,他44岁,在肯塔基州的路易斯维尔遇到了一个年轻的店主,他试图向店主推销他的这套书,这位店主显然很钦佩他的工作并准备订购,但是这位店主最终在与其合作伙伴商议后拒绝了威尔逊。这个人不是别人,正是约翰·詹姆斯·奥杜邦(John James Audubon)。

后来,奥杜邦声称他借了威尔逊很多画作。这可能是一个狡猾的说法,以掩盖其剽窃

威尔逊画作的事实。奥杜邦的许多鸟类画作和威尔逊的画作非常接近。

威尔逊在1810—1812年完成了所有6卷的书稿。他制作铜版画,在白纸上用简单的黑色线条组成。所有的着色必须由手工上色完成。所以每一页,即使是复制品,也算是原创的艺术作品。他试图寻找艺术家来帮助他完成这一工作,但大多数人都不能达到他的标准,所以最终由他自己完成大部分的绘画工作。

在威尔逊旅行的途中,他结交了许多贵族和有钱的朋友,这些朋友支持他的努力并促成了他的旅行。但是因为过度劳累、不间断的旅行和各种疾病最终让他积劳成疾,在1813年去世,终年47岁。有人说他去世时正在河边追逐一只鸟。他的遗产是九卷的《美国鸟类学》(1808—1814),这本书描绘了268种鸟类,其中26种是以前未曾描述过的新物种。这部巨著使他成为**美国鸟类学之父**。

威尔逊鸟类学会(The Wilson Ornithological Society)于1888年成立,定期出版季刊:《威尔逊鸟类学杂志》(*The Wilson Journal of Ornithology*)。威尔逊鸟类学会认为严谨的业余爱好者在鸟类学研究中发挥着重要作用。

以亚历山大·威尔逊命名的鸟类有很多,

细嘴瓣蹼鹬
Phalaropus tricolor
Phalarope 意为有脚趾的,描绘的是鸟类脚上的瓣蹼,这种结构能够帮助它们在泥地上行走和在水中游泳。

包括烟黑叉尾海燕(*Oceanites oceanicu*,俗名为 Wilson's Storm-petrel)、厚嘴鸻(*Charadrius wilsonia*,俗名为 Wilson's Plover)、细嘴瓣蹼鹬(*Phalaropus tricolor*,俗名为 Wilson's Phalarope)、美洲沙锥(*Gallinago delicata*,俗名为 Wilson's Snipe)和黑头威森莺(*Cardellina pusilla*,俗名为 Wilson's Warbler)。

"鸟类真是一类特殊物种,像不同国家的人,它们有适宜自己的地区,就像人类有喜爱的国家;但是流浪汉的气质是共同的,一些寻找更好的食物,一些喜欢冒险,另一些则由好奇心主导,当然许多都是被暴风雨和意外所驱动的。"

亚历山大·威尔逊,《美国鸟类学》一书作者

Z

Zambesiae zam-BEEZ-ee-ee
以非洲的赞比西河（Zambesi River）命名的，如绿背蜜䳱（*Prodotiscus zambesiae*），俗名为 Green-backed Honeybird

Zantholeuca zan-tho-LOY-ka
希腊语，*xantho* 表示黄色，*leukos* 表示白色，如白腹凤鹛（*Erpornis zantholeuca*），俗名为 White-bellied Erpornis

Zaratornis zar-a-TOR-nis
以阿根廷萨拉特（Zarate）命名的，*ornis* 指鸟类，如白颊伞鸟（*Zaratornis stresemanni*），俗名为 White-cheeked Cotinga

Zavattariornis za-vat-tar-ee-OR-nis
以意大利动物学家、探险家爱德华多·扎瓦塔利（Edoardo Zavattari）命名的，*ornis* 指鸟类，如灰丛鸦（*Zavattariornis stresemanni*），俗名为 Stresemann's Bushcrow

---

拉丁学名小贴士

白喉带鹀（*Zonotrichia albicollis*，俗名为 White-throated Sparrow）的学名非常贴切，表示这是一种具有白色颈部和白色条纹的小型鸟类。它们有两个种群，其中一种长白色的冠，而另一种长棕黄色的冠。两种冠的雄鸟都倾向于选择白冠的雌性，而两种冠的雌性都更倾向于选择棕黄色条纹冠的雄性。因此这两个种群将持续存在。

Zebrilus ze-BRIL-us
法语，*zebre* 指斑马，*-ilus* 表示极小的，如波斑鹭（*Zebrilus undulatus*），俗名为 Zigzag Heron

Zeledonia ze-le-DON-ee-a
以哥斯达黎加博物学家、采集家乔斯·泽勒顿（Jose Zeledon）命名的，如冠鹩森莺（*Zeledonia coronata*），俗名为 Wrenthrush

Zenaida zen-EH-da
以珍奈德·波拿巴公主（Princess Zenaide Bonaparte）命名的，如斑颊哀鸽（*Zenaida auriculata*），俗名为 Eared Dove

Zimmeri, -ius ZIM-mer-eye/zim-MARE-ee-us
以美国鸟类学家约翰·齐默（John Zimmer）命名的，如济氏窜鸟（*Scytalopus zimmeri*），俗名为 Zimmer's Tapaculo

Zonerodius zo-ne-RO-dee-us
希腊语，*zone* 表示带，*erodios* 指鹭，如林鸭（*Zonerodius heliosylus*），俗名为 Forest Bittern

Zonotrichia zo-no-TRIK-ee-a
希腊语，*zone* 表示带，*trichias* 指小型鸟类，如白喉带鹀（*Zonotrichia albicollis*），俗名为 White-throated Sparrow

Zoothera zoo-o-THER-a
希腊语，*zoon* 表示动物，*theros* 指猎人，如长尾地鸫（*Zoothera dixoni*），俗名为 Long-tailed Thrush

Zosterops ZOS-ter-ops
希腊语，*zoster* 表示周围，*ops* 指外表，如黄绣眼鸟（*Zosterops senegalensis*），俗名为 African Yellow White-eye

白喉带鹀
Zonotrichia albicollis

绣眼鸟属

绣眼鸟属（Zosterops）的属名意为眼圈，源自希腊语，zoster 表示周围，ops 意为眼睛。绣眼鸟的俗名为 white-eye 或 speirops（希腊语 speira 表示圆圈，ops 意为眼睛），这一俗名非常贴切地描述了这个属的鸟类，它们眼睛周围有一个白色的宽眼圈。绣眼鸟属包含 98 种鸟类，是世界上最大的鸟类属之一。它们的分布范围包括撒哈拉以南的非洲、亚洲的印度尼西亚和大洋洲。这个属的鸟类曾因刷状的舌头而被认为和吸食花蜜的鸟类如吸蜜鸟（honeyeaters）的亲缘关系较近，但最新的分子证据表明它们和旧世界的柳莺的关系更为接近。

这些小型鸟类仅 10～12 厘米长，重 10～12 克，却能自如地生活在各种生境、气候区和海拔不同的地区。而且它们还是良好的拓殖物种，可以较容易地生活在各种不同的生境中。所罗门群岛上分布的绣眼鸟最多，有 11 种，但是在每个岛屿上仅有 1～2 种。

绣眼鸟是一类社会性鸟类，常集大群，它们穿越不同生境并通过持续地相互呼叫来寻找食物。集群的鸟类之间显然关系十分密切；环志研究在不同年份能捕获同一个群中的相同个体。集群的群体有时很小，但是在一个群中一般不多于 500 个个体。

绣眼鸟如此成功的其中一个原因是它们在夜晚进入休眠状态的能力，可以使得它们将身体温度下降 5 摄氏度，进而导致其基础代谢率减半。

在黄昏时，绣眼鸟常集成小群，但是当黑夜临近，这些小群则聚成一个更大的群。在它们的夜栖地里，它们相互靠近，相邻的鸟类的翅膀和尾巴常常重叠在一起。它们社会互作的需求很强，以至于它们甚至可以接受其他的物种混入它们的群体中，甚至包括其他科的鸟类。在泰国曾经有一个夜栖的鸟类群体能达到 1 000 只！

暗绿绣眼鸟（Z. japonicas，俗名为 Japanese White-eye）是亚洲和远东地区的鸟类，后被作为害虫的天敌引入到其他地区，但这种鸟类后来也成了一种有害生物。现在，暗绿绣眼鸟是夏威夷最为常见的陆地鸟类。

许多种绣眼鸟因为生境破坏和红耳鹎（Pycnonotus jocosus，俗名为 Redwhiskered Bulbul）的引入而受到威胁，后者取食绣眼鸟的卵。

基库尤绣眼鸟
Zosterops kikuyuensis

普林西比绣眼鸟
Zosterops ficedulinus

分布在几内亚湾的岛屿上的普林西比绣眼鸟（*Zosterops ficedulinus*）和圣多美岛的圣多美绣眼鸟（*Zosterops feae*）可能是同一个物种。

词汇表

双名法 / Binomial
学名的命名方法,学名包括属名和种名。

胸部 / Breast
鸟类颈部和腹部之间的区域。

龙骨突 / Carina
也称为龙骨,表示胸骨的延伸,提供飞行中使用的肌肉的附着点。

蜡膜 / Cere
Wax 的拉丁化形式,是一种蜡制的结果,覆盖上喙的基部且常常包括鼻孔。

覆羽 / Covert
一种类型的羽毛,覆盖飞羽、尾羽(或尾羽基部)和耳羽。

冠 / Crest
头部冠羽的延伸,或固定或可移动。冠羽(Crown 或 cap)表示头顶部。

嘴峰 / Culmen
鸟喙的上部。

向下弯曲的 / Decurved
表示喙向下弯曲的。

特有的 / Endemic
仅分布于 / 局限于一个特定的国家或地区。

现存的 / Extant
仍然存在;未灭绝。

科 / Family
属一级以上一级的分类单元;包含一个或多个属。

取食 / Foraging
寻找食物的行为。

叉骨 / Furcula
Furca 的变形,表示叉,愈合的锁骨有利于胸肌的附着;叉骨。

胃石 / Gastroliths
被摄入和储存在胃里的小石头,可以帮助研磨食物。

属 / Genera
属(genus)的复数。

属 / Genus
分类阶元中物种以上一级的分类;包含一个或多个物种。

模式标本 / Holotype
在命名一个物种时被指定作为模式的一个标本。

腮瓣 / Lamellae
一些水禽中喙的边缘的过滤状突起。

瓣蹼 / Lobe
表示身体的一个圆形的突起,脚上脚趾的突起。

颧骨 / Malar
表示脸颊区域。

下喙 / Mandible
喙的上部或下部;下颌的一半(一般是下面的)。

颈背 / Nape
颈部的背部。

鼻孔 / Nares
鼻孔(naris)的复数。

拟声词 / Onomatopoeia
像 chachalaca 一样的词,戴胜(hoopoe)或杜鹃(cuckoo)这种模仿或反映和鸟类的鸣叫声相关的词。

鸟卵学 / Oology
研究鸟卵的科学。

鳃盖 / Operculum
一些鸟类中覆盖鼻孔的瓣状组织。

眼睑 / Orbit
头骨中包含眼睛的腔。

目 / Order
分类阶元中在科以上一级的分类单元,包括一个或多个科。

鸟类学家 / Ornithologist
研究鸟类的科学家(*orni* 表示鸟类,*ology* 意为…的科学)。

掌形的 / Palmate
和手的形状类似;手指全部冲同一个点延伸。

远洋的 / Pelagic
表示远洋,在海洋取食。

羽毛 / Plumage
表示覆盖鸟类的羽毛和这些羽毛的排列、颜色和图案。

初级飞羽 / Primary feathers
附着在鸟类前肢上的翅膀羽毛,用于提供推动力。

尾综骨 / Pygostyle
尾椎,尾巴(尾巴羽毛)的附着之处,俗话称教皇(或牧师)的鼻子。

GLOSSARY

角质鞘 / Rhamphotheca
颌的角质覆盖物；喙的外部覆盖物。

向上弯曲的 / Recurved
表示向上弯曲的。

飞羽 / Remige
前肢的羽毛，和飞行有光（包括推进和升降）。

尾羽 / Rectrices
尾巴的羽毛。

髭毛 / Rictal bristle
嘴巴角落的羽毛衍生物，有触觉功能。

鸟喙 / Rostrum
指鸟类的喙。

臀部 / Rump
鸟类的尾巴和背部之间的区域。

学名 / Scientific name
双名法或三名法，包含属名、种名，有时还包括亚种名。

次级飞羽 / Secondary feathers
附着于尺骨上的羽毛，用于爬升。

半蹼 / Semipalmate
指部分有蹼，脚趾仅部分有蹼。

物种 / Species
分类的基本单元；是一类具有相互交配并可产生可育后代的集合。

种加词 / Specific epithet
指的是学名的物种部分。

眉骨 / Superciliary
眼睛上部的骨骼。

并趾 / Syndactyl
两个或多个指头在一起（*syn* 表示聚集，*dactyl* 意为指头）。

系统学 / Systematics
研究生物体之间的关系。

分类学 / Taxonomy
研究分类和命名的科学。

三级飞羽 / Tertiary feathers
翅膀上最内侧的飞羽，很短，主要是在飞行时覆盖翅膀和身体之间的空白。

三名法 / Trinomial
学名包含属名、种名和亚种名。

尾脂腺 / Uropygial gland
表示尾巴基部可以产生油的腺体；也称羽毛梳理腺。

泄殖腔 / Vent
鸟类排泄、排遗和生殖细胞共同的腔。

对趾型 / Zygodactyl
表示脚趾两个向前、两个向后（*zygo* 表示轭，*dactyl* 指手指）。

灰胸刀翅蜂鸟
Campylopterus largipennis（21 页）

参考文献

Adler, Bill (ed.). *The Quotable Birder*. New York, New York. The Lyons Press, 2001.

Arnott, W. Geoffrey. *Birds in the Ancient World from A to Z*. Oxford, England.

Routledge, 2012. Ayers, Donald M. *Bioscientific Terminology*. Tucson, Arizona. The University of Arizona Press, 1972.

Beolens, Bo and Watkins, Michael. *Whose Bird?* New Haven, Connecticut and London, UK. Yale University Press, 2003.

Bird, David M. *The Bird Almanac*. Buffalo, New York, Firefly Books, 1999.

Clements, James F. *The Clements Checklist of Birds of the World* (Sixth Edition). Ithaca, New York. Cornell University Press, 2007. Dorsett, R. J. Philip Alexander Clancy, 1917, *Ibis* 144 (2), 369-370, 2002

del Hoyo, Josep, Elliott, Andrew, Sargatal, Jordi (eds. vol. 1–7) and Christie, David A. (ed. vol. 8–16). *Handbook of Birds of the World*. Barcelona, Spain. Lynx Edicions, 1992–2011.

Ehrlich, Paul R., Dobkin, David S. Dobkin and Wheye, Darryl. *The Birder's Handbook*. New York, New York. Simon and Schuster, 1988.

Gill, Frank B. *Ornithology* (Third Edition). New York, New York. W. H. Freeman and Co., 2007.

Gotch, A.F. *Latin Names Explained*. London, UK. Cassel and Company, 1995.

Gill, F & D Donsker（Eds）. 2013. IOC World Bird List（v 3.5）. doi：10.14344/IOC.ML.3.5

Gould, John. *The Birds of Great Britain*, London, UK. Taylor and Francis, 1873.

Gruson, Edward S. *Words for Birds*. New York, New York. Quadrangle Books, 1972

Harrison, Lorraine. *RHS Latin for Gardeners*. London, UK. University of Chicago Press, 2012.

Hill, Jen (ed.). *An Exhilaration of Wings*. New York, New York. Viking Penguin/Penguin Putnam, 1999.

Jobling, James A. *Helms Dictionary of Scientific Bird Names*. London, UK. Christopher Helm (A&C Black), 2010.

Moorwood, James. *A Latin Grammar*. Oxford, UK. OUP, 1999.

Rosenthal, Elizabeth J. *Birdwatcher:The Life of Roger Tory Peterson*. Guilford, Connecticut.The Globe Pequot Press, 2008.

Sibley, David Allen. *The Sibley Guide to Birds*. New York, New York. Alfred A. Knopf, 2000.

Sibley, C. G. and Monroe, B. L. *Distribution and Taxonomy of Birds of the World*. New Haven, Connecticut. Yale University Press, 1990.

Watts, Niki. *The Oxford New Greek Dictionary*. New York, New York. The Berkeley Publishing Group, 2008.

Weidensaul, Scott. *Of a Feather*. Orlando, Florida. Houghton-Mifflin Harcourt, 2007.

网站

English-Word Information
http://www.wordinfo.info

IOC World Bird List
http://www.worldbirdnames.org

IUCN 2012. The IUCN Red List of Threatened Species. Version 2012.2.
http://www.iucnredlist.org

LatDict, Latin Dictionary on the web
http://latin-dictionary.net/search/latin/caudata

MyEtymology
http://www.myetymology.com/

Online Etymology Dictionary
http://www.etymonline.com

图片来源及致谢

图片来源

27 页下 © Dorling Kindersley | Getty Images
46 © De Agostini | Getty Images
47 页上 © Getty Images
下 © Linda Hall Library
52 页上 © Encyclopaedia Britannica | UIG | Getty Images
54 页上 © Encyclopaedia Britannica | UIG | Getty Images
58 页 © Dorling Kindersley | Getty Images
59 页上 © Dorling Kindersley | Getty Images
67 页 © Hein Nouwens | Shutterstock.com
76 页 © Tony Wills | Creative Commons
77 页上 © De Agostini | Getty Images
下 © Hein Nouwens | Shutterstock.com
90 页 © De Agostini | Getty Images
94 页 Red-shouldered Vanga © H. Douglas Pratt
105 页 © De Agostini | Getty Images
120 页 © De Agostini | Getty Images
146 页 © DEA PICTURE LIBRARY | Getty Images
150 页 © Tony Wills | Creative Commons
154 页 © Max Planck Gesellschaft | Creative Commons
155 页上 © DEA PICTURE LIBRARY | Getty Images
下 © karakotsya | Shutterstock.com
170 页下 © De Agostini | Getty Images
190 页 © De Agostini | Getty Images
191 页上 © Dorling Kindersley | Getty Images
下 © Hein Nouwens | Shutterstock.com
198 页 © Time & Life Pictures | Getty Images
199 页上 © Encyclopaedia Britannica | UIG | Getty Images
206 页上 © DEA PICTURE LIBRARY | Getty Images
211 页上 © Duncan Walker | Getty Images

All images in this book are public domain unless otherwise stated.

Every effort has been made to credit the copyright holders of the images used in this book. We apologise for any unintentional omissions or errors and will insert the appropriate acknowledgement to any companies or individuals in subsequent editions of the work.

致谢

我们要感谢 Quid 出版社的 James Evans 在这本书的最初阶段与我们合作。通过和 Lucy York 许多邮件交流，我们得到引导、受到鼓励和激励，在某些情况下还被礼貌地要求，她给予我们压力，最终使我们得到磨砺。她还做了非常详细的编辑和校对。Ian Carter 通过详细地编辑和鸟类学的专业知识给予了这本书再次细致梳理。我们还要感谢 *FatBirder.com* 网站，这可能是最好的鸟类学网站，感谢 Bo Boelens 对鸟类和书籍给了免费且宝贵的意见。我们还要感谢我们学校的拉丁语老师们，是他们对我们的职业和乐趣产生了主要的影响。我们在那时没有意识到学拉丁语的好处，但这正是教育对年轻人而言的风险和价值。

罗杰·莱德勒（Roger Lederer）和卡罗尔·伯尔（Carol Burr）

太平鸟
Bombycilla garrulus
（33 页）

斑翅蓝彩鹀 *Passerina caerulea*
(39页)

图书在版编目（CIP）数据

常见鸟类的拉丁名 / (英) 罗杰·莱德勒
(Roger Lederer), (英) 卡罗尔·伯尔 (Carol Burr)
著；梁丹译. -- 重庆：重庆大学出版社, 2020.5
书名原文：Latin for Birdwatchers
ISBN 978-7-5689-1856-5

Ⅰ. ①常… Ⅱ. ①罗… ②卡… ③梁… Ⅲ. ①鸟类 –
名词术语 Ⅳ. ①Q959.7-61

中国版本图书馆CIP数据核字(2019)第230784号

常见鸟类的拉丁名
Changjian Niaolei de Ladingming

[英] 罗杰·莱德勒　卡罗尔·伯尔　著
梁丹　译
刘阳　审订

责任编辑　王思楠
责任校对　刘志刚
封面设计　周安迪
内文制作　常　亭

重庆大学出版社出版发行
出版人　饶帮华
社址　（401331）重庆市沙坪坝区大学城西路21号
网址　http://www.cqup.com.cn
印刷　深圳当纳利印刷有限公司

开本：720mm×960mm　1/16　印张：14.25　字数：435千
2020年5月第1版　2020年5月第1次印刷
ISBN 978-7-5689-1856-5　定价：98.00元

本书如有印刷、装订等质量问题，本社负责调换
版权所有，请勿擅自翻印和用本书制作各类出版物及配套用书，违者必究

Copyright © Quid Publishing 2014

ISBN

Conceived, designed and produced by
Quid Publishing
Level 4, Sheridan House
114 Western Road
Hove BN3 1DD
England

Designed by Lindsey Johns

10 9 8 7 6 5 4 3 2 1

版贸核渝字（2016）第242号